아델의
색깔있는
양말인형

아델의
색깔있는
양말인형

정현아 지음

팜파스

P R O L O G U E

내 안의 동심을 일깨워 순수한 행복감을 느끼게 해주는 인형 만들기.
내 손으로 만든 인형은 나에게 친구가 되어
말을 걸어주기도 하고, 아이가 되어 미소를 보내주기도 하고,
지난 시절의 이야기를 들려주기도 합니다.
내 손의 온기를 그대로 머금고 완성된 인형은 그렇게 생명을 갖죠.
나에게 혹은 누군가에게 특별한 존재가 되어주면서 말이에요.

다만 '만들기 어렵지 않을까?
내가 과연 할 수 있을까?'라는 걱정으로
선뜻 시작을 못 하는 분이 많으십니다.
시작하는 과정에서 원단이나 부자재를 어디서 구입해야 하는지
몰라 막막했던 경험을 한 분도 계시고요.
양말인형은 그런 점에선 더할 나위 없이 좋은 아이템입니다.
원통형의 양말은 약간의 바느질만으로도
손쉽게 인형을 완성할 수 있고
어디서나 구하기 쉬운 재료니까요.
이 책은 인형 만들기에 관심 있는 분이 부담 없이
시작할 수 있는 인형으로 가득 채웠습니다.

S O C K S   D O O L

소개된 몇 가지 패턴을 만들어보면

만드는 즐거움에서 더 나아가 세상에 하나뿐인

나만의 인형을 창작할 수 있을 거예요.

양말인형은 쉽게 다양한 변형이 가능하니까요.

상상의 나래를 펴고 행복한 동화를 만들어보기 바랍니다.

양말인형 만들기에 푹 빠져지내는 동안

귀여운 인형을 만들면서 제가 느꼈던 가슴 깊은 곳에서

모락모락 올라오는 행복감을 함께 느꼈으면 좋겠습니다.

이 책이 나오기까지 도움을 준 사랑하는 가족, 옆지기,

오랜 시간 기다려주신 팜파스 이진아 실장님,

항상 무한응원 보내주시는 블로그 이웃님과 동료들께

감사의 말씀을 전합니다.

그리고 이 책이 나오기까지의

모든 기쁨과 고마움을 사랑하는 S. H에게 전합니다.

오늘도 바느질로 행복한 동화를 짓고 있는

아델 정현아

C O N T E N T S

PART 01
숲속에서 만난 양말

PART 02
바다에서 만난 양말

PART 03
마을 친구들

재료

1 양말

01 여성 양말 성인 여성용 양말로 이 책에서 주로 사용한 양말 형태입니다.

02 남성 양말 성인 남성용 양말로 발바닥과 발목이 여성용보다 약간 더 깁니다.

03 니트 양말 두툼한 겨울용 양말입니다.

04 수면양말 실의 보슬보슬한 느낌이 살아 있는 양말입니다.

05 니삭스 무릎 아래까지 오는 길이의 양말입니다.

06 장갑 면장갑, 울장갑 등 다양한 형태의 장갑을 사용합니다.

2 기본 재료 :

01 **실** 재봉용 실, 퀼트용 실, 펠트용 실 등 어떤 것이라도 좋습니다. 얇은 재봉실이라면 두 줄로, 튼튼한 퀼트용 실이라면 한 줄로 바느질합니다. 수를 놓을 때에는 펠트용 실이나 자수용실을 사용합니다.

02 **바늘** 여러 가지 크기를 준비하여 일반 바느질을 할 때는 작은 바늘로, 몸을 관통하거나 팔다리를 연결할 때는 조금 큰 바늘을 사용합니다.

03 **시침핀** 양말을 고정할 때 사용합니다.

04 **수성펜, 기화펜** 양말에 도안을 그릴 때 사용합니다. 수성펜은 물이 닿으면 지워지고, 기화펜은 시간이 지나면 지워집니다.

05 **쪽가위** 실을 자를 때 사용합니다.

06 **겸자가위** 양말을 뒤집거나 솜을 넣을 때 사용합니다.

07 **재단가위** 양말을 오릴 때 사용합니다.

08 **방울솜** 인형 안에 뭉치지 않게 솜을 넣을 수 있습니다. 구름솜으로 대체해서 사용해도 괜찮습니다.

09 **글루건** 장식을 고정할 때 접착제로 사용합니다.

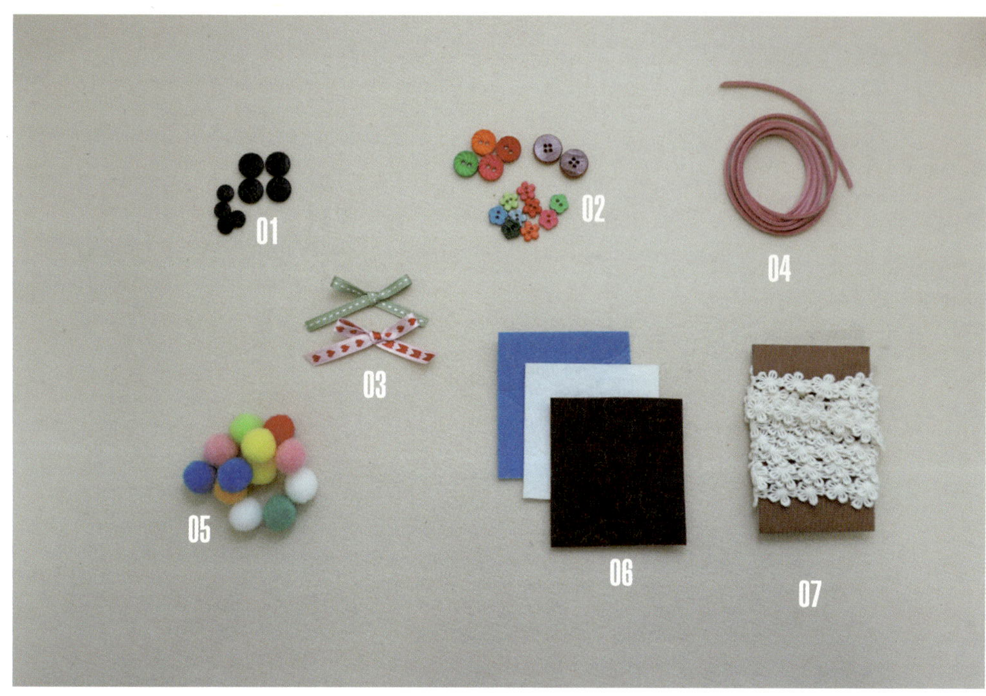

3 추가 재료 :

01 민무늬 단추 인형의 눈을 표현할 때 사용합니다.

02 무늬 단추 포인트 장식용으로 사용합니다.

03 리본 머리나 옷, 가방 등에 장식용으로 사용합니다.

04 샤무드끈 가방끈이나 장식용으로 사용합니다.

05 폼폼이 인형의 코나 꼬리를 표현할 때 사용합니다.

06 펠트지 다양한 모양으로 소품을 만들거나 장식을 할 때 사용합니다.

07 레이스 인형의 목둘레나 옷 등의 장식용으로 사용합니다.

이 책에서 사용된 바느질법

1 홈질

일정한 간격으로 원단을 통과하는 바느질로 이 책에서 가장 많이 사용했습니다. 신축성이 있는 양말의 특성을 고려해서 간격을 촘촘하게 바느질합니다.

| 바느질하는 방법 |

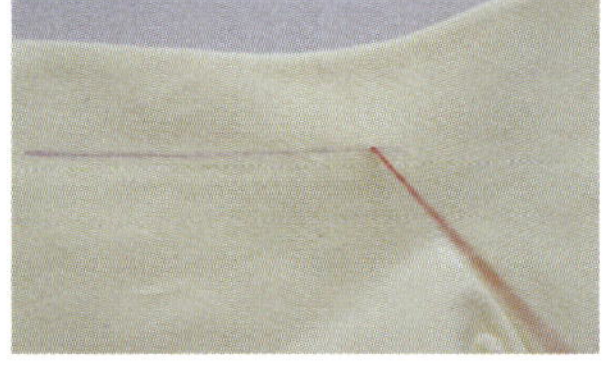

01 원단 뒤에서 올라옵니다.

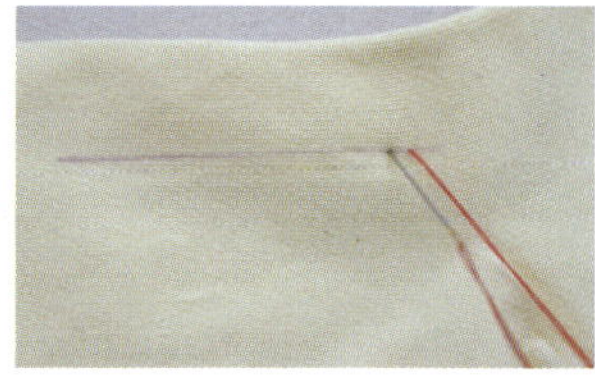

02 왼쪽으로 이동해 들어갑니다.

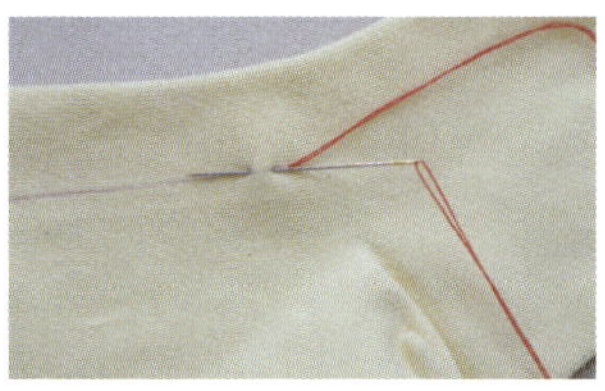

03 끝까지 들어가지 말고 왼쪽으로 이동해 다시 나옵니다.

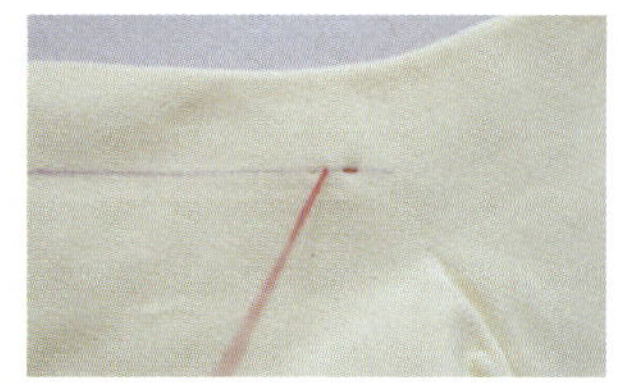

04 바늘을 위로 쭉 빼줍니다.

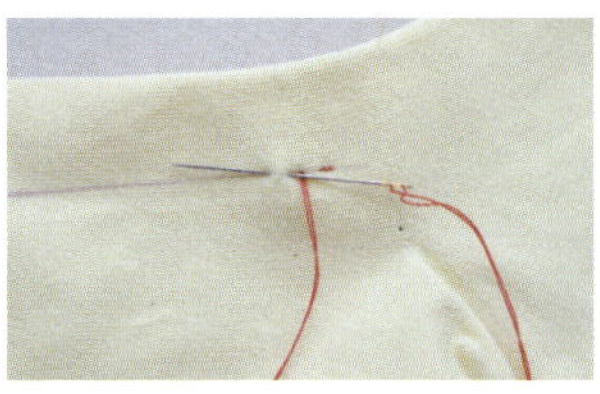

05 같은 방법으로 반복합니다.

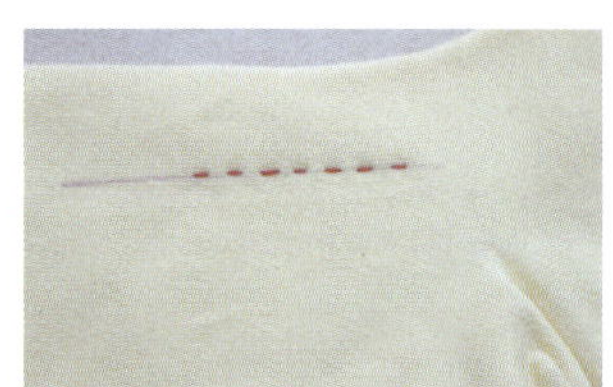

06 앞면

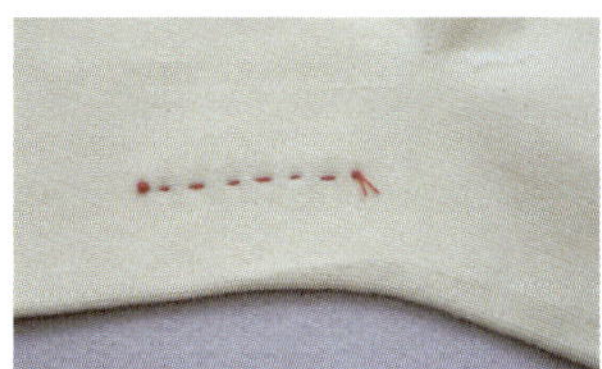

07 뒷면

2 박음질

홈질보다 더 튼튼하게 하는 바느질 법으로 이 책에서는 주로 솜이 들어 있는 상태로 팔을 만들어줄 때 사용했습니다.

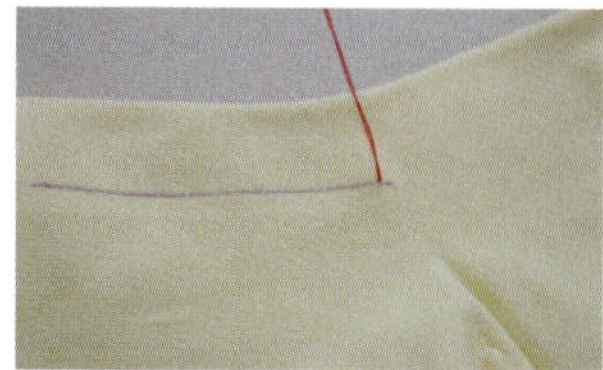

01 시작점보다 약간 왼쪽에서 올라옵니다.

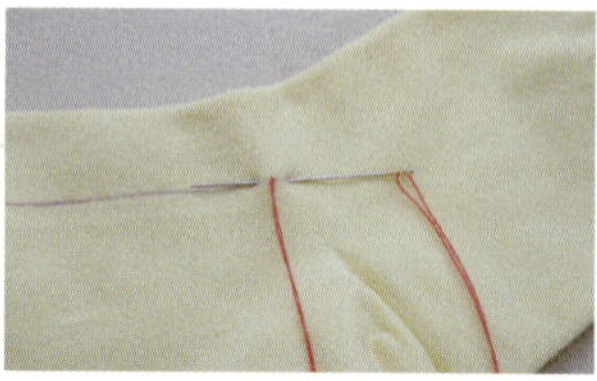

02 바늘을 시작점으로 들어가 한 땀 왼쪽으로 이동 후 위로 올라옵니다.

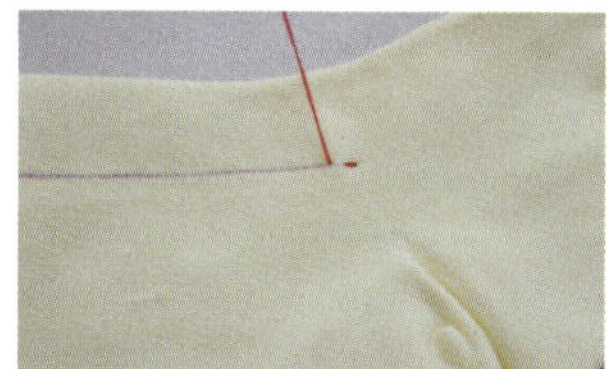

03 바늘을 쭉 빼줍니다.

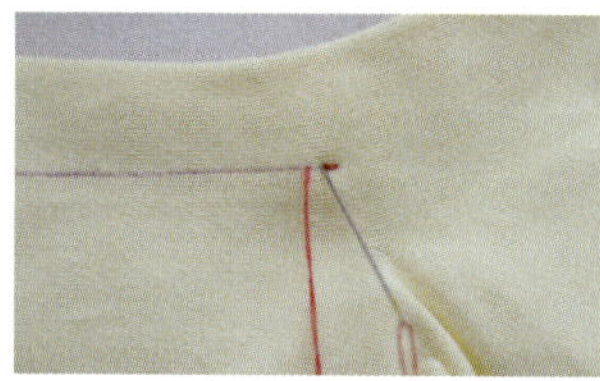

04 이전 바늘땀의 끝으로 들어갑니다.

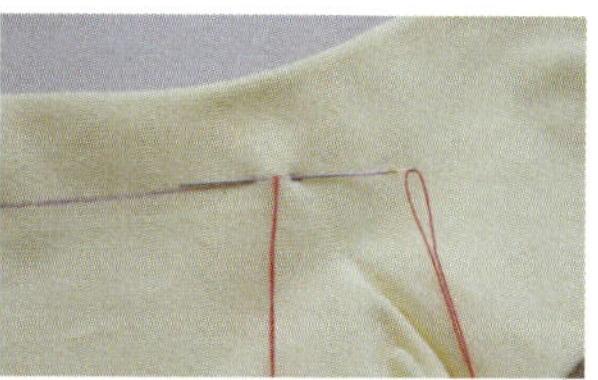

05 끝까지 들어가지 말고 왼쪽으로 이동해 다시 나옵니다.

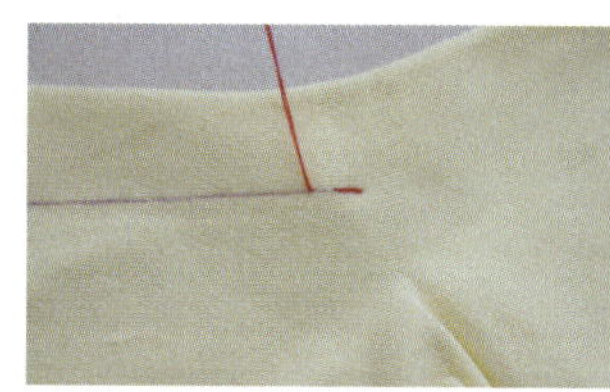

06 바늘을 쭉 빼줍니다.

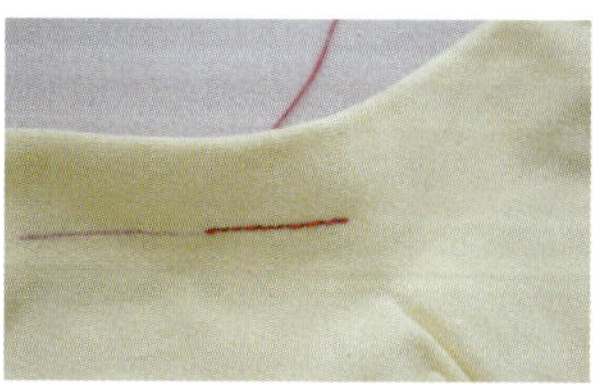

07 같은 방법으로 반복합니다(앞면).

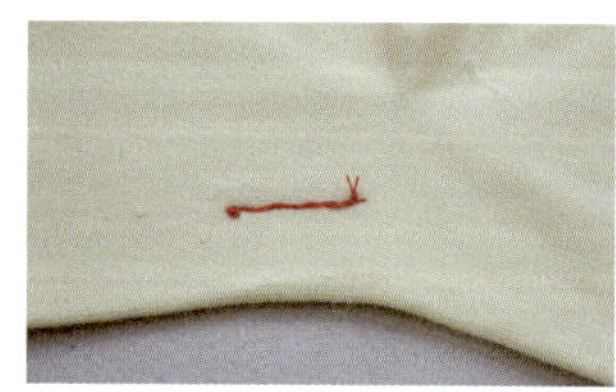

08 뒷면

3 반박음질

박음질과 같으나 바늘땀의 반만큼만 되돌아가는 바느질로 이 책에서는 홈질 대신 양말의 밀림을 방지하기 위해 중간중간 반박음질을 해줬습니다.

| 바느질하는 방법 |

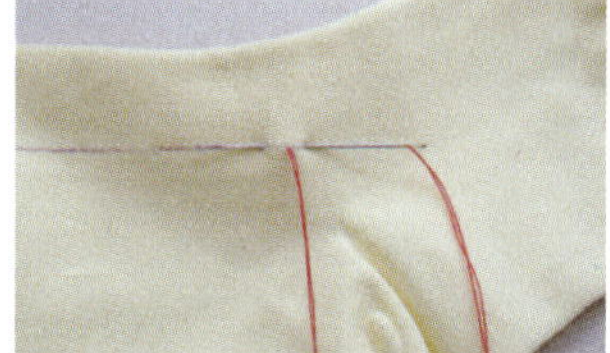

01 박음질과 같은 방법을 시작해서 바늘을 시작점으로 들어가 한 땀 왼쪽으로 이동 후 위로 올라옵니다.

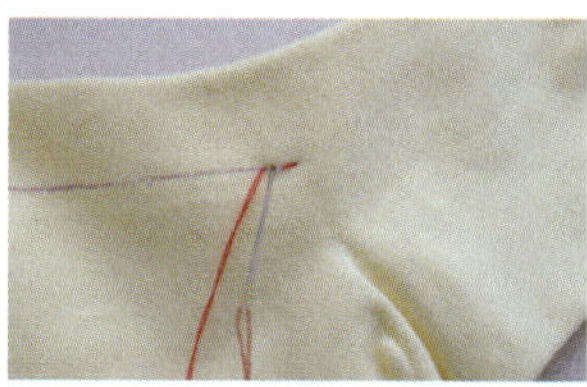

02 이전 바늘땀 쪽으로 반만큼만 이동해 들어갑니다.

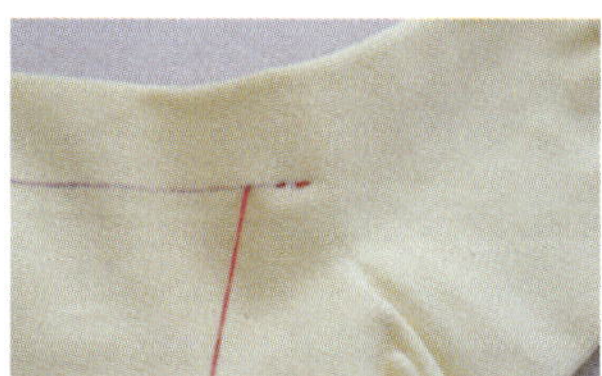

03 왼쪽으로 이동해 올라옵니다.

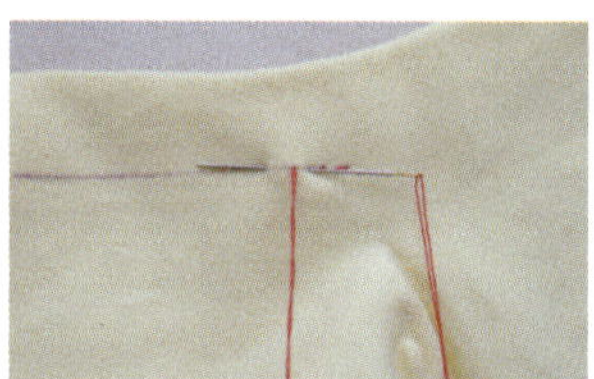

04 마찬가지로 바늘땀 쪽으로 반만큼만 이동해 들어가서 왼쪽으로 이동해나옵니다.

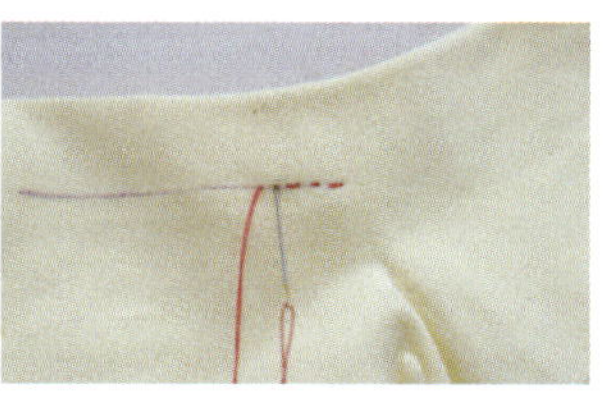

05 같은 방법으로 반복합니다.

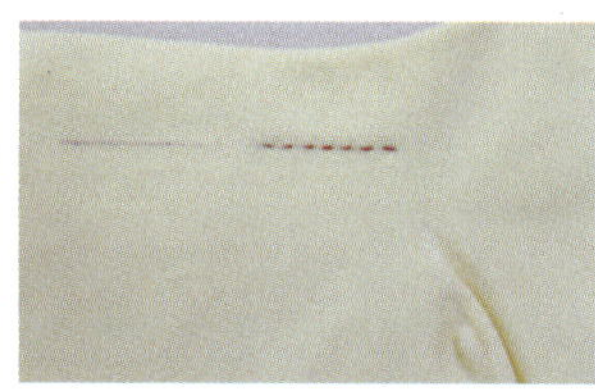

06 앞면

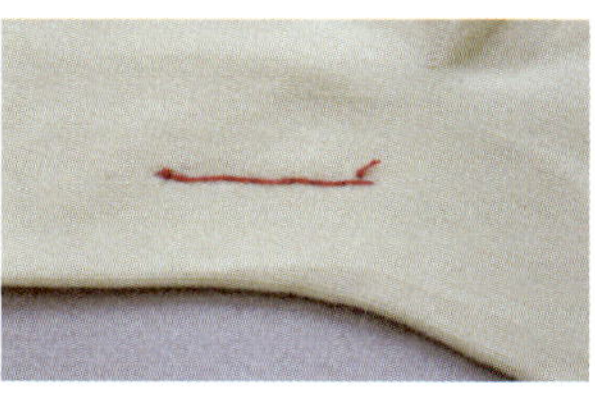

07 뒷면

4 공그르기

실이 보이지 않게 연결하는 바느질
법으로 이 책에서는 창구멍을 막을
때, 귀나 팔 등을 몸통에 연결할 때
사용했습니다.

| 바느질하는 방법 |

01 두 장 사이에서 밖으로 바늘을
빼줍니다.

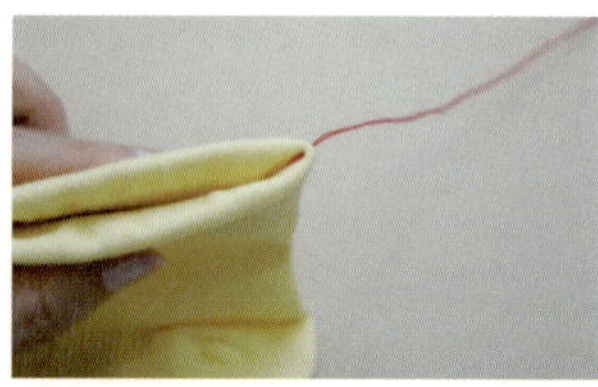

02 매듭이 두 장 사이에 위치해
겉에서는 보이지 않습니다.

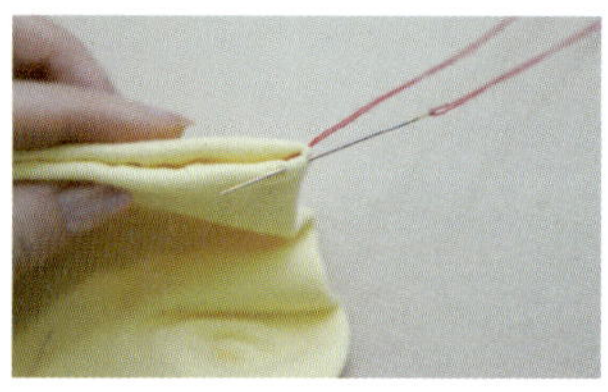

03 아래쪽 원단의 접힌 부분을 통
과해줍니다.

04 바늘을 쭉 빼줍니다.

05 실 나온 부분의 바로 반대쪽
원단의 접힌 부분을 통과해줍니다.

06 바늘을 쭉 빼줍니다. 이 과정들
을 반복합니다.

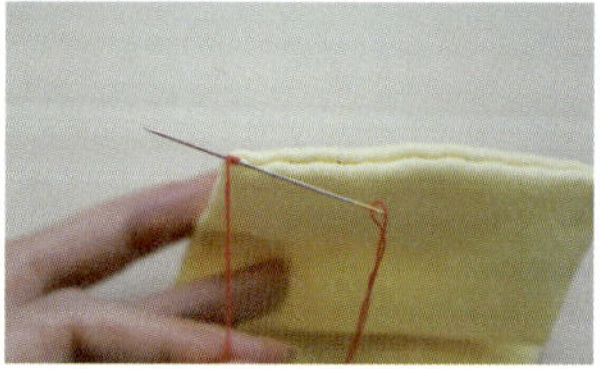

07 바느질이 끝나는 곳에서 바늘
에 실을 감아 매듭을 지어줍니다.

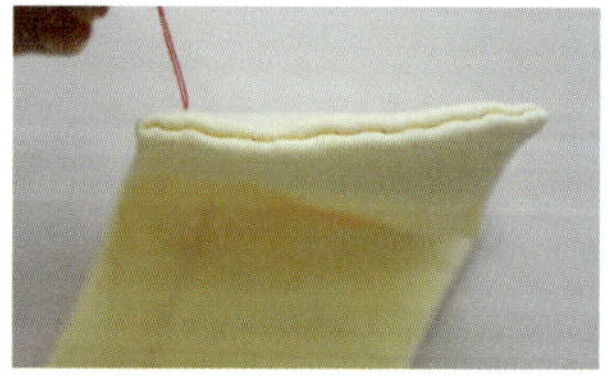

08 바늘로 원단 두 장 사이를 빠
져 나오면 매듭이 감춰집니다.

5 감침질

귀나 팔을 몸에 연결할 때 공그르기
보다 간단하게 사용할 수 있습니다.

| 바느질하는 방법 |

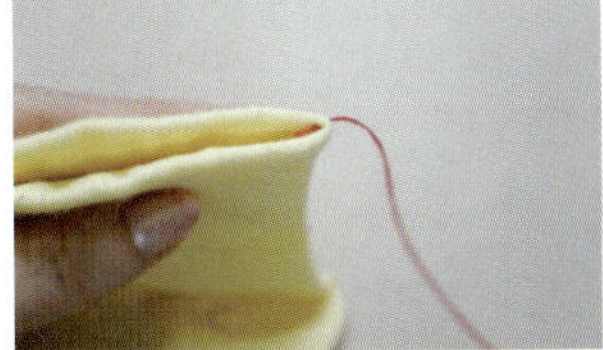

01 시작은 두 장 사이에서 밖으로
나가 매듭이 보이지 않게 해줍니다.

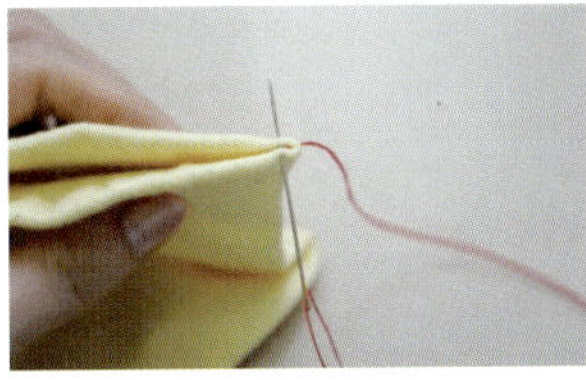

02 두 장을 한꺼번에 통과해 뒤로
나갑니다.

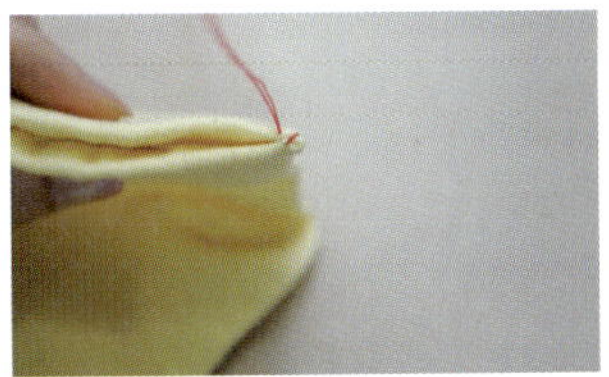

03 바늘을 쭉 빼줍니다.

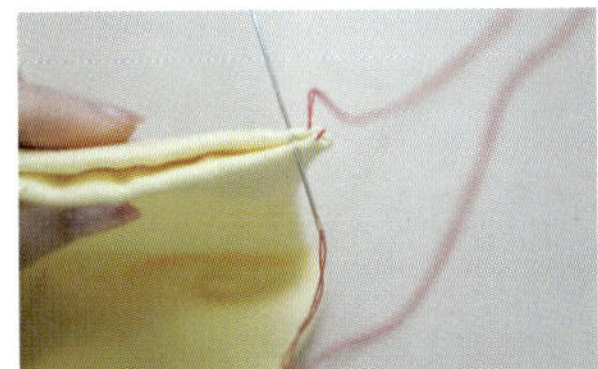

04 다음 땀도 마찬가지로 두 장을
한꺼번에 통과해 뒤로 나갑니다.

05 바늘을 쭉 빼줍니다.

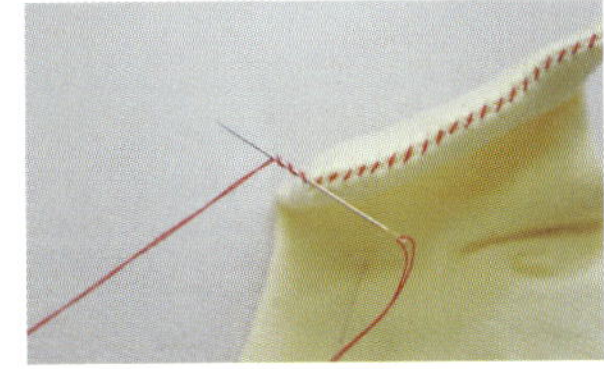

06 바느질 끝에서 바늘에 실을 세
번 감아줍니다.

07 감아준 실을 잡은 상태로 바늘
을 쭉 빼줍니다.

08 원단 사이로 바늘을 한 번 통
과해서 매듭을 원단에 딱 달라붙게
해줍니다.

6 새틴스티치 :

면을 채우는 스티치로 인형의 눈이
나 코를 표현할 때 사용했습니다.

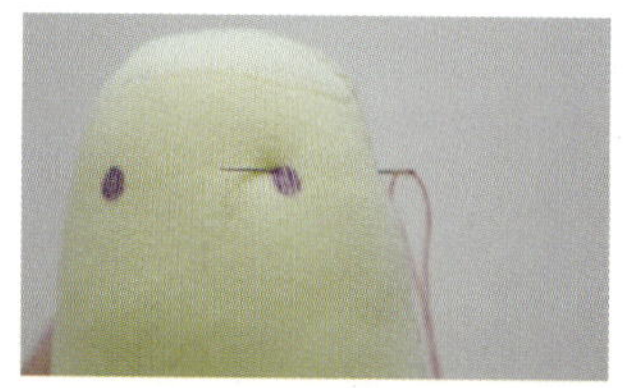

01 매듭을 감출 수 있는 곳에서 시작해 면의 상단 왼쪽으로 바늘이 나옵니다.

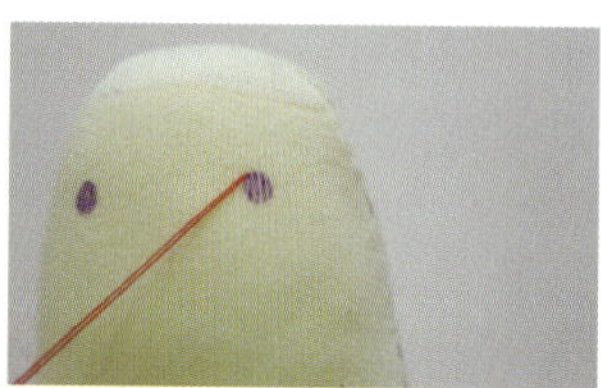

02 바늘을 쭉 빼줍니다.

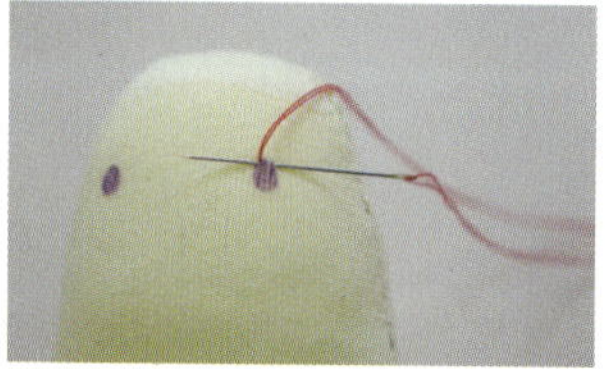

03 면의 오른쪽으로 들어가 왼쪽으로 나옵니다.

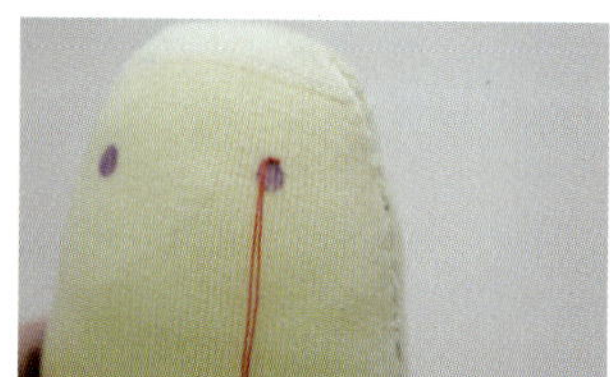

04 바늘을 쭉 빼줍니다.

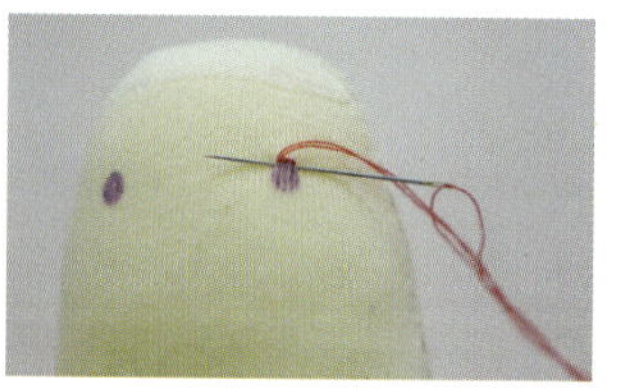

05 이전 바로 아래의 위치에서 오른쪽으로 들어가 왼쪽으로 나옵니다.

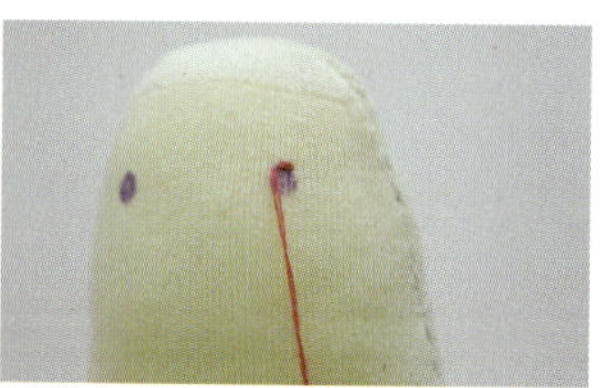

06 바늘을 쭉 빼줍니다. 같은 방법을 반복합니다.

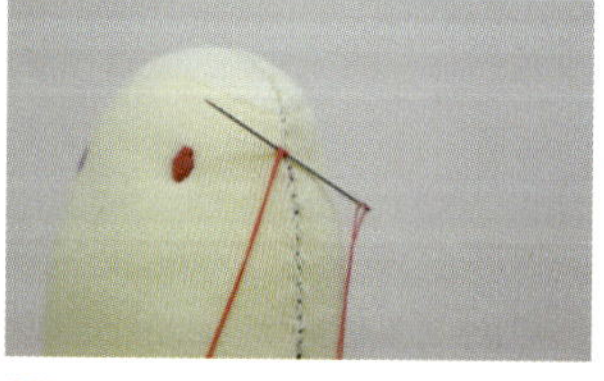

07 뒤쪽으로 나와 바늘에 실을 감아 매듭을 지어줍니다.

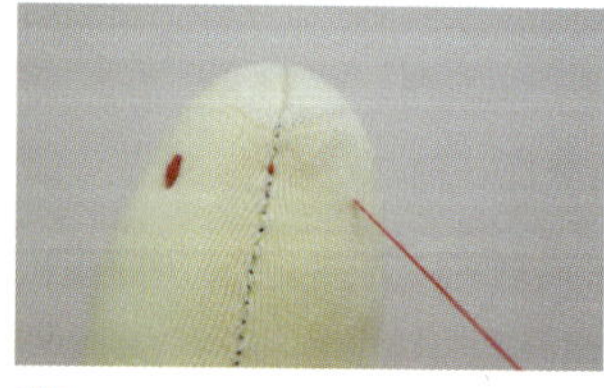

08 다른 곳을 통과하면서 실을 당겨서 매듭이 감춰지게 마무리합니다.

7 아플리케

원단 위에 원단을 덧대어주는 바느질법으로 인형에 펠트지로 눈이나 코를 표현할 때 사용했습니다.

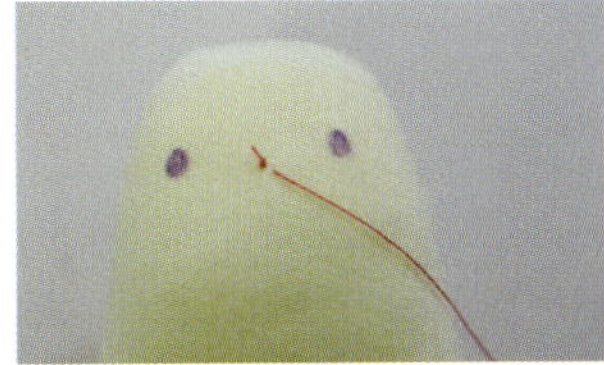

01 펠트지로 가려지는 부분에서 매듭을 시작합니다.

02 원단의 경계선에서 위로 나옵니다.

03 덧댄 원단으로 들어가서 약간 이동한 곳의 경계선으로 나옵니다.

04 바늘을 쭉 빼줍니다. 이를 반복합니다.

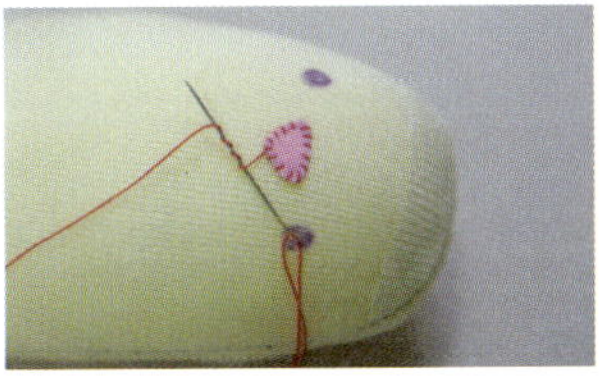

05 바느질이 끝난 곳에서 바늘에 실을 감아줍니다.

06 감은 실을 원단 쪽에 바짝 붙여줍니다.

07 원단 뒤쪽을 통과해서 다른 쪽으로 바늘이 나옵니다.

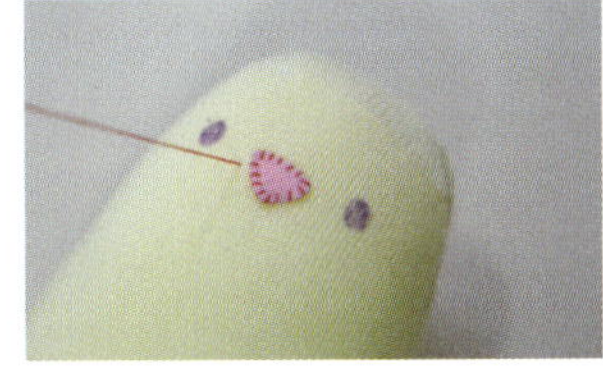

08 실을 잡아당겨 끊어줍니다. 이렇게 하면 매듭이 코 뒤로 숨어 보이지 않습니다.

8 마무리 매듭

바느질을 마무리할 때 사용합니다.

| 바느질하는 방법 |

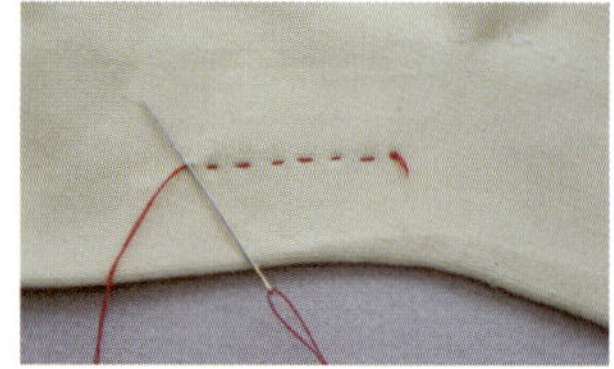

01 바느질이 끝난 부분에 바늘로 원단을 살짝 떠줍니다.

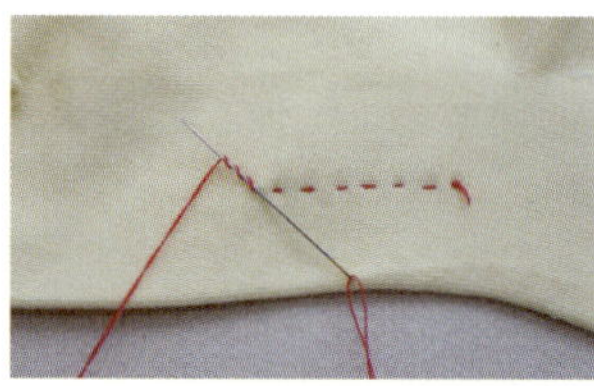

02 바늘에 실을 세 번 감아줍니다 (감는 횟수가 많을수록 매듭이 커집니다).

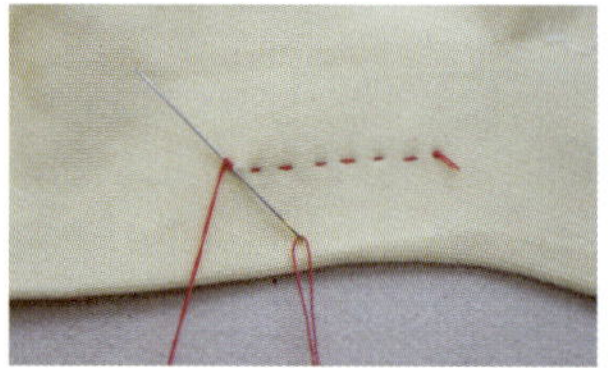

03 감은 실이 양말에 딱 붙도록 모아줍니다.

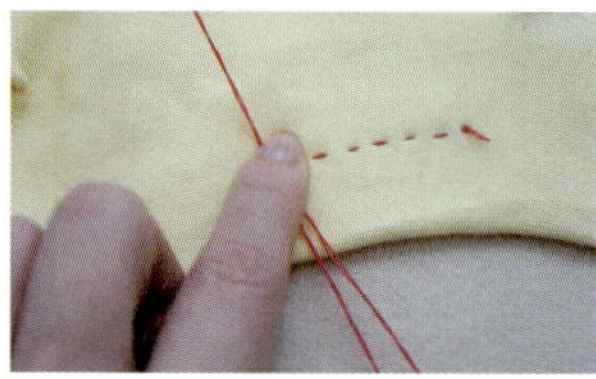

04 감은 실이 풀리지 않도록 손으로 살짝 누른 채 바늘을 빼줍니다.

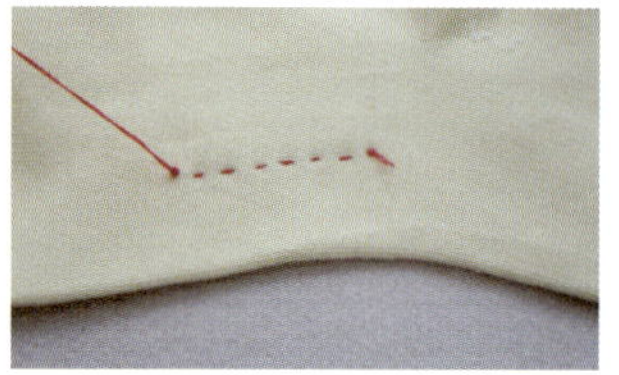

05 매듭이 생겼습니다.

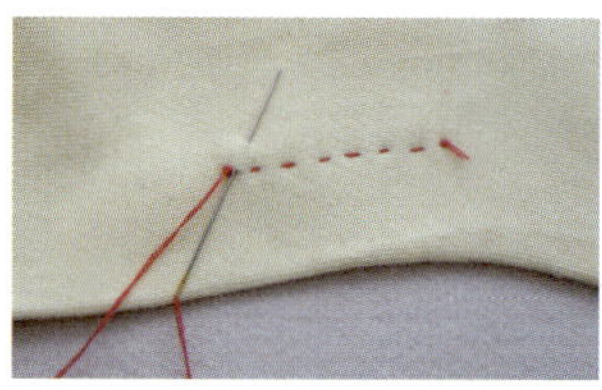

06 양말의 다른 곳으로 바늘을 통과시켜줍니다.

07 실을 양말 바짝 자릅니다.

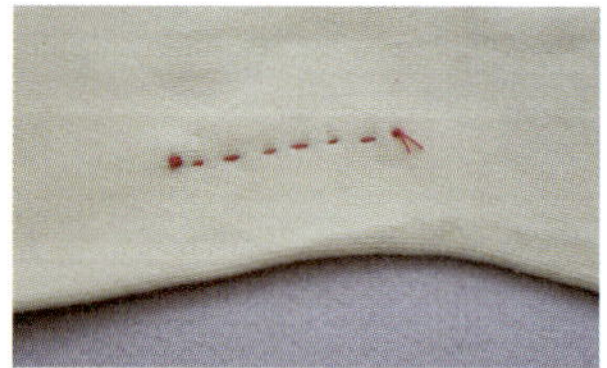

08 매듭이 양말에 딱 달라붙고 실 자투리가 보이지 않아 깔끔하게 처리됩니다.

| 바느질하는 방법 |

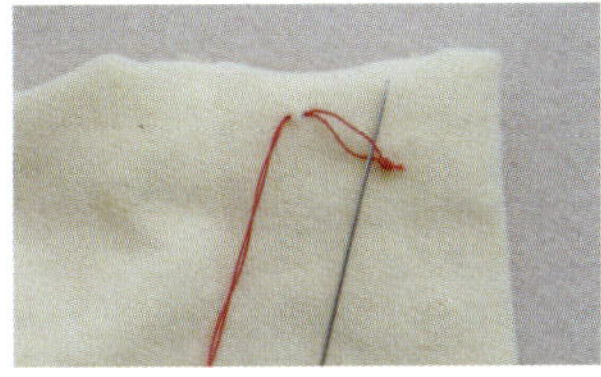

01 바느질 후 실을 세게 잡아 당겨야 하는 경우 시작점에서 바늘로 두 줄 실 사이를 통과시켜줍니다.

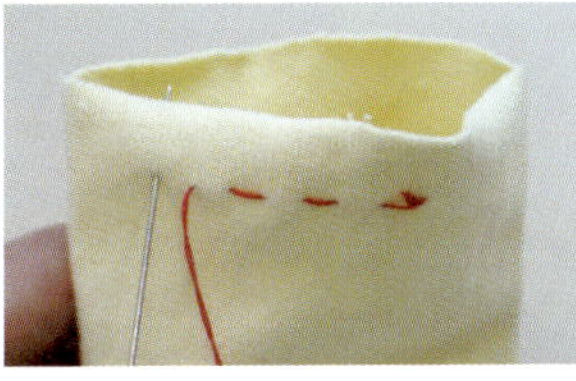

02 원통형 양말을 빙 둘러 홈질해 줍니다.

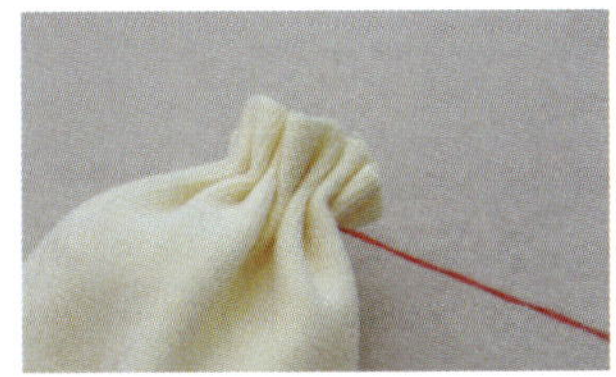

03 실을 잡아당겨 주름을 만들어 모아줍니다.

04 실을 잡아당기면서 몇 번 감아준 후 매듭지어 줍니다.

05 뒤집어줍니다.

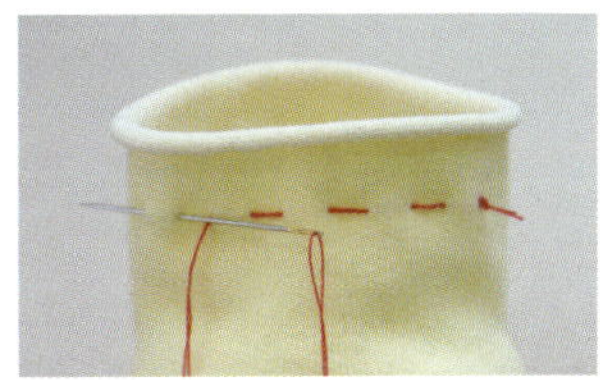

06 반대쪽 입구도 빙 둘러 홈질해 줍니다.

07 솜을 넣고 실을 잡아당겨 오므린 후 매듭을 짓습니다.

022

026

032

036

042

PART 01

숲속에서 만난 양말

뽀로롱 새

둥지 속에 옹기종기 모여사는 새 가족을 소개합니다.
기분이 좋아 하루종일 뽀로롱 뽀로롱 즐거운 노래소리를 내네요.
맑은 공기를 마시면 더욱 청량한 목소리로 노래를 부른답니다.

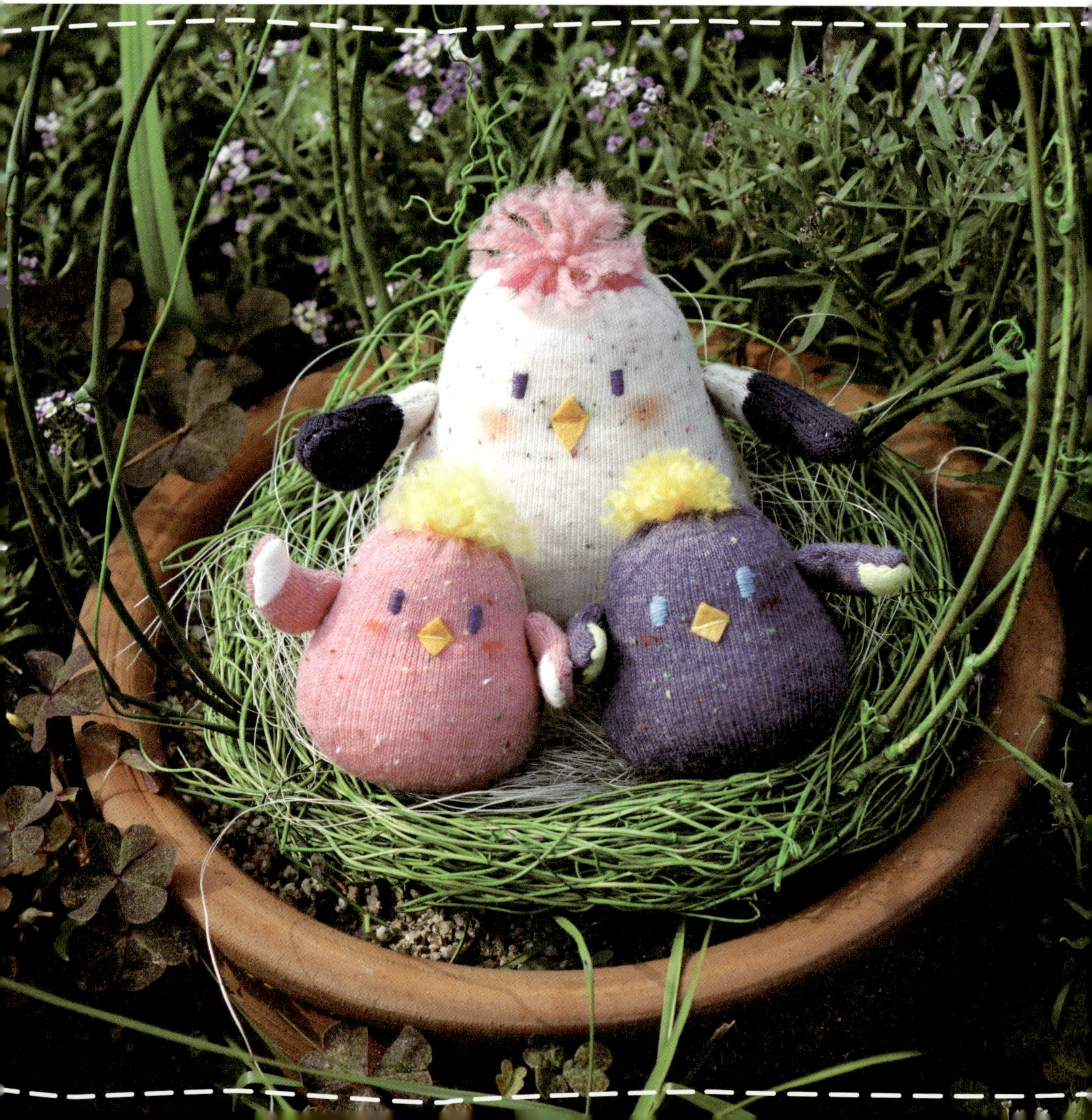

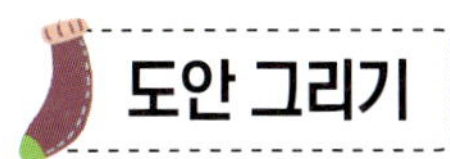

도안 위치는 이렇게 그려 사용하세요. (p.190)

일반양말 1짝

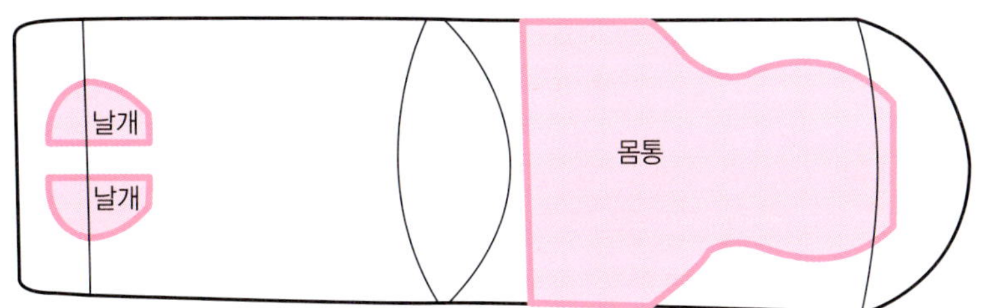

만들기 과정

01 양말을 뒤집어 도안을 그립니다.

02 창구멍을 제외하고 촘촘하게 홈질합니다.

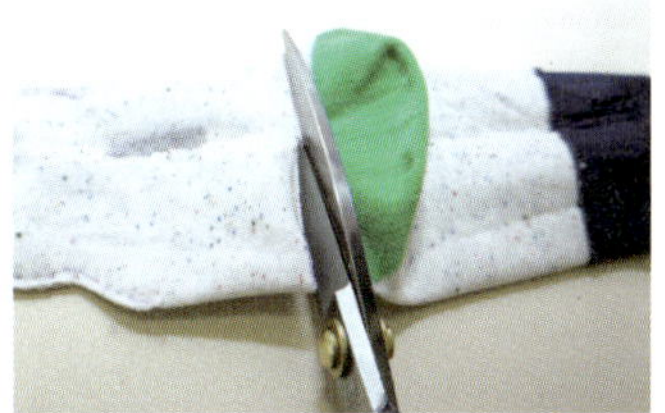

03 바느질한 곳은 시접 0.5cm를 두고, 창구멍은 선에 맞게 오려줍니다.

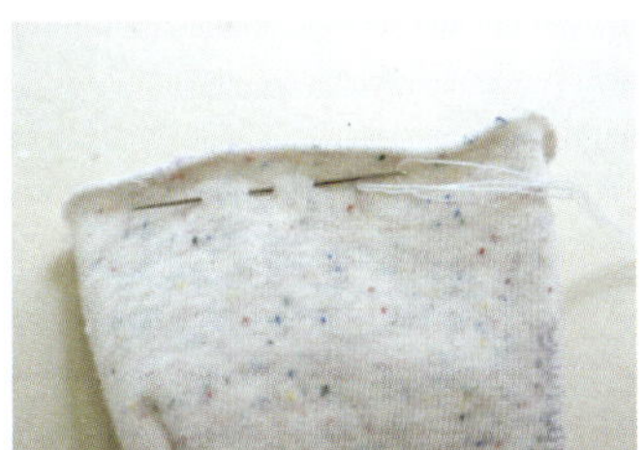

04 뒤집어준 후 넓은 쪽 창구멍을 빙 둘러 홈질해줍니다.

05 실을 끝까지 잡아당겨 오므려 매듭지어 줍니다.

TIP 실을 잡아당겨 오므려도 구멍이 다 막아지지 않을 땐 뒤집어서 오므려진 부분을 여러 방향으로 관통해주면 깔끔하게 마무리할 수 있어요.

06 머리쪽 창구멍으로 PP알갱이를 넣어 아래쪽을 채워줍니다. 그래야 안정감 있게 앉을 수 있어요.

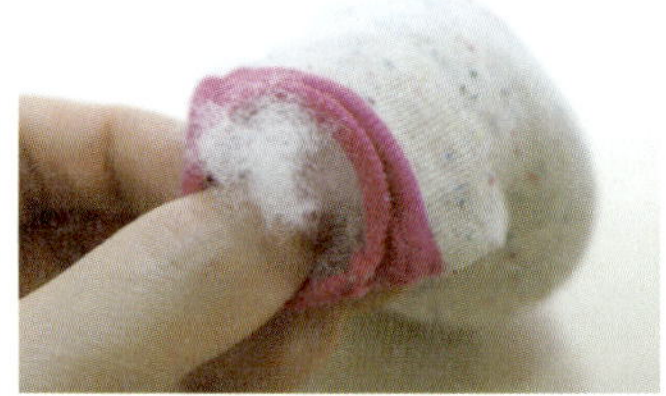

07 얼굴 쪽은 솜을 넣어 채워줍니다.

08 머리 쪽 입구를 빙 둘러 홈질해 줍니다.

09 실을 잡아 당겨 오므려줍니다.

10 시접 부분을 손가락으로 안쪽으로 밀어 넣어줍니다.

11 털실을 여섯 가닥 정도 겹쳐서 가운데를 묶어 준비합니다.

12 머리에 털실의 묶은 부분을 끼워 넣은 후 오므려 매듭지어 줍니다.

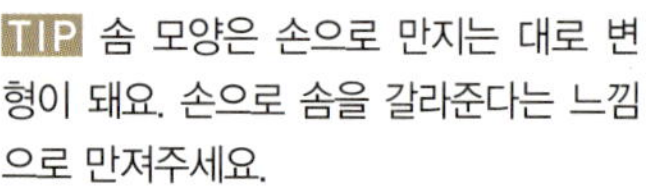

13 머리의 1/3 정도 되는 지점을 손으로 비벼서 잘록한 허리를 만들어줍니다.

TIP 솜 모양은 손으로 만지는 대로 변형이 돼요. 손으로 솜을 갈라준다는 느낌으로 만져주세요.

14 맨 밑부분도 바닥에 올려놓고 눌러주면서 바닥 모양을 평평하게 만들어주세요.

15 사진처럼 허리가 잘록한 모양으로 다듬어 주어야 예쁘게 만들어집니다.

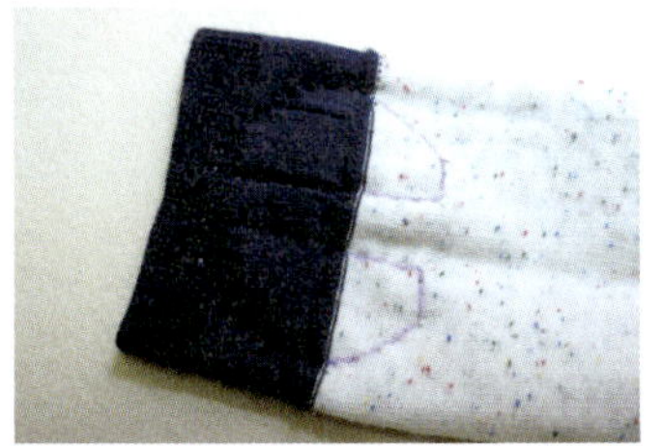

16 날개도안을 그려준 후 창구멍을 제외하고 촘촘하게 홈질해줍니다.

17 시접 0.5cm를 남기고 오려줍니다.

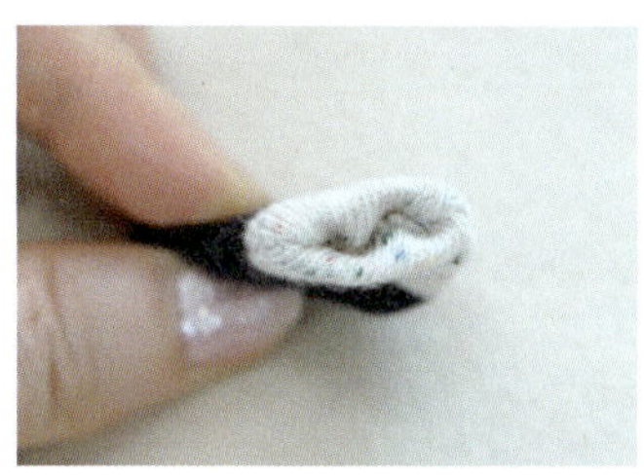

18 뒤집은 후 창구멍을 안쪽으로 접어줍니다.

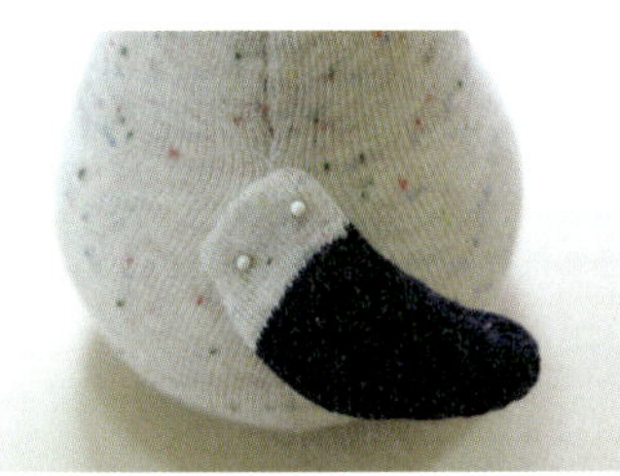

19 몸에 위치를 잡아 날개를 시침핀으로 고정해줍니다. 날개끝이 살짝 아래쪽을 향하도록 45도 정도로 돌려줘야 예뻐요.

20 날개와 몸을 감침질로 고정해줍니다.

21 기화성펜으로 얼굴을 그려줍니다.

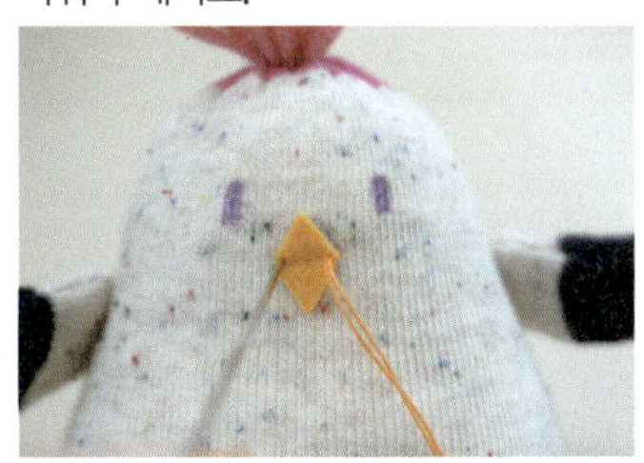

22 펠트지를 오려 가운데 바느질로 고정해줍니다.

23 새틴스티치로 눈을 수 놓아줍니다.

24 시작과 끝매듭은 날개 연결 부위에서 감춰주세요.

25 가위로 털실을 적당한 길이로 다듬어줍니다.

26 색연필로 볼을 발그레하게 표현해줍니다.

27 시침핀으로 머리 쪽 털실을 풀어서 자연스럽게 만들어줍니다.

동글동글 꿀벌

얼굴도 동글, 몸도 동글, 눈도 코도 동글동글한 꿀벌이에요.

꽃을 사랑하는 꿀벌은 무당벌레 친구와 꿀을 따러 꽃길 여행을 시작했어요.

달콤한 꿀을 향한 그들의 여정은 계속 될 것 같아요. 꽃길 여행 함께 떠나볼까요?

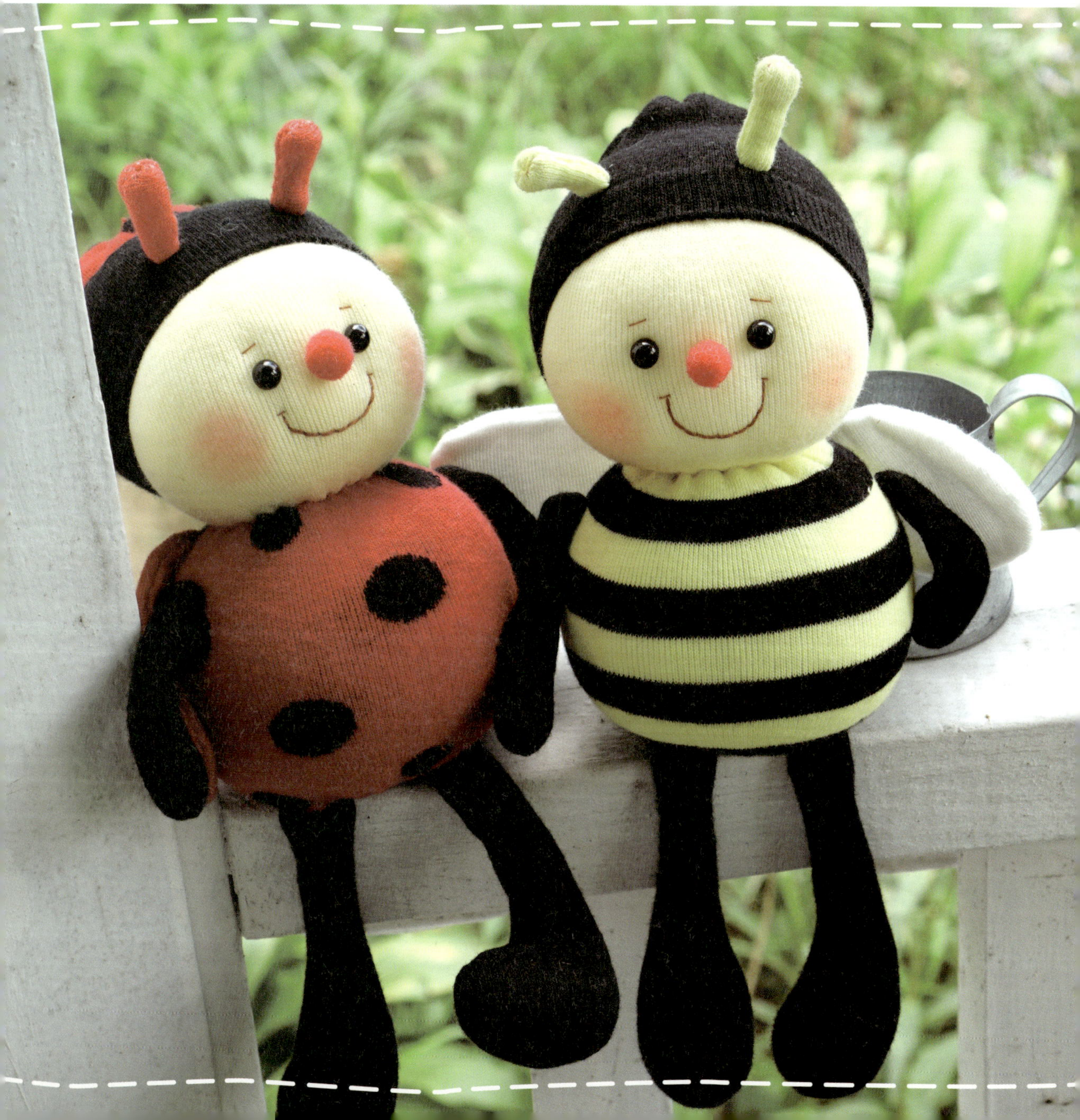

사용한 양말

줄무늬 양말 1짝

검정 양말 1짝

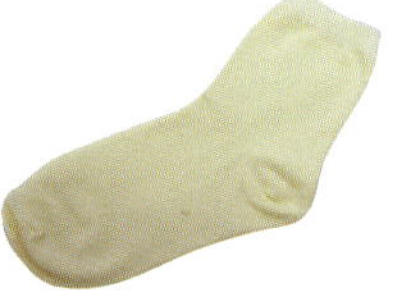
연노랑 양말 1짝

흰색 양말 1짝

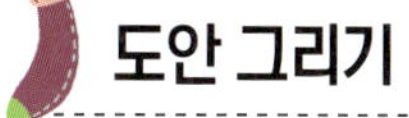
도안 그리기

도안 위치는 이렇게 그려 사용하세요. (p.191)

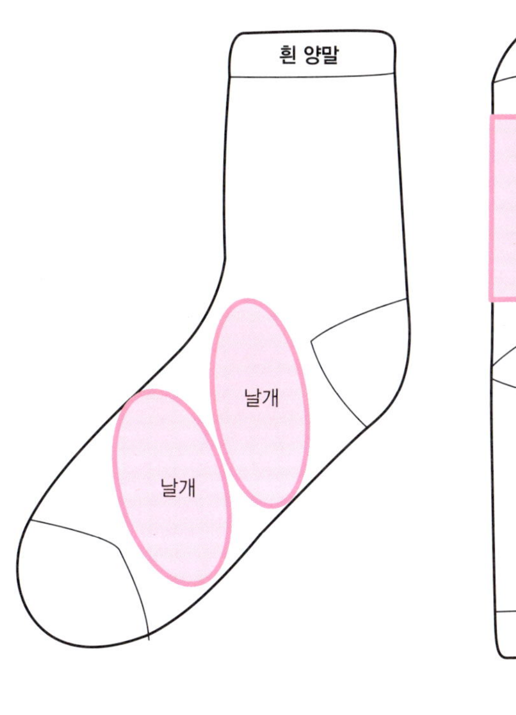
흰 양말
날개
날개

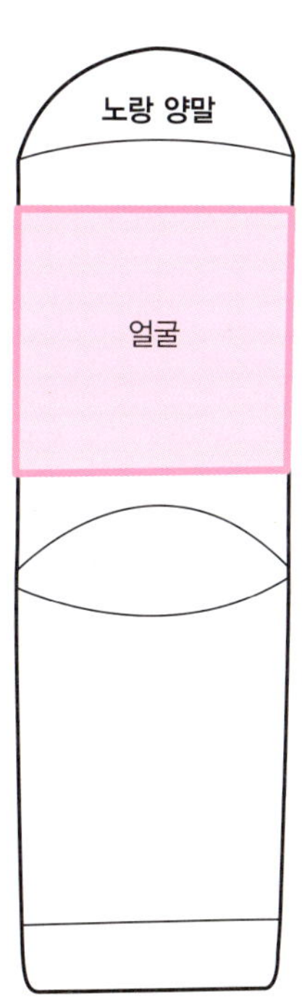
노랑 양말
얼굴

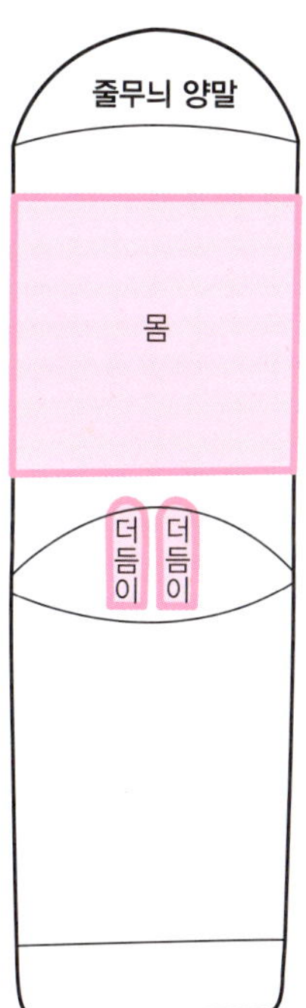
줄무늬 양말
몸
더듬이
더듬이

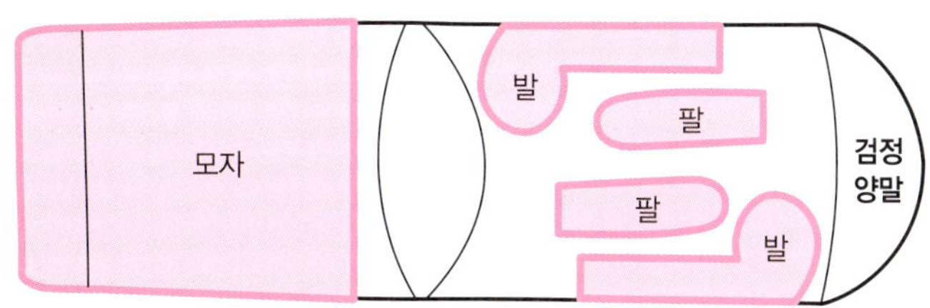
모자
발
팔
팔
발
검정
양말

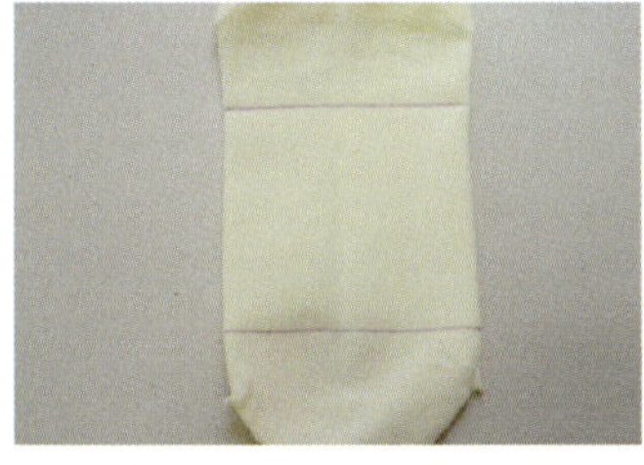

01 연노랑 양말을 뒤집어 도안을 그려줍니다.

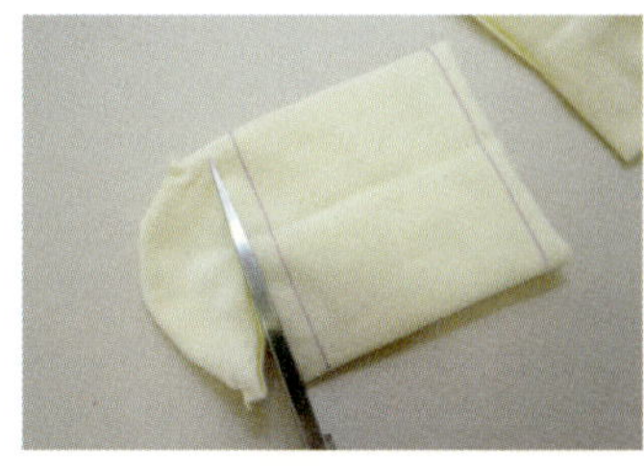

02 시접 1cm를 남기고 오려줍니다.

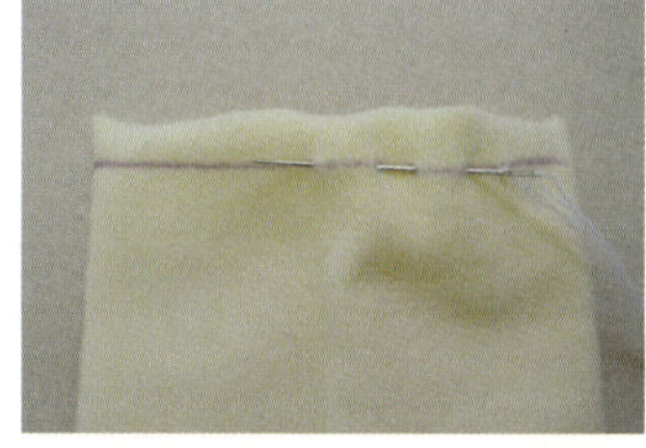

03 도안선을 따라 빙 둘러 홈질해 줍니다.

04 실을 잡아 당겨 오므려줍니다.

05 여러 방향으로 바늘을 관통해 튼튼하게 매듭지어 줍니다.

06 뒤집어줍니다.

07 반대쪽도 마찬가지로 빙 둘러 홈질해줍니다.

08 솜을 넣어줍니다. 동글동글한 모양이 나오도록 골고루 넣어주세요.

09 실을 잡아당겨 오므려 매듭지어 줍니다.

10 줄무늬 양말에 도안을 그려 시접 1cm를 남기고 오려 줍니다.

11 얼굴과 같은 방법으로 한쪽을 홈질해 오므려줍니다.

12 솜을 넣고 반대쪽도 홈질해 오므려줍니다.

13 모자 도안을 그려준 후 시접 1cm 를 남기고 오려줍니다.
TIP 머리 크기에 따라 조절해주세요.

14 도안선을 따라 홈질한 후 오므려 줍니다.

15 모자를 얼굴에 씌워서 시침핀으 로 고정해줍니다.

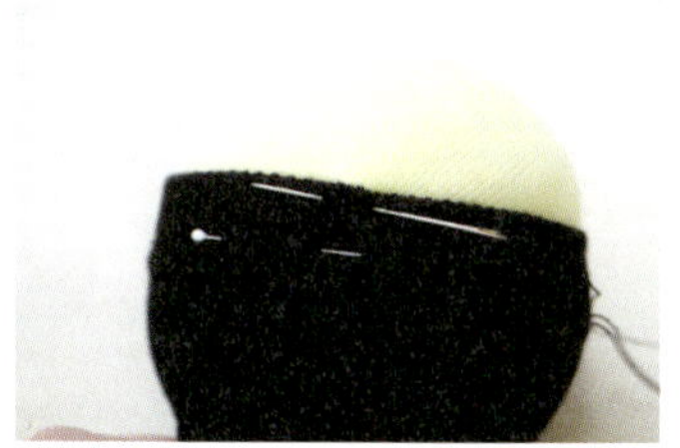

16 모자 라인을 따라 홈질해서 얼굴 과 고정해줍니다.

17 얼굴과 몸을 공그르기로 연결해 줍니다.

18 검정 양말을 뒤집어 팔과 다리 도 안을 그려줍니다.

19 창구멍을 제외하고 촘촘하게 홈 질해줍니다.

20 시접 0.5cm를 남기고 오려줍니다.

21 뒤집어서 솜을 넣어줍니다.

22 와이어를 팔길이에 맞게 잘라 준 비합니다.

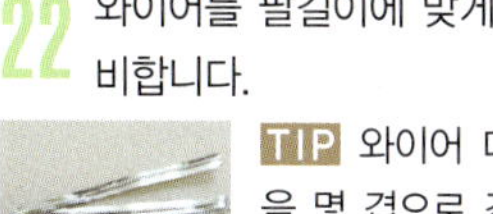

TIP 와이어 대신 빵끈 을 몇 겹으로 겹쳐 사용 해도 된다.

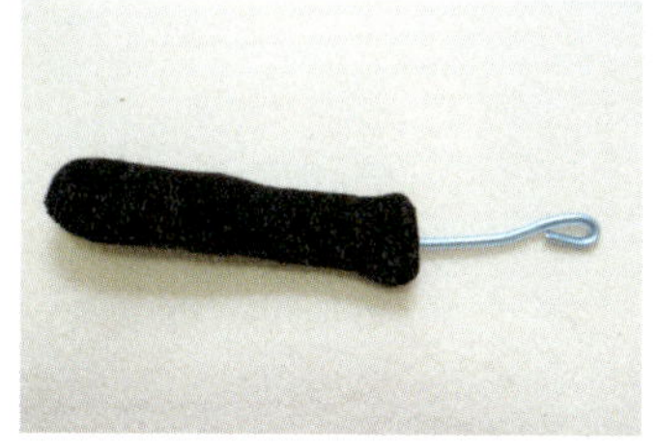

23 솜을 넣은 팔에 와이어를 넣어 줍니다.

24 팔과 다리의 창구멍을 공그르기 로 막아줍니다.

25 팔을 몸 양옆에 공그르기로 고정
해줍니다.

26 다리를 몸 아래쪽에 공그르기로
고정해줍니다.

27 더듬이 도안을 그려준 후 창구멍
을 제외하고 홈질해줍니다.

28 뒤집어서 솜을 조금 넣은 후 창
구멍을 막아줍니다.

29 더듬이를 머리에 공그르기로 고
정해줍니다.

30 기화성펜으로 얼굴을 살짝 그려
줍니다.

31 눈은 콩단추를 달아주고 눈썹과
입은 스티치를 해준 후 폼폼이를
코에 붙여 마무리합니다.

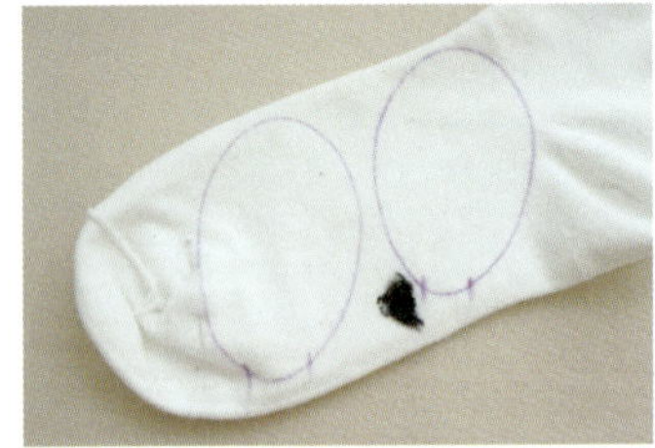

32 흰색 양말에 날개 도안을 그려줍
니다.

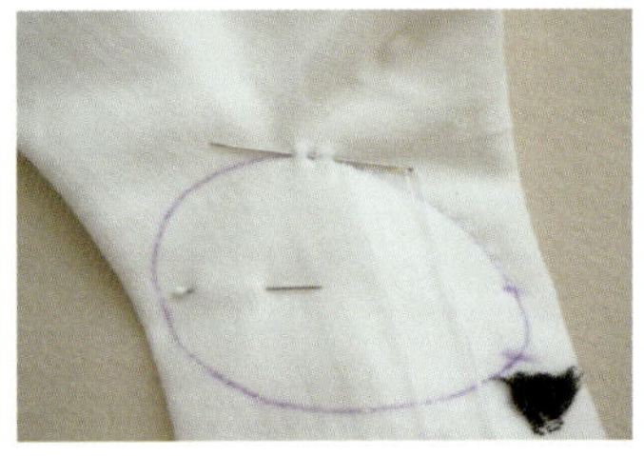

33 창구멍을 제외하고 홈질합니다.

34 시접 0.5cm를 남기고 오려준 후
뒤집어줍니다.

35 창구멍을 안쪽으로 접어준 후 등
에 날개를 공그르기로 연결해줍니
다. 날개가 몸에 밀착되도록 날개 안쪽
을 몸과 몇 땀 꿰매서 고정해줍니다.

TIP 양말 무늬만 바꾸
면 같은 방법으로 무당벌
레도 만들 수 있습니다.

살금살금 무당벌레

장난기 가득한 눈을 이리저리 굴리는 무당벌레예요.
발이 너무 작아 살금살금 걸어 다니며 풀향기를 맡고 있어요. 오늘은 어디로 놀러갈까?
아주 조금씩 움직이지만 발이 빨라서 멀리까지 놀러갈 수 있답니다.

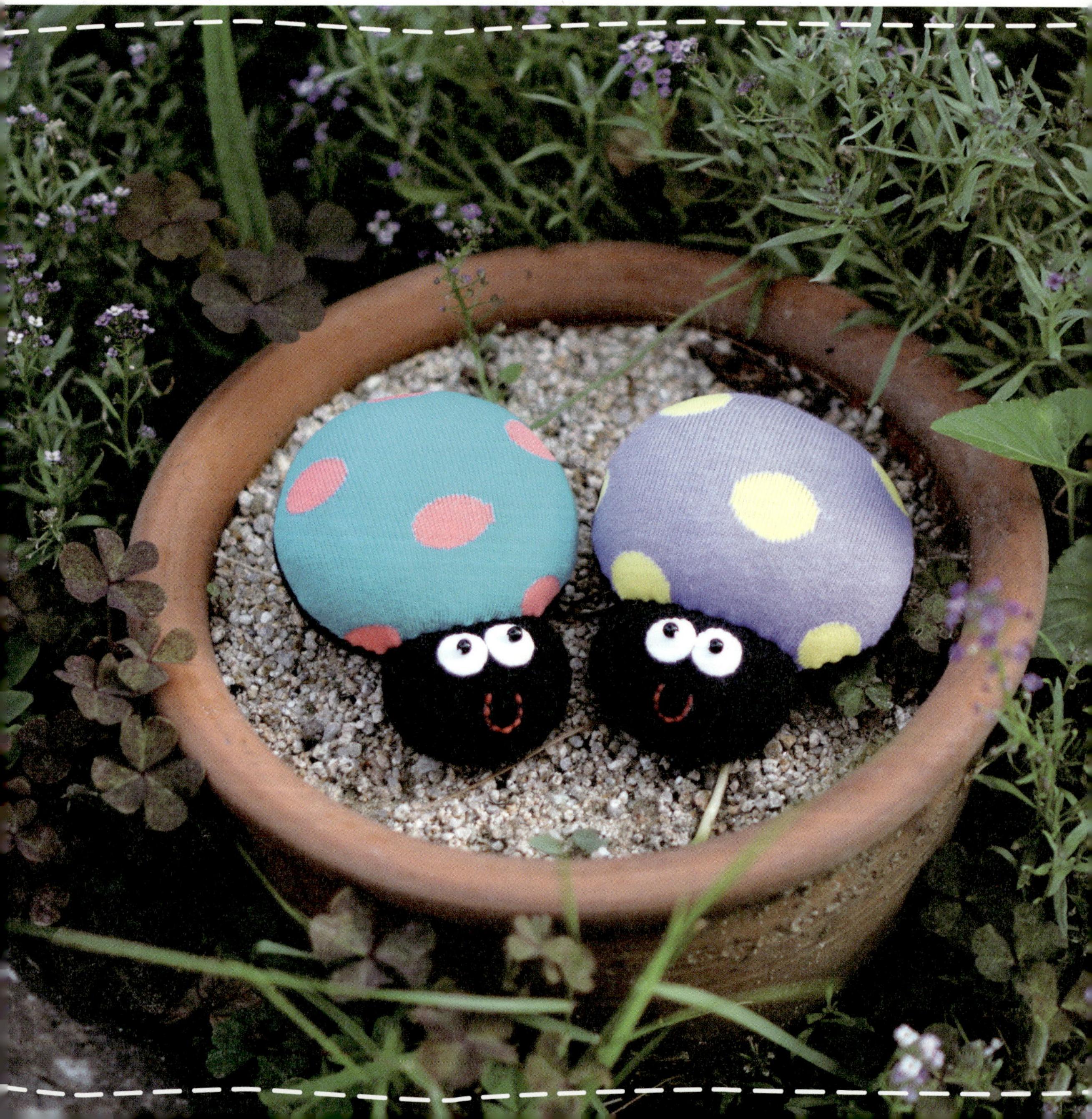

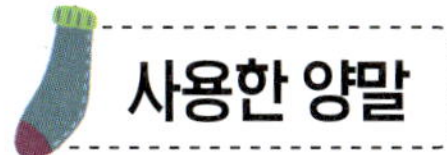

도안 위치는 이렇게 그려 사용하세요. (p.192)

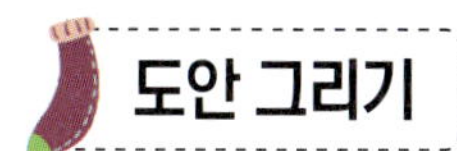

도트 무늬 양말 1짝

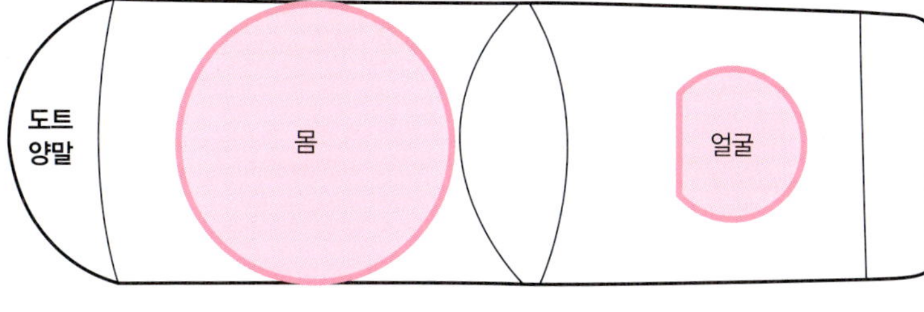

검정 양말 1짝

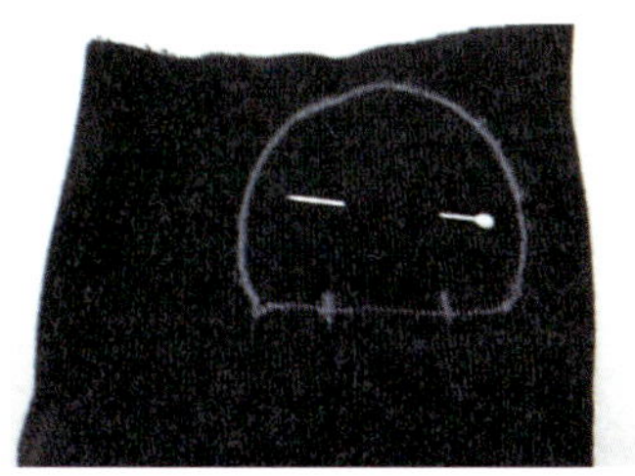

01 양말을 뒤집어 도안을 그려준 후 창구멍을 제외하고 홈질합니다.

02 시접 1cm를 남기고 오려줍니다.

03 뒤집어서 솜을 넣어줍니다.

04 창구멍을 공그르기로 막아줍니다.

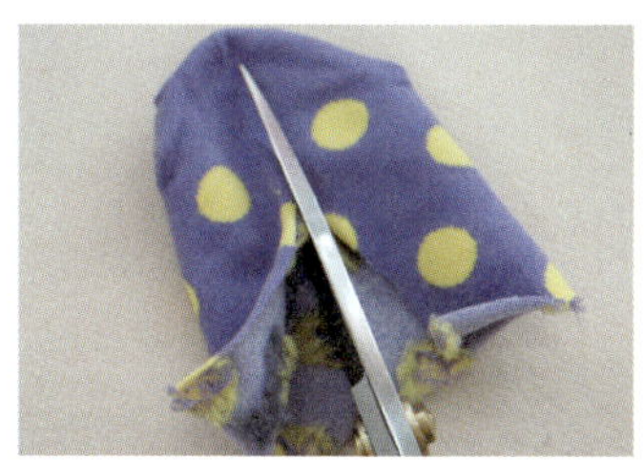

05 도트 무늬 양말의 가운데를 오려서 펼쳐줍니다.

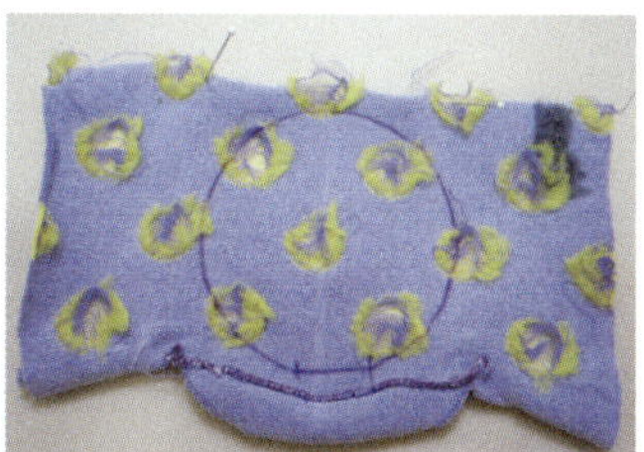

06 양말 안쪽 면에 도안을 그려줍니다.

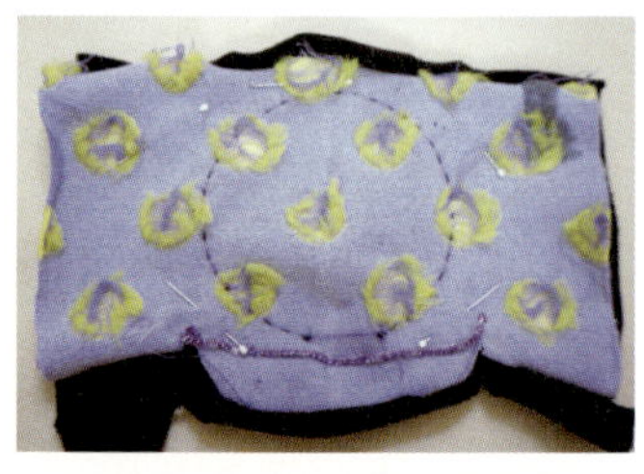

07 검정 양말과 겉면끼리 마주보게 겹쳐준 후 창구멍을 제외하고 홈 질해줍니다.

08 시접 1cm를 남기고 오려줍니다.

09 뒤집어서 솜을 넣어줍니다.

10 솜을 넣은 후 아래쪽을 좀 더 납작 하게 모양을 잡아줍니다. 솜을 손 으로 만져주면 모양을 만들 수 있어요.

11 몸의 창구멍을 공그르기로 막아 줍니다.

12 얼굴과 몸을 밀착시킨 후 공그르 기로 고정해줍니다.

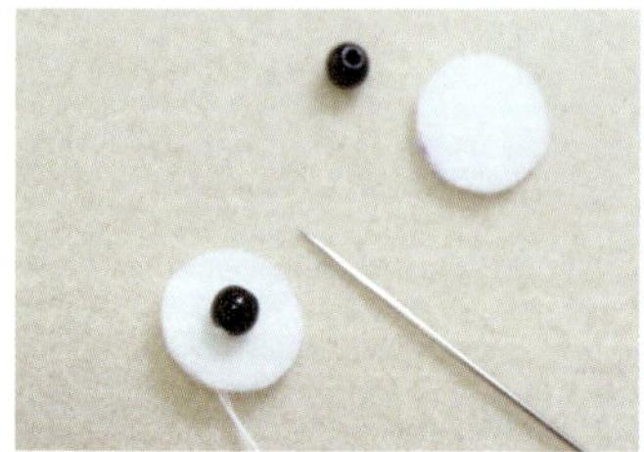

13 펠트지에 비즈를 달아줍니다.

14 눈은 아플리케로 고정해주고, 입 은 스티치로 마무리 합니다.

돌돌 달팽이

돌돌 동그란 달팽이집을 이고 숲속에 나왔네요. 집이 있어서 얼마나 든든한지 몰라요.
다양한 양말의 무늬를 이용해 달팽이집을 만들어보세요.
예쁜 집을 장만해 기분 좋게 방긋 웃는 달팽이를 만날 수 있을 거예요.

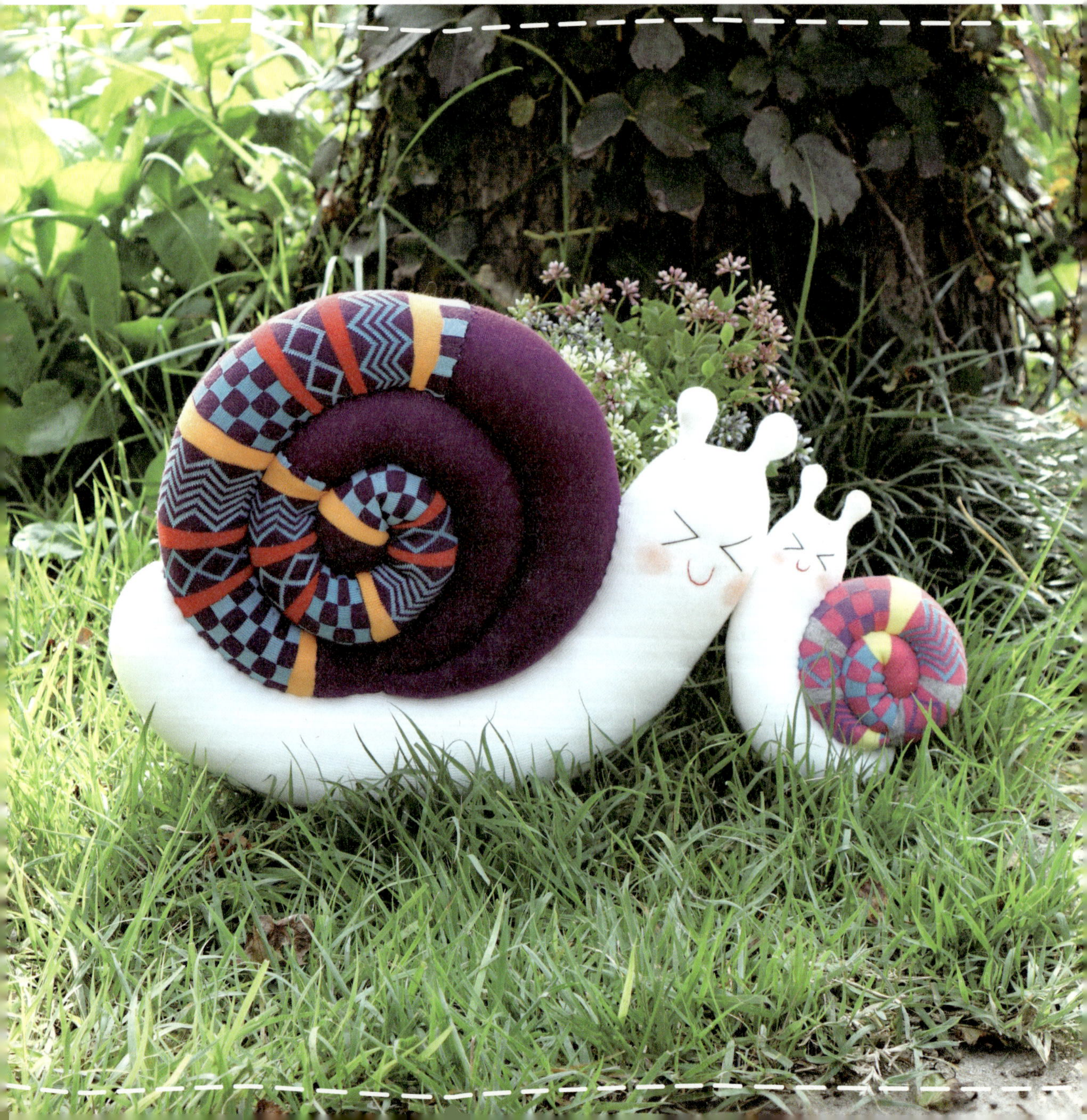

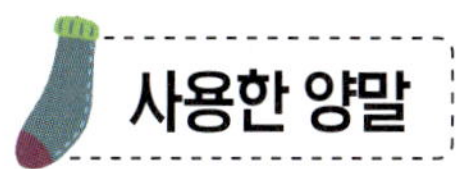 **사용한 양말**

| 아기 달팽이 |

흰색 양말 1짝   무늬 양말 1짝

| 엄마 달팽이 |

흰색 니삭스 1짝   무늬 양말 1켤레   단색 양말 1켤레

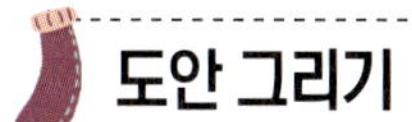 **도안 그리기**   **도안 위치는 이렇게 그려 사용하세요.** (p.192)

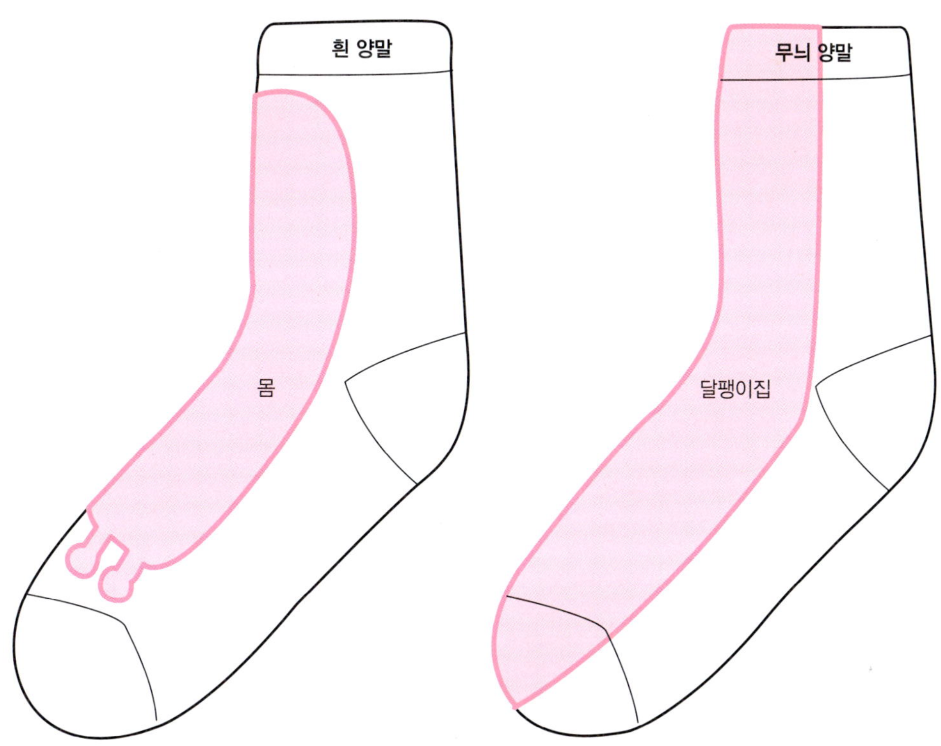

만들기 과정

| 아기 달팽이 | 작은 사이즈 달팽이를 만드는 방법입니다.

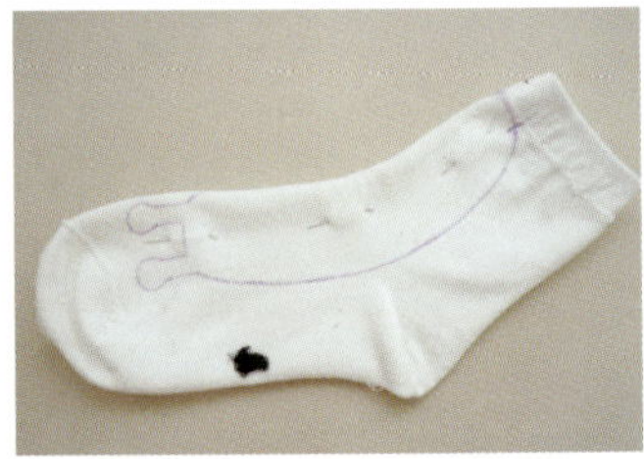

01 양말을 뒤집어 도안을 그려줍니다.

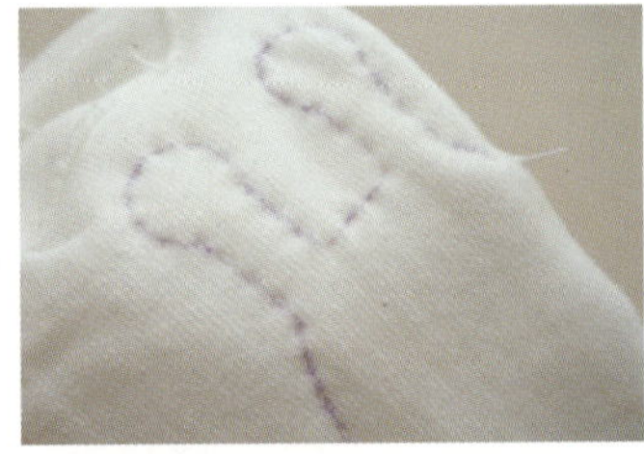

02 창구멍을 제외하고 촘촘하게 홈질합니다.

03 시접 1cm를 남기고 오려줍니다.

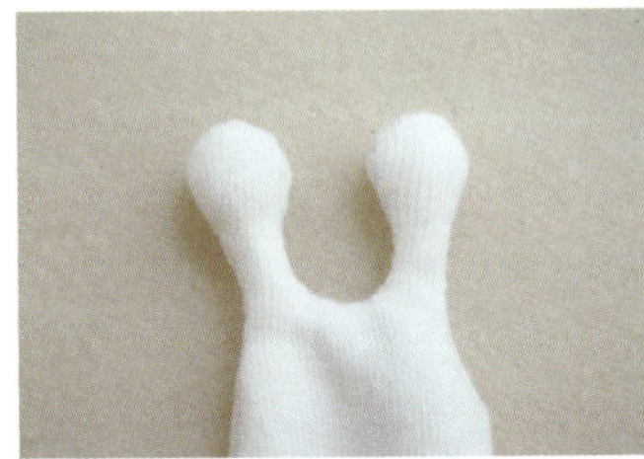

04 더듬이 끝부분에 솜을 조금 넣어줍니다.

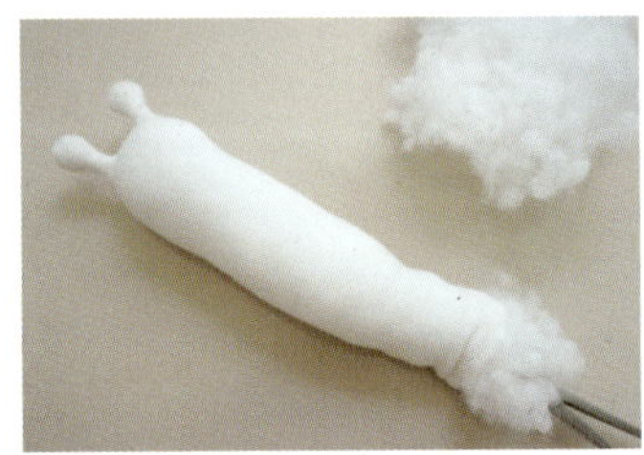

05 몸에 솜을 골고루 넣어줍니다.

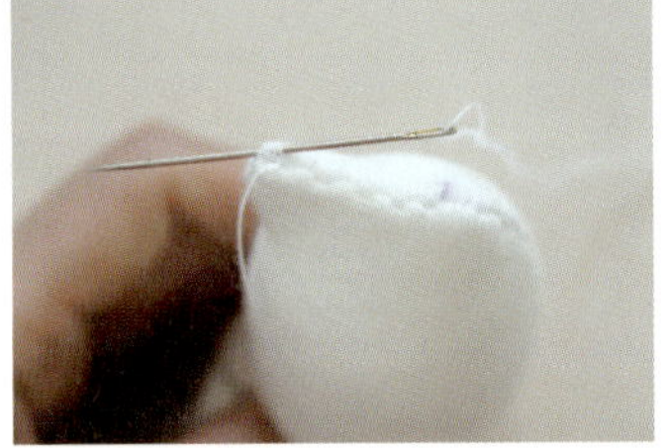

06 창구멍을 공그르기로 막아줍니다.

07 무늬 양말을 세로로 반으로 나눠서 그려줍니다.

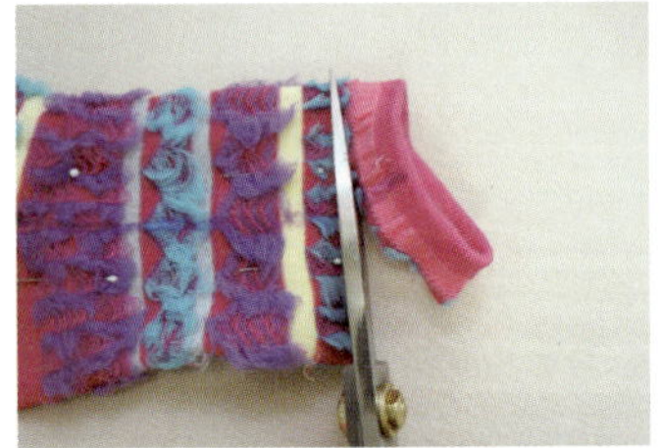

08 발목의 고무줄 부분을 잘라냅니다. 이 부분이 창구멍이 됩니다.

09 도안선을 따라 홈질한 후 시접을 남기고 오려줍니다.

TIP 양쪽 다 바느질하면 달팽이 두 개를 만들 수 있어요.

10 솜을 넣어줍니다.

11 창구멍을 공그르기로 막아줍니다.

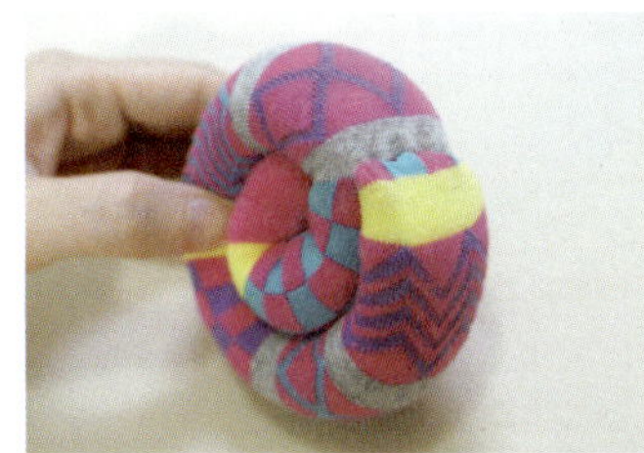

12 돌돌 말아준 후 끝을 공그르기로 고정해줍니다.

13 말린 옆면을 공그르기해서 깔끔하게 정리해줍니다.

14 달팽이 몸에 달팽이집을 올려놓고 공그르기로 고정해줍니다.

15 표정을 스티치로 표현해 마무리합니다.

| 엄마 달팽이 | 큰 사이즈 달팽이를 만드는 방법입니다.

01 긴 니양말을 준비해 뒤집어 줍니다.

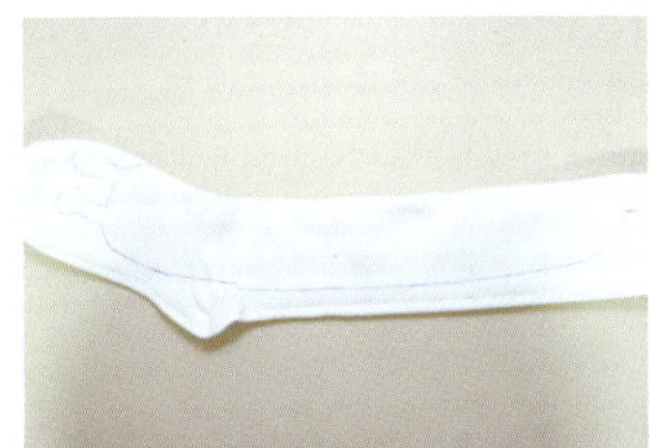

02 적당한 너비로 도안을 그려 홈질한 후 가위로 오려줍니다.

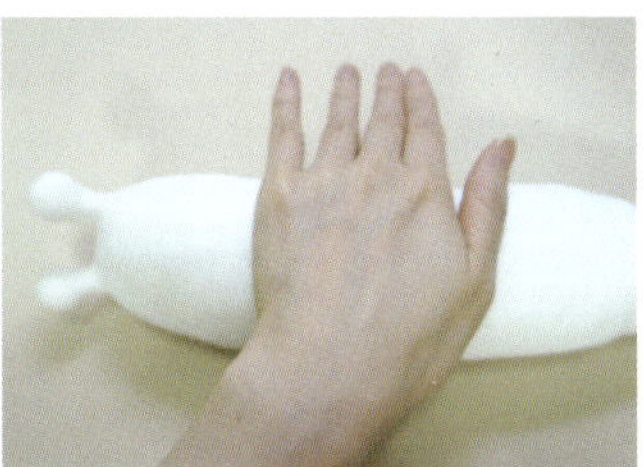

03 뒤집어 솜을 넣어준 후 바닥에 놓고 손바닥으로 굴려주면서 뭉친 부분을 정리해줍니다. 창구멍을 공그르기 해줍니다.

 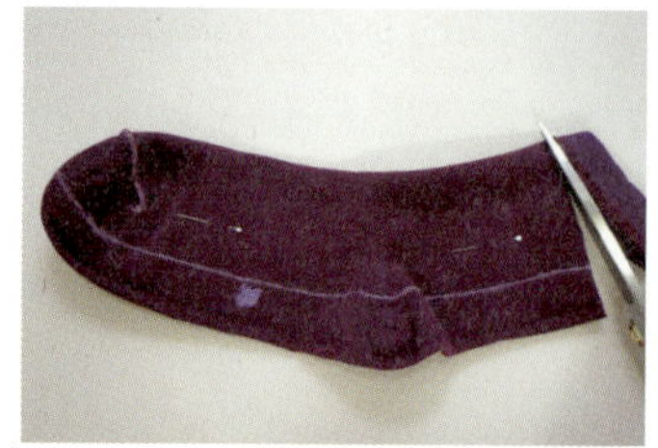 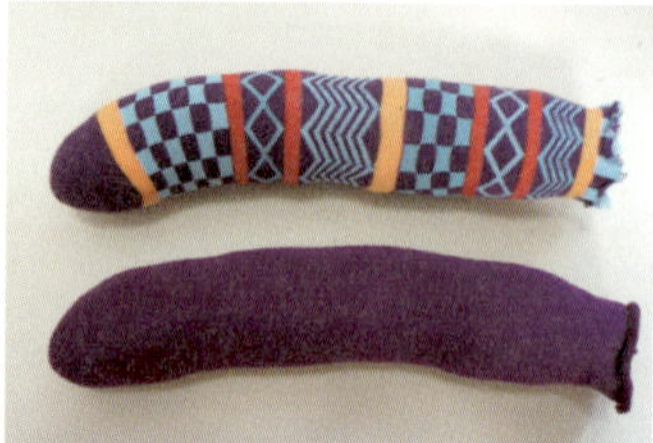

04 무늬 양말과 색깔 양말에 3분의 2 정도 너비로 사진처럼 도안을 그려줍니다.

05 발목 부분을 잘라내고 도안선을 따라 바느질한 후 오려줍니다.

06 뒤집어서 솜을 넣어줍니다.

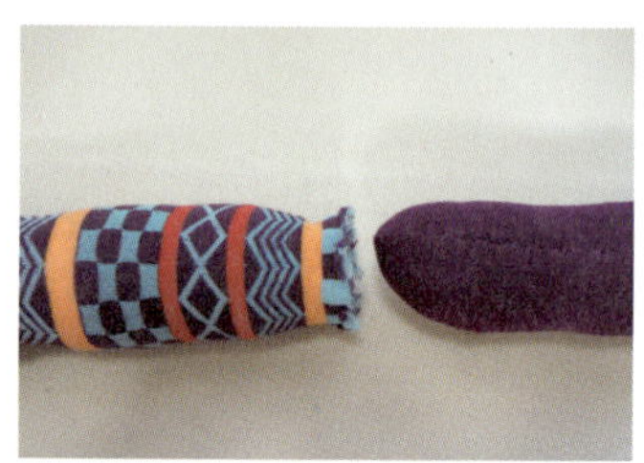  

07 한쪽의 창구멍에 다른 쪽의 막힌 부분을 끼워줍니다.

08 창구멍 쪽의 양말을 안쪽으로 접어놓은 후 공그르기로 둘을 연결해줍니다.

09 양말 네 짝을 같은 방법으로 연결한 후 돌돌 말아줍니다. 그다음은 작은 달팽이 만드는 방법과 같습니다.

다정다정 부엉이

세상에서 가장 행복한 시간을 보내고 있는 다정한 부엉이 커플이에요.
나비넥타이와 면사포로 예쁘게 꾸미고 결혼식을 했답니다.
도톰한 니트양말이 둘의 사랑처럼 따뜻하고 포근하게 느껴지네요.

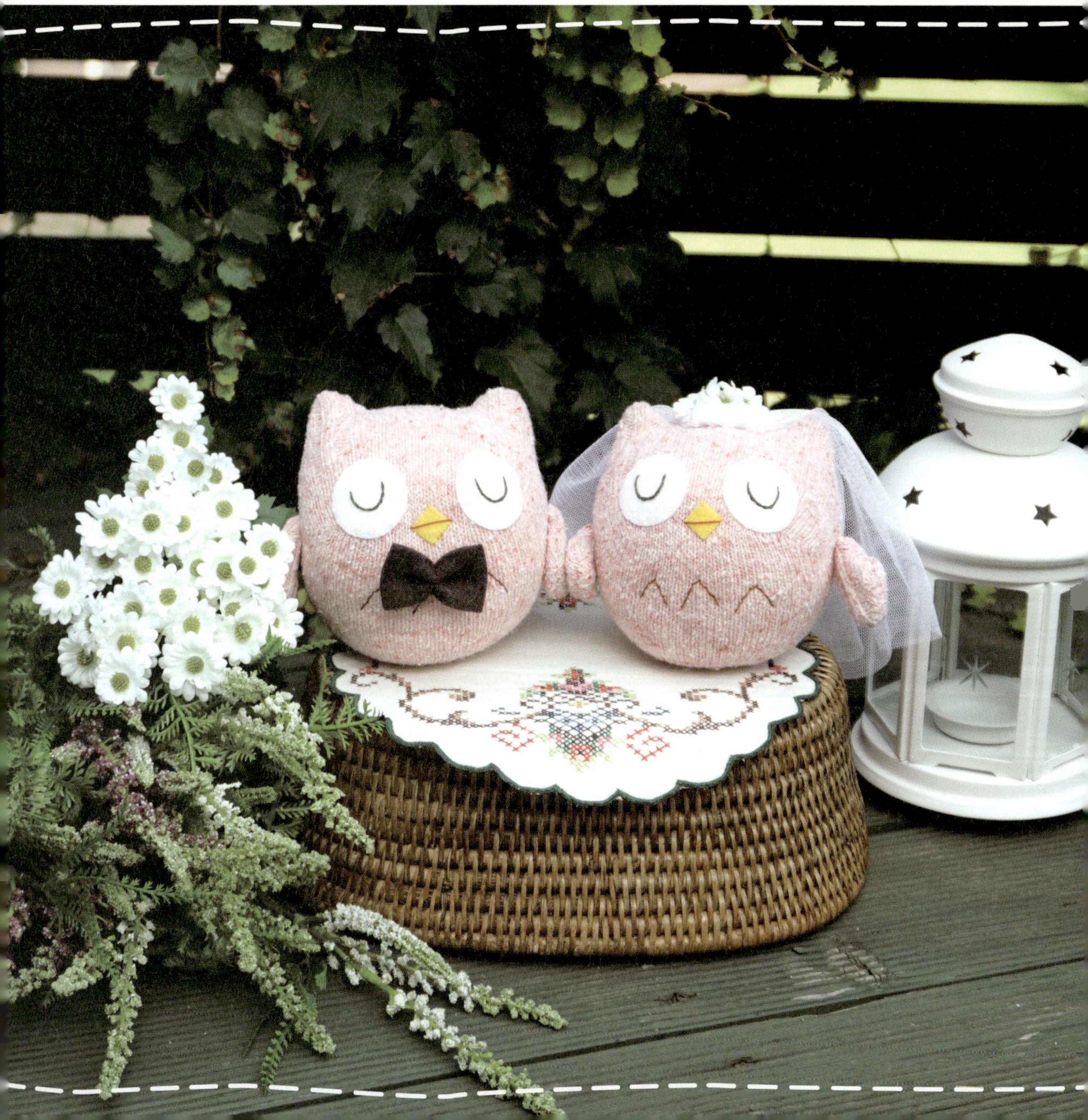

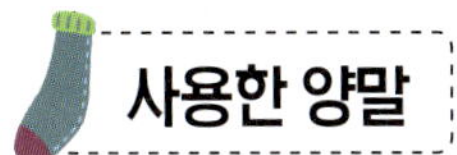

도안 위치는 이렇게 그려 사용하세요. (p.193)

니트 양말 1짝

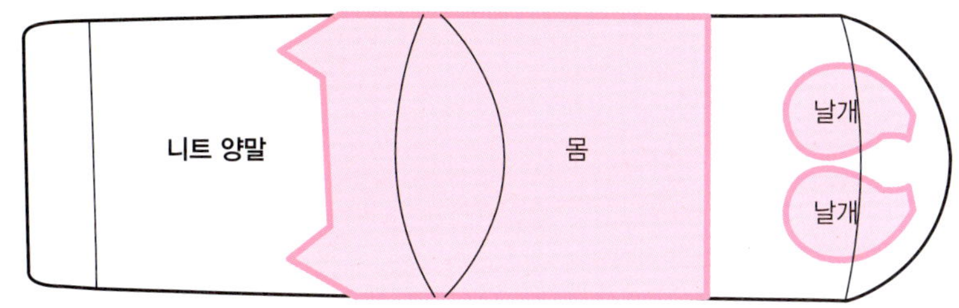

만들기 과정

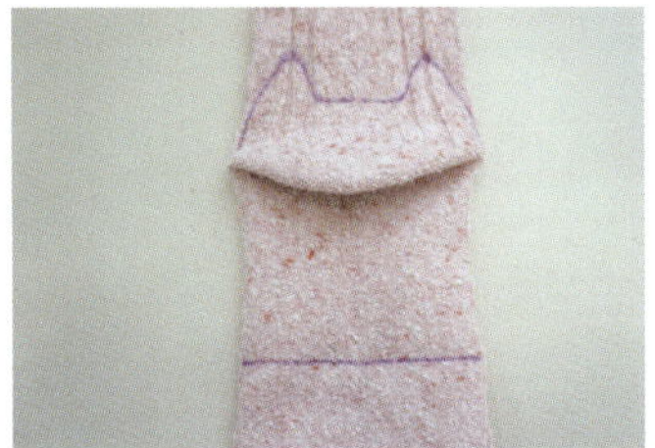

01 양말을 뒤집어 도안을 그려줍니다.

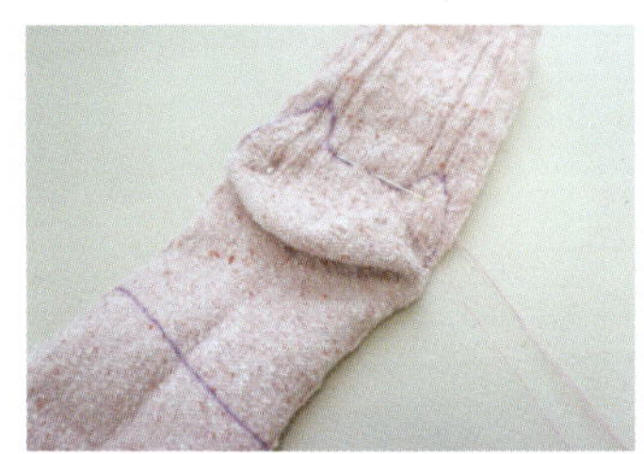

02 부엉이 머리 쪽을 촘촘하게 홈질 합니다.

03 시접 1cm를 남기고 오려줍니다.

04 하단 창구멍을 빙 둘러 홈질해 줍니다.

05 몸에 솜을 골고루 넣어줍니다.

06 창구멍의 실을 잡아당겨 오므려 마무리합니다.

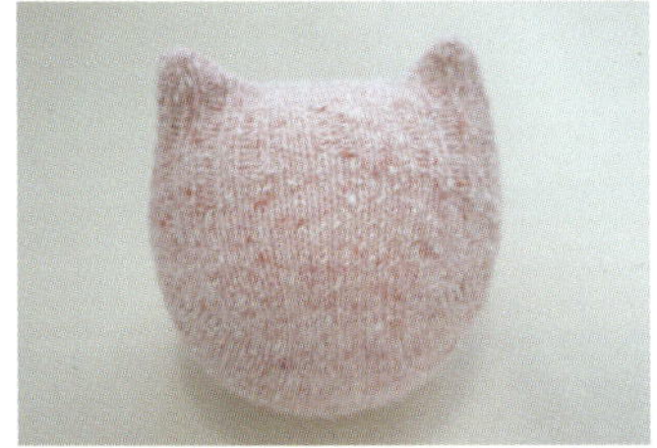

07 동글동글한 모양이 만들어졌습 니다.

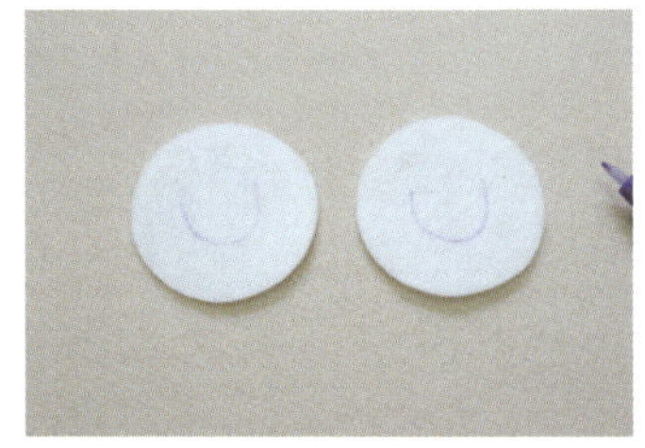

08 흰색 펠트지에 기화성펜으로 눈 모양을 그려줍니다.

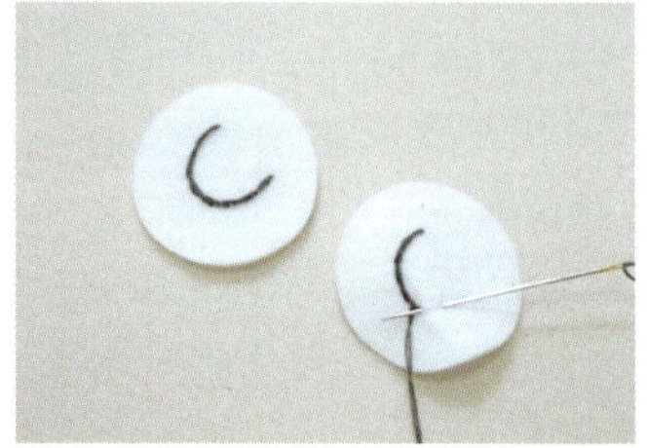

09 도안선을 따라 스티치합니다.

10 적당한 위치에 눈을 아플리케로 고정해줍니다.

11 노란 펠트지도 아플리케해준 후 갈색 실로 가로 라인을 만들어줍니다.

12 스티치의 시작과 끝은 바닥에서 해야 매듭이 깨끗하게 감춰집니다.

13 배에 무늬를 스티치로 표현해줍니다.

14 양말 안쪽에 날개 도안을 그린 후 창구멍을 제외하고 홈질해줍니다.

15 시접을 두고 오린 후 뒤집어줍니다.

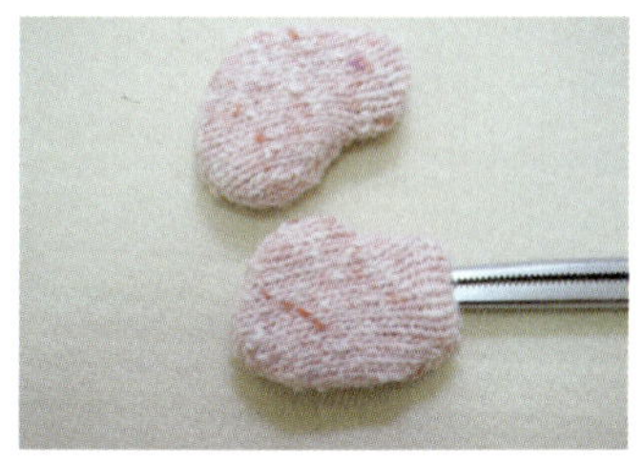

16 창구멍의 입구를 안쪽으로 접어줍니다.

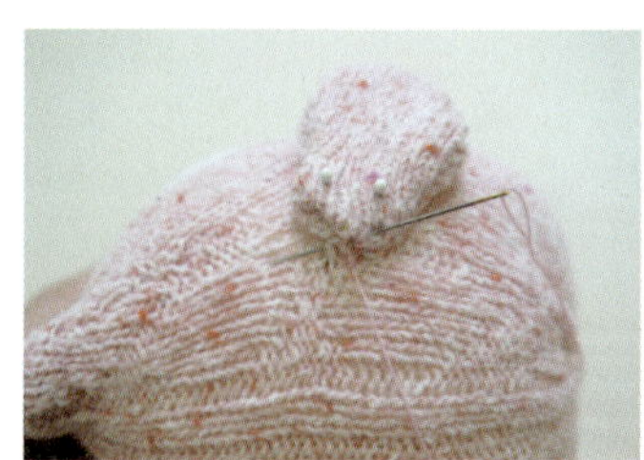

17 날개를 몸에 위치잡아 감침질로 고정해줍니다.

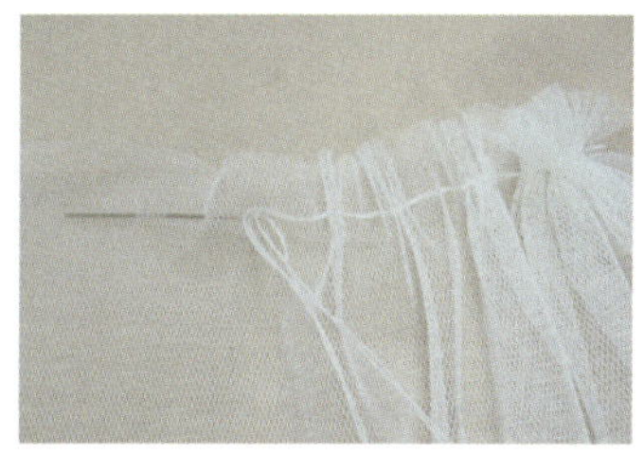

18 망사 원단의 한쪽을 홈질한 후 실을 잡아당겨 주름 잡아줍니다.

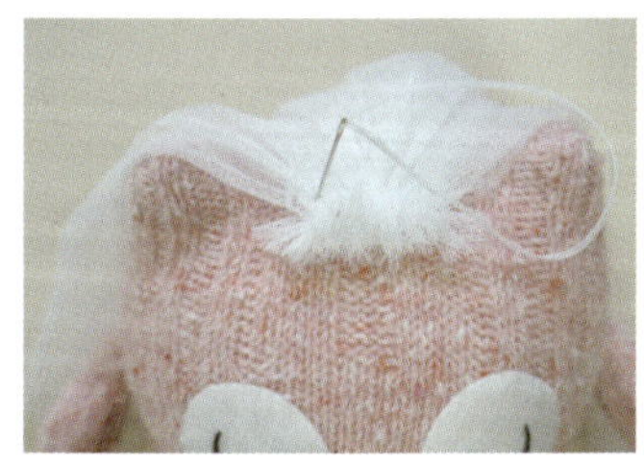

19 머리에 올려 몇 땀 꿰매어 고정해 줍니다.

20 조화장식을 올려주어 꾸며줍니다. 반짝이는 비즈나 왕관, 단추, 요요 등으로 꾸며주어도 좋습니다.

21 신랑은 펠트지의 가운데를 꿰매어 나비넥타이를 만들어 달아줍니다.

048

052

056

062

066

PART 02

SOCKS DOOL

바다에서 만난 양말

땡글땡글 문어

매끈하게 빛나는 머리에 짧은 다리를 가진 문어. 머리도 다리도 땡글땡글 하네요.
아직 아기라서 키가 아주 작습니다.
쭉 내민 입 모양이 귀여운 문어가 수영장에 나타났네요.

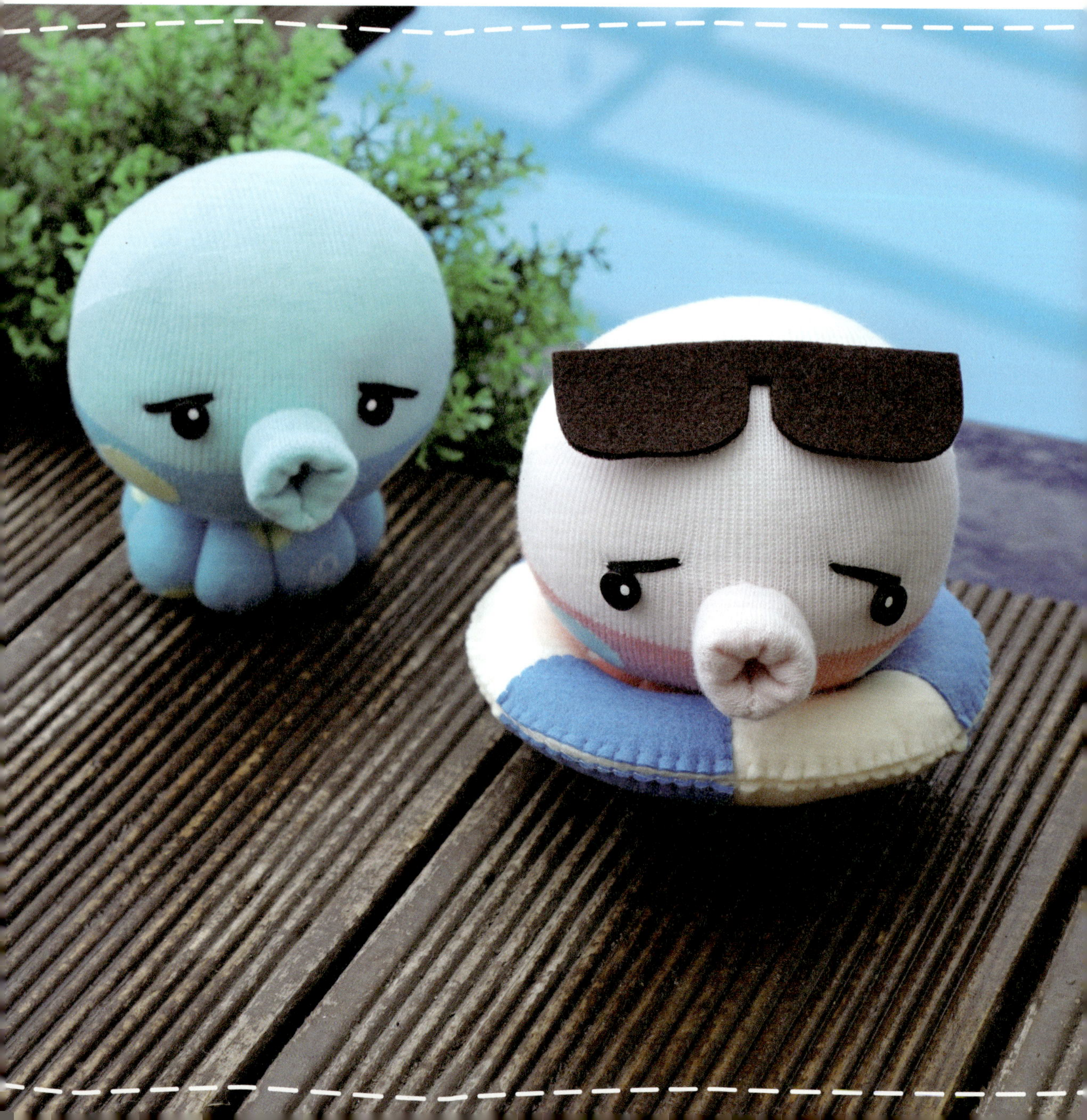

사용한 양말

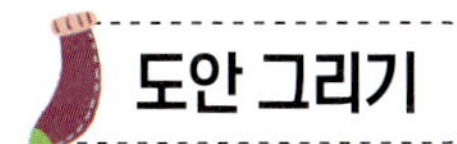
도안 그리기
도안 위치는 이렇게 그려 사용하세요. (p.194)

일반양말 1짝

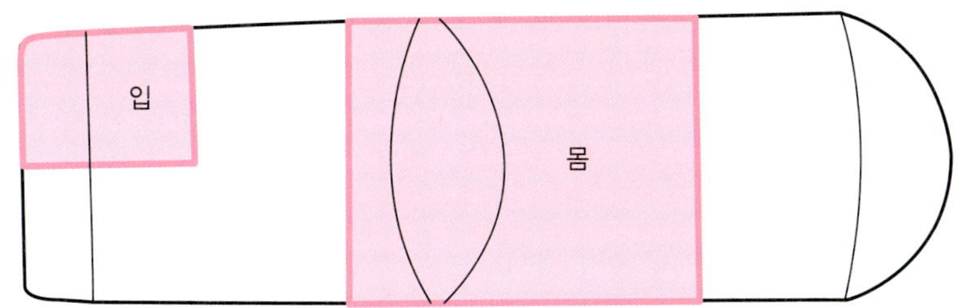

만들기 과정

01 양말을 뒤집어 도안을 그려줍니다.

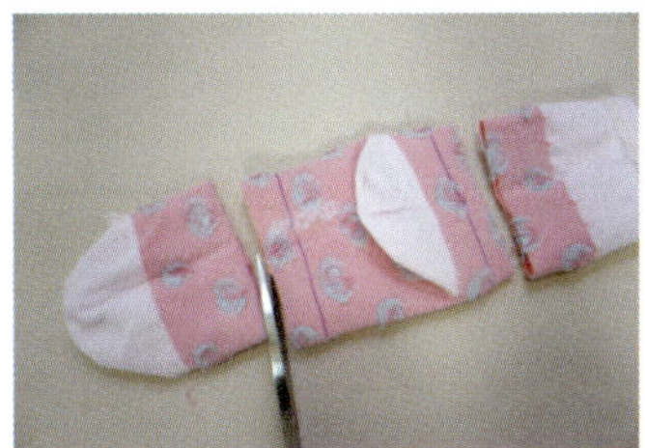

02 시접 1cm 이상 남기고 오려줍니다.

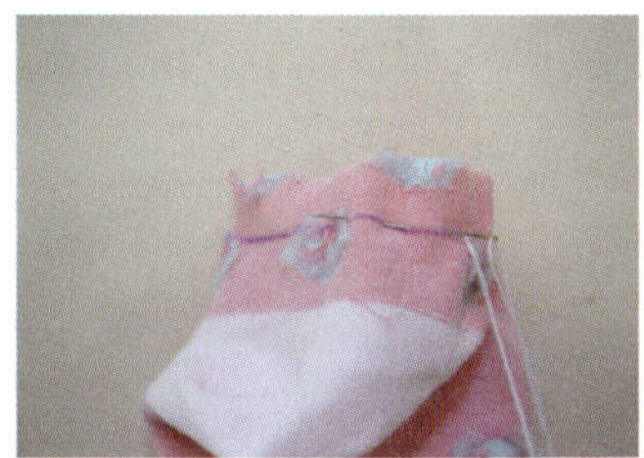

03 상단 창구멍을 빙 둘러 홈질해줍니다.

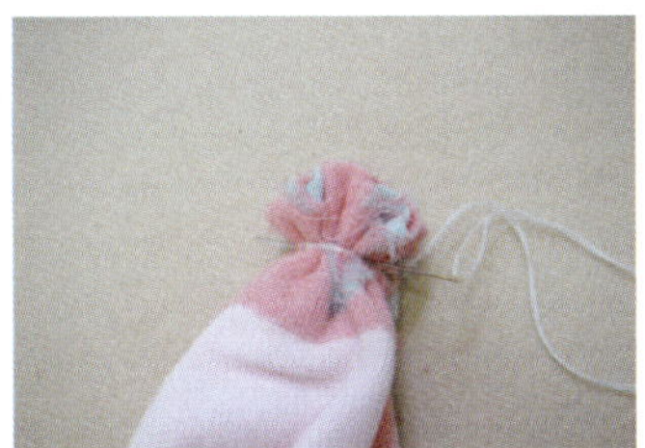

04 실을 잡아당겨 오므려준 후 실로 돌돌 말아 매듭지어줍니다.

05 하단 창구멍도 빙 둘러 홈질해줍니다.

06 몸에 솜을 넣어줍니다.

07 실을 잡아당겨 오므려 마무리합니다.

08 몸의 3분의 1 되는 지점에 기화펜으로 선을 그어줍니다.

09 실 두 줄로 양말을 한 땀 꿰맨 후 두 줄 사이로 바늘을 통과해줍니다.

TIP 이렇게 해둬야 나중에 실을 세게 잡아당겨도 매듭이 양말을 통과하는 일이 생기지 않아요.

10 선을 따라 홈질합니다.

11 실을 잡아 당겨줍니다.

12 실을 세게 잡아 당기면서 돌돌 감아줍니다.

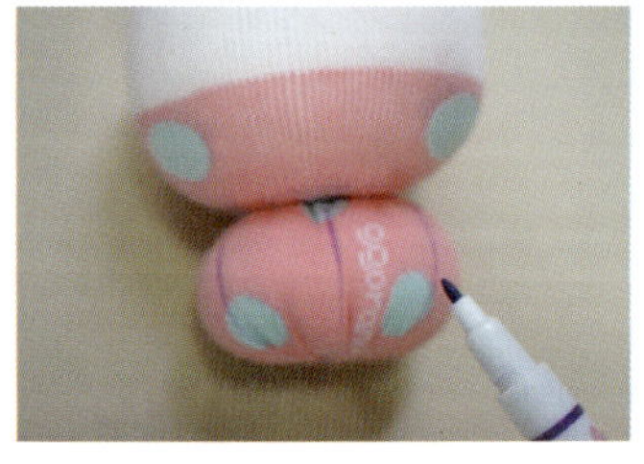

13 여덟 칸이 나오게 세로로 선을 그어줍니다.

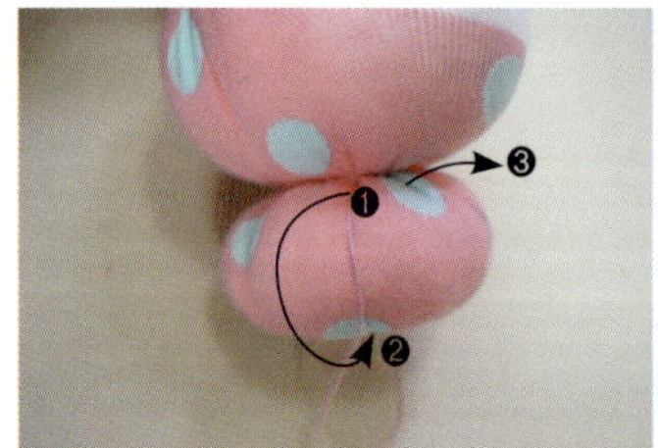

14 바닥 중앙 쪽으로 들어간 후 약간 옆의 위쪽으로 나와 실을 당겨줍니다.

15 같은 방법으로 반복해 여덟 개의 다리를 만들어줍니다.

16 양말의 발목 부분에 6x5cm의 사이즈로 도안을 그려줍니다.

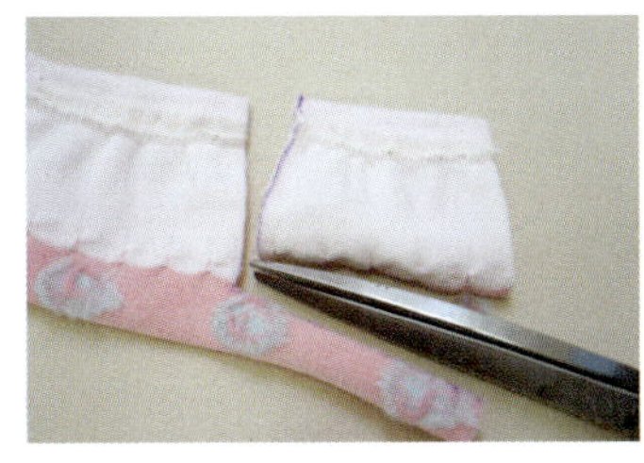

17 도안선에 맞게 오려줍니다.

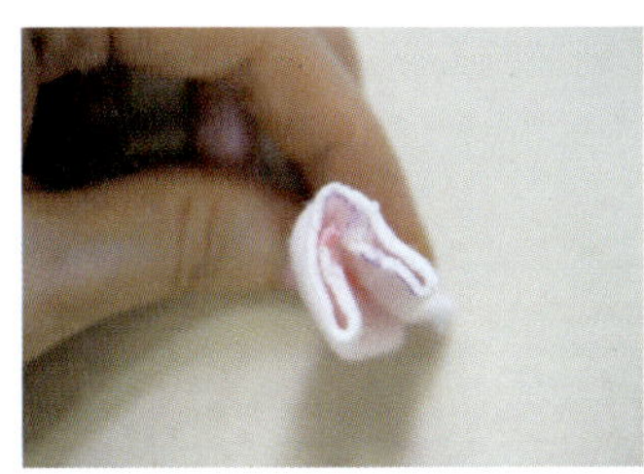

18 사진처럼 가로로 4등분으로 접어줍니다.

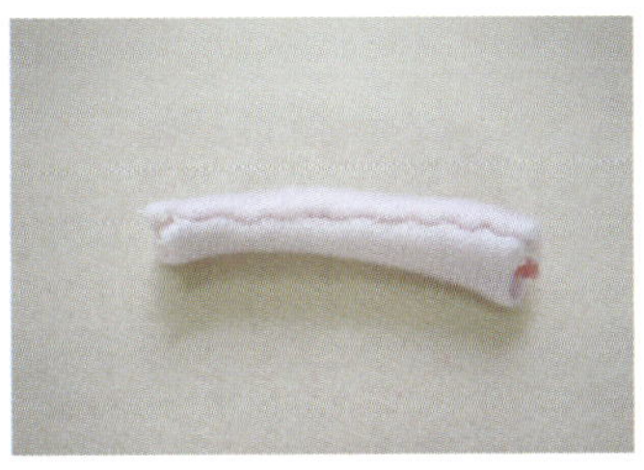

19 접힌 부분을 공그르기해줍니다.

20 반 접어 끝을 시접 조금 남기고 박음질해줍니다.

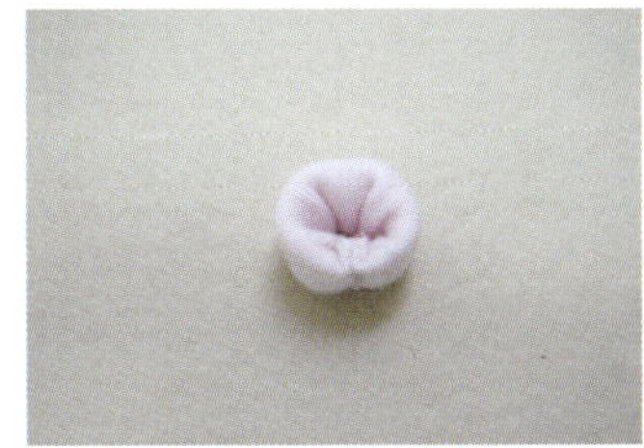

21 시접이 안쪽으로 가게 뒤집어줍니다.

22 시접 바로 윗부분을 공그르기해서 시접이 안 보이도록 정리해줍니다.

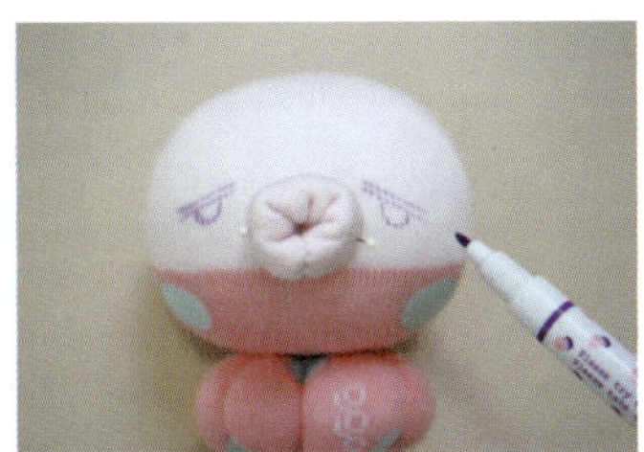

23 입 위치를 잡아준 후 기화성 펜으로 눈 모양을 그려줍니다.

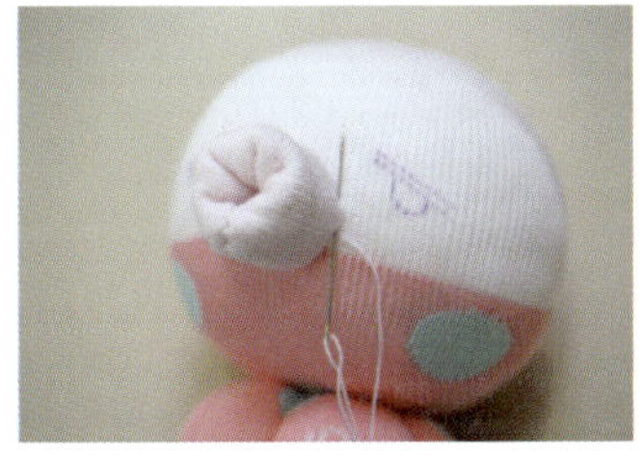

24 입을 공그르기로 고정해줍니다.

25 눈을 스티치 하고 단추를 달아 표현해줍니다.

26 흰펜이나 아크릴 물감으로 눈동자를 찍어줍니다.

뽀얀뽀얀 오징어

뽀얀 피부미인 오징어들이 여름휴가로 수영장에 놀러 왔어요.
피부 상하지 않게 자외선 차단제 듬뿍 바르고 물놀이에 나섰네요.
말랑말랑한 감촉이 너무나 사랑스러운 오징어랍니다.

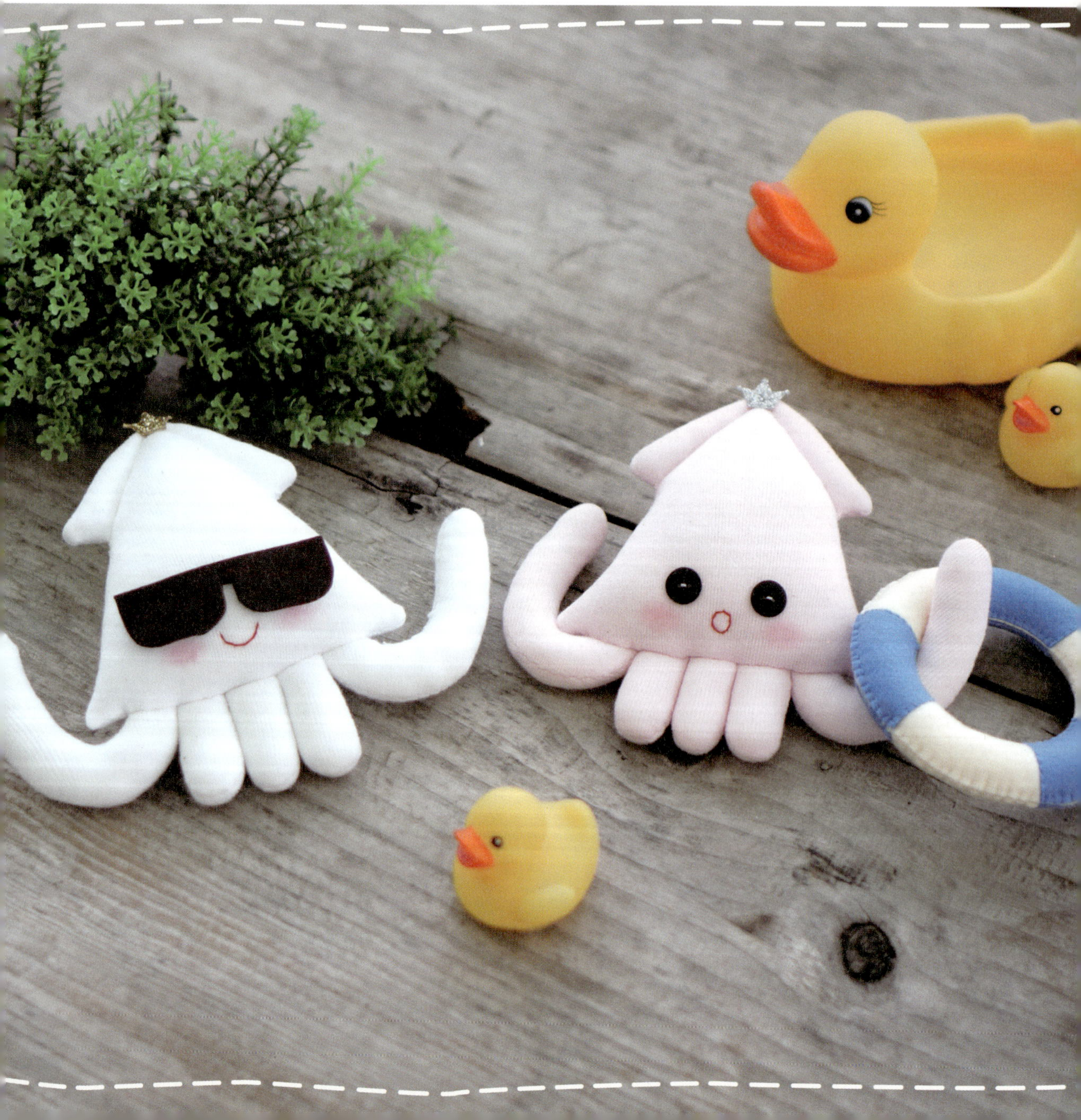

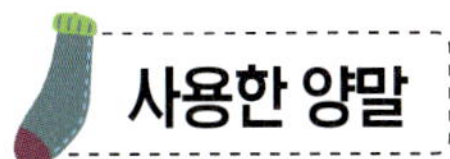

일반양말 1켤레

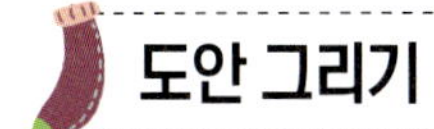

도안 그리기
도안 위치는 이렇게 그려 사용하세요. (p.195)

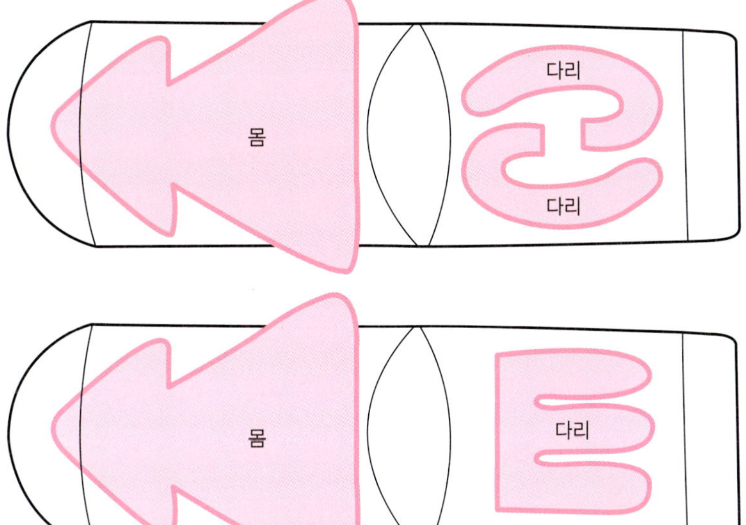

만들기 과정

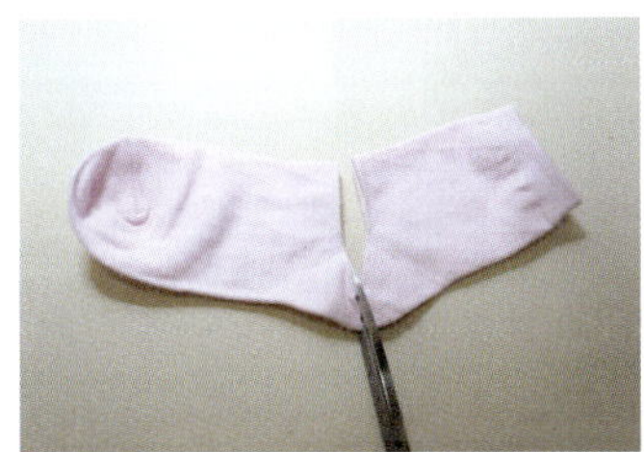

01 양말 뒤꿈치를 기준으로 잘라줍니다. 발바닥으로 몸통을, 발목 쪽으로 다리를 만들 거예요.

02 발등을 반으로 오려줍니다.

03 오린 양말을 쫙 펼쳐줍니다. 이렇게 두 개를 만들어줍니다.

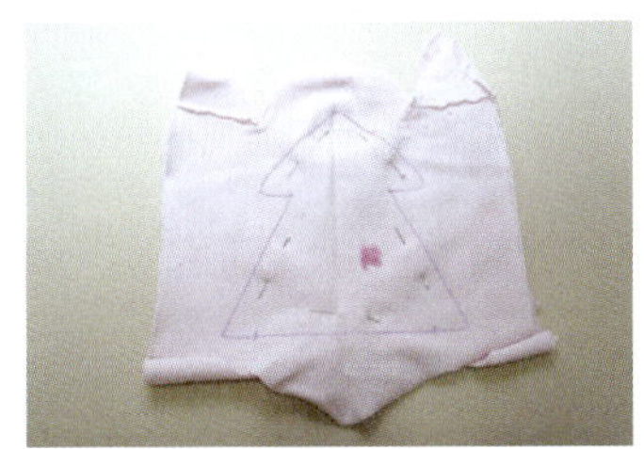

04 도안을 그린 후 겉면끼리 마주보게 겹쳐서 시침핀으로 고정해줍니다.

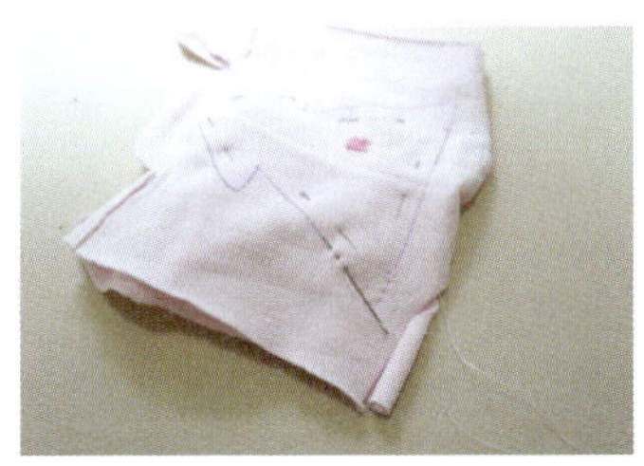

05 창구멍을 제외하고 촘촘하게 홈질해줍니다.

06 시접 1cm 정도 남기고 오려줍니다.

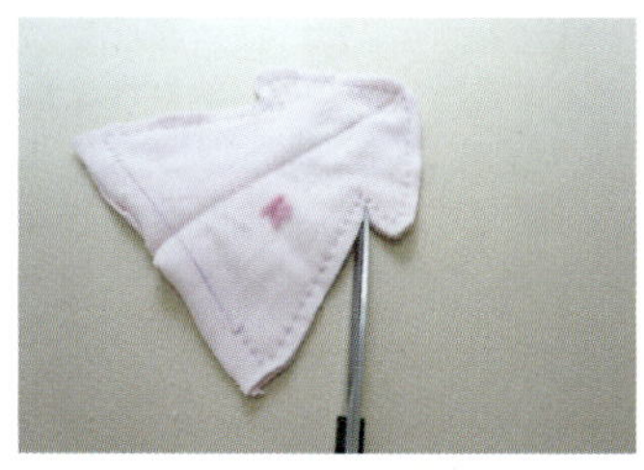

07 오징어 머리의 꺾인 부분에 살짝
만 가위집을 내줍니다.
이 부분은 생략해도 괜찮아요.

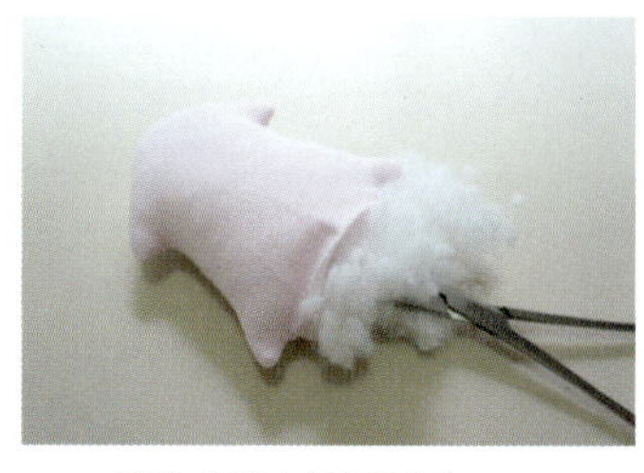

08 몸에 솜을 넣어줍니다.

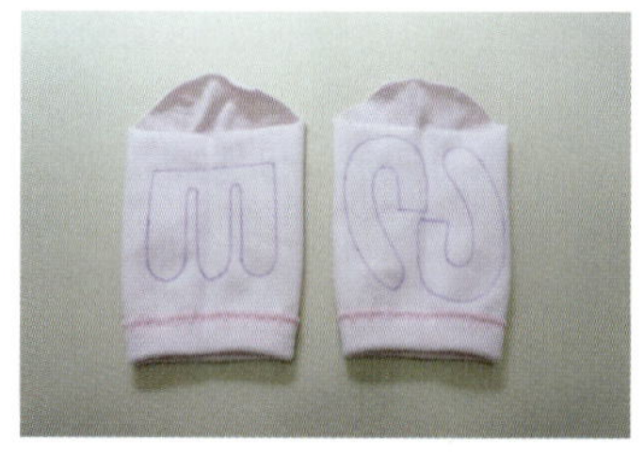

09 양말의 발목 부위를 뒤집어 다리
도안을 그려줍니다.

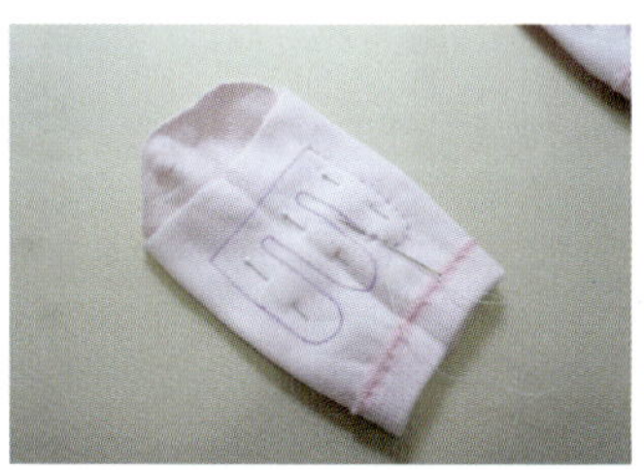

10 창구멍을 제외하고 촘촘하게 홈
질해줍니다.

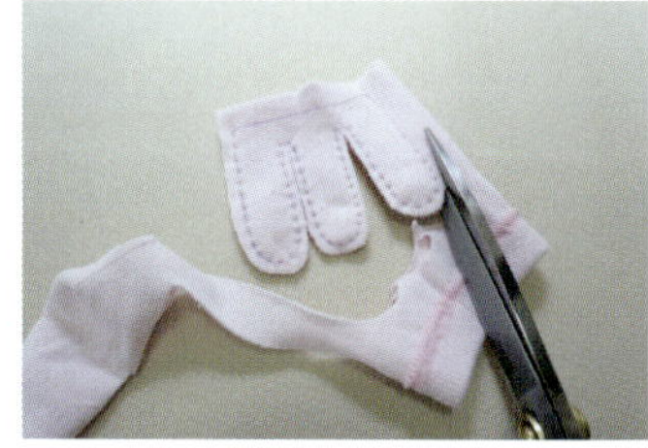

11 시접 0.5cm 정도 남기고 오려줍
니다.

12 뒤집어서 솜을 넣어줍니다.

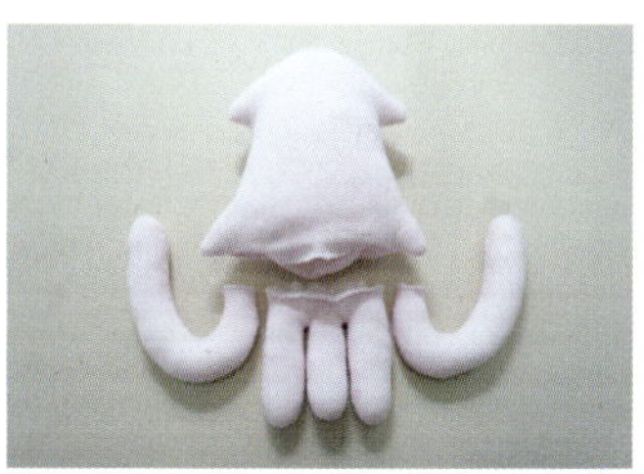

13 몸과 다리가 준비되었습니다.

14 몸의 창구멍 시접을 안쪽으로 접
어놓습니다.

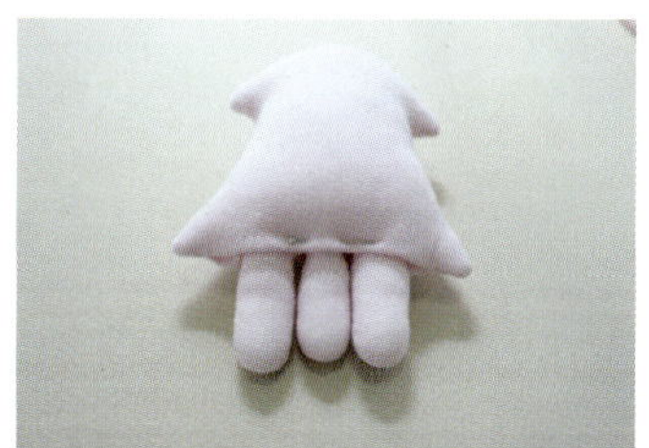

15 창구멍의 중앙에 다리 세 개짜리를
끼워 시침핀으로 고정해줍니다.

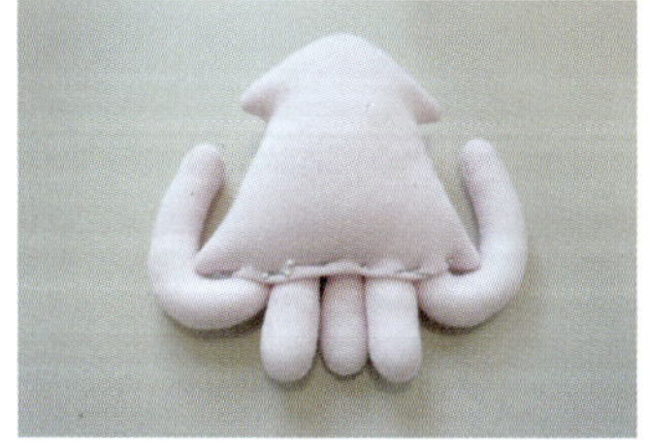

16 양쪽에 긴 다리도 하나씩 끼워
시침핀으로 고정해줍니다.

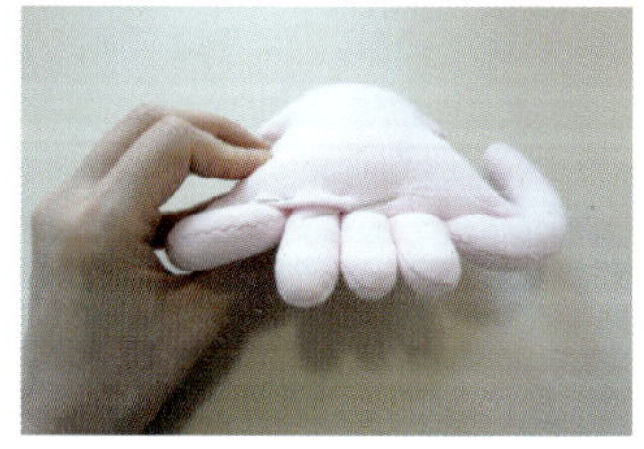

17 몸의 앞뒤를 공그르기로 바느질
해 줍니다. 이때 다리도 함께 통
과해줍니다.

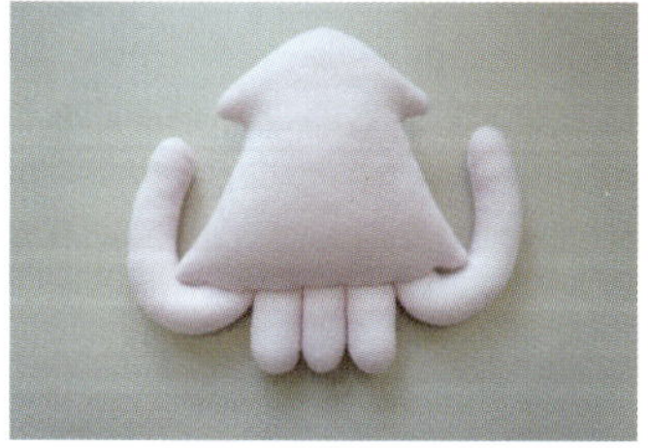

18 몸과 다리가 튼튼하게 연결되었습
니다.

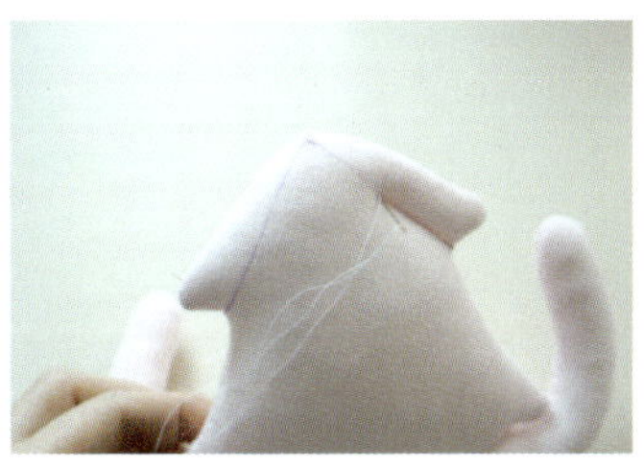
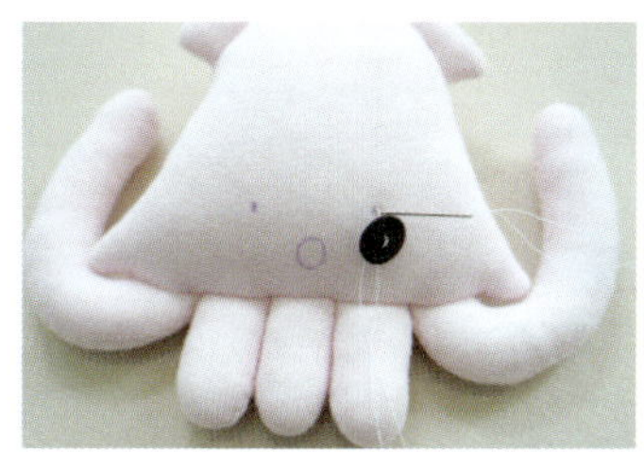

19 기화성펜으로 머리에 구분선을 그려준 후 선을 따라 박음질해줍니다.

20 펜으로 얼굴을 표시해준후 단추를 달아줍니다.

21 스티치로 입을 표현해줍니다.

22 색연필로 볼터치를 해주어 마무리합니다.

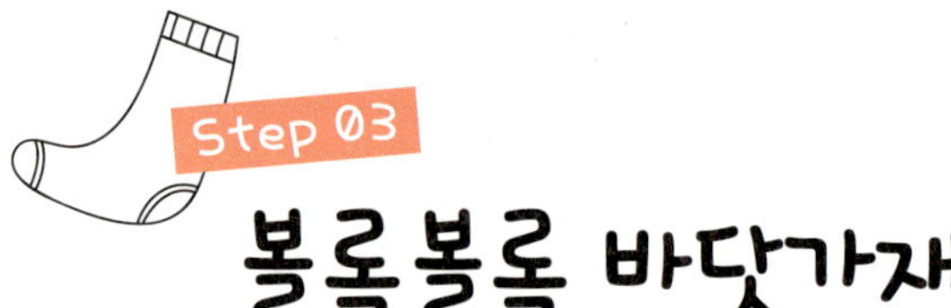

볼록볼록 바닷가재

열정적인 춤을 즐기는 바닷가재 아가씨예요.
레드컬러의 볼록볼록 볼륨감 있는 몸매가 아주 멋지네요.
짧은 스커트와 머리에 단 큰 꽃이 춤추는 모습을 더욱 돋보이게 해준답니다.

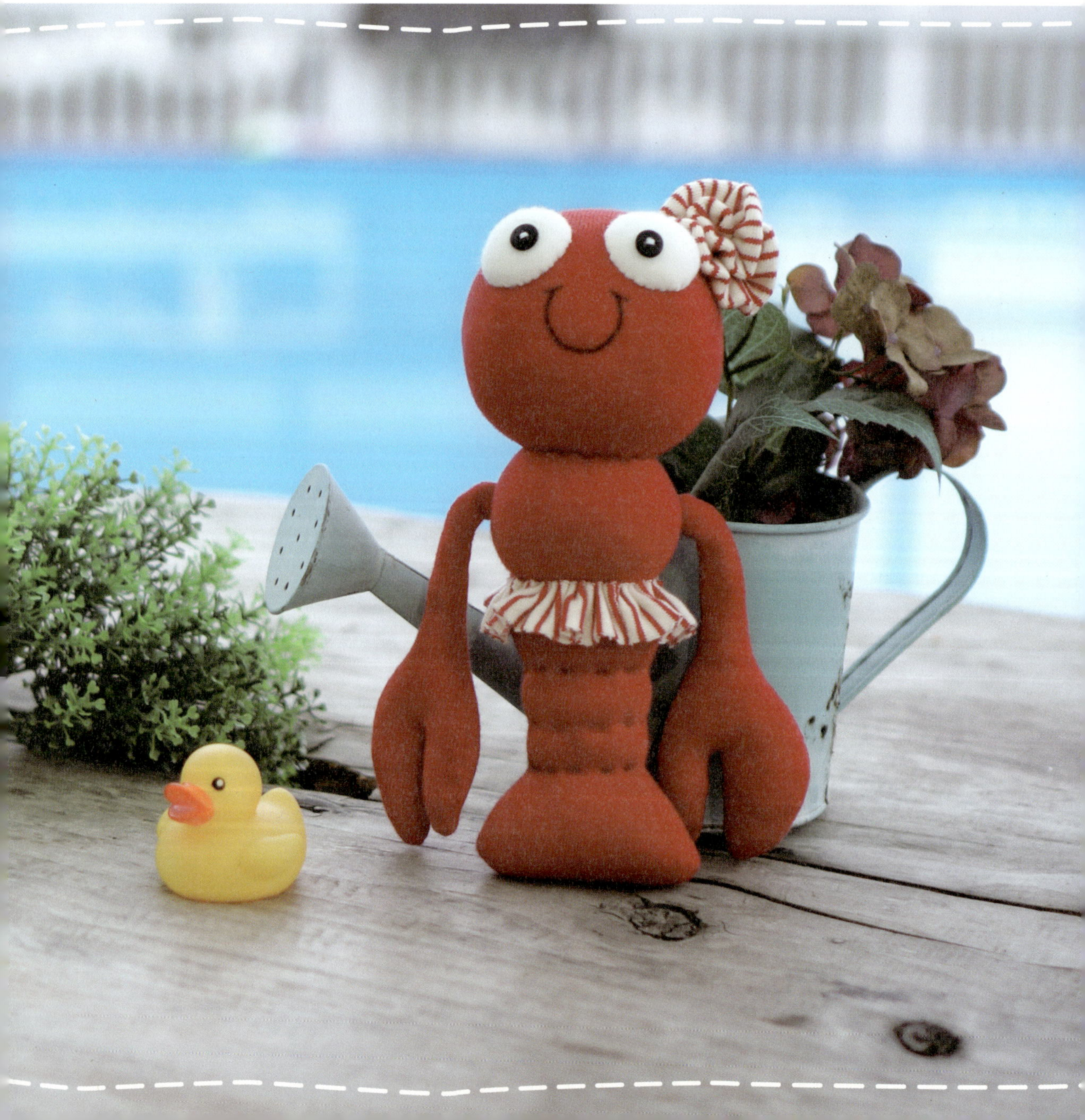

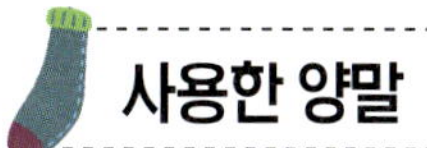

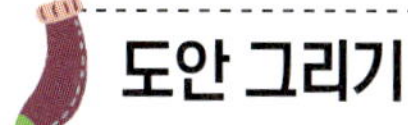
도안 위치는 이렇게 그려 사용하세요. (p.196)

빨강 양말 1켤레

무늬 양말 1짝

흰 양말 조금

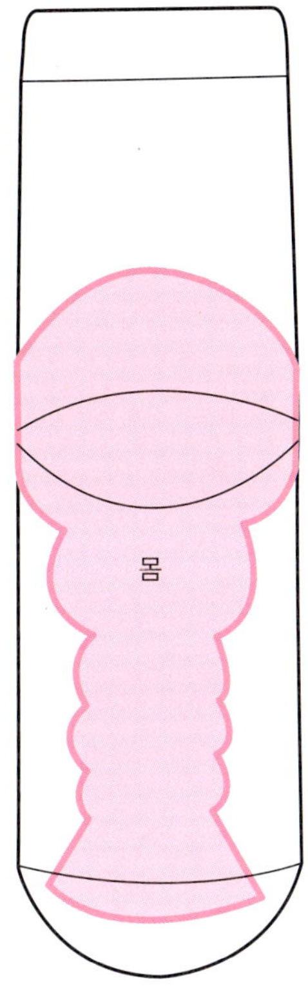

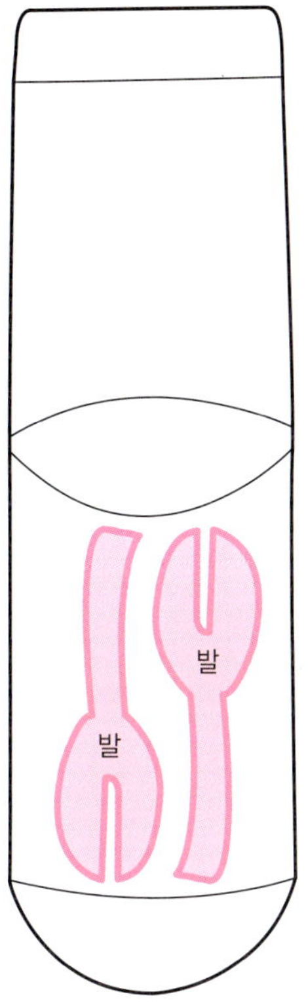

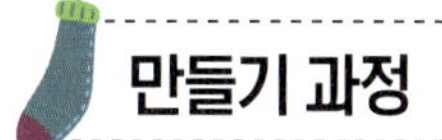

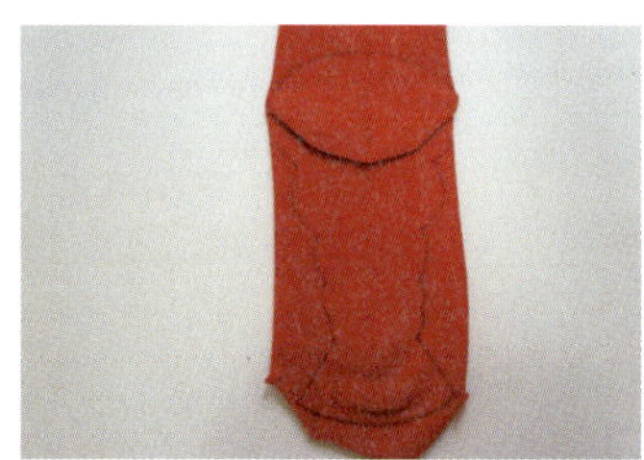

01 양말을 뒤집어 도안을 그려줍니다.

02 창구멍을 제외하고 홈질합니다.

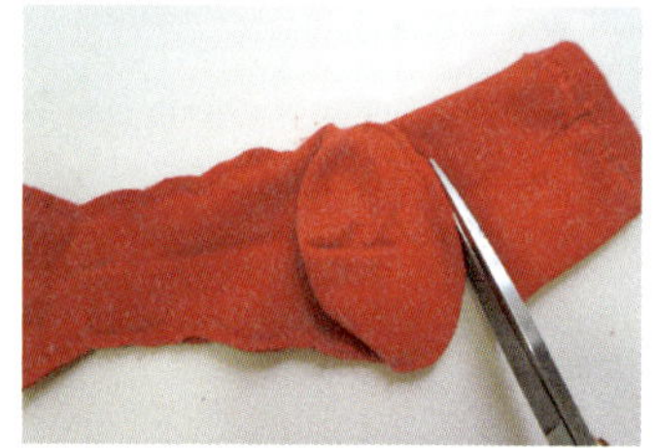

03 시접 1cm를 남기고 오려줍니다.

04 다른 쪽 양말에 집게다리 도안을 그려줍니다.

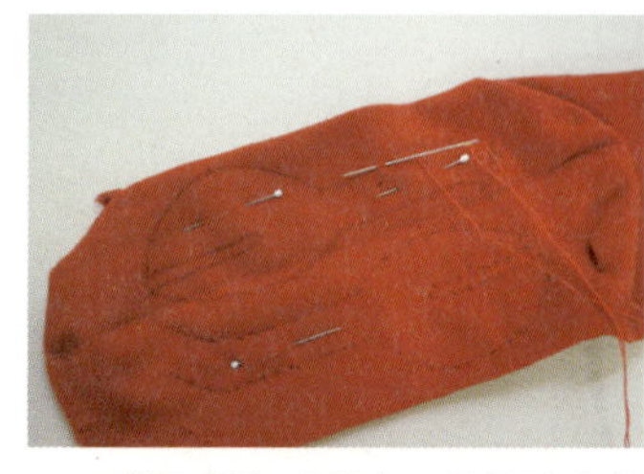

05 창구멍을 제외하고 촘촘하게 홈질해줍니다.

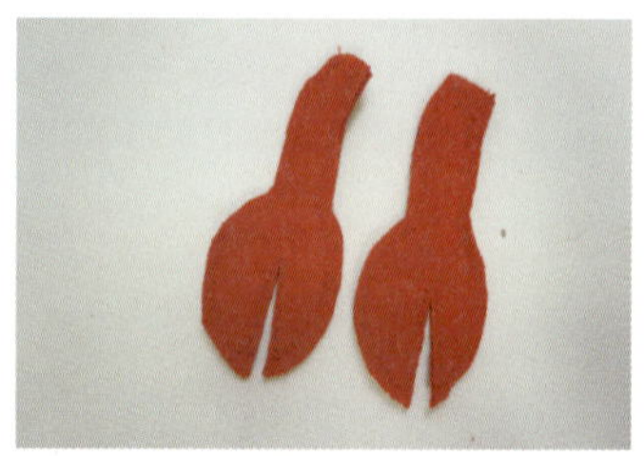

06 시접 0.5cm를 남기고 오려줍니다.

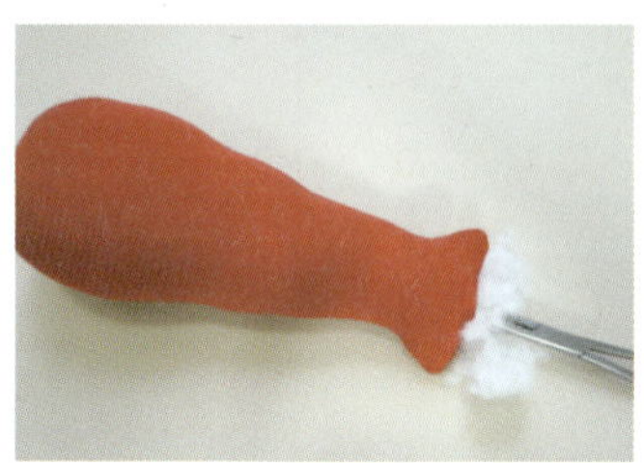

07 몸을 뒤집어서 솜을 넣어줍니다.

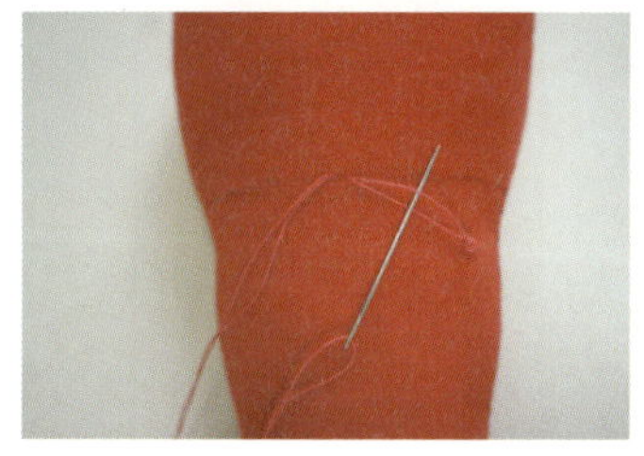

08 얼굴 경계선을 그려준 후 실 두 줄로 양말을 한 땀 꿰맨 후 두 줄 사이로 바늘을 통과해줍니다.

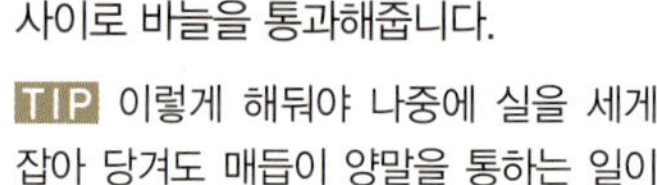

TIP 이렇게 해둬야 나중에 실을 세게 잡아 당겨도 매듭이 양말을 통하는 일이 생기지 않아요.

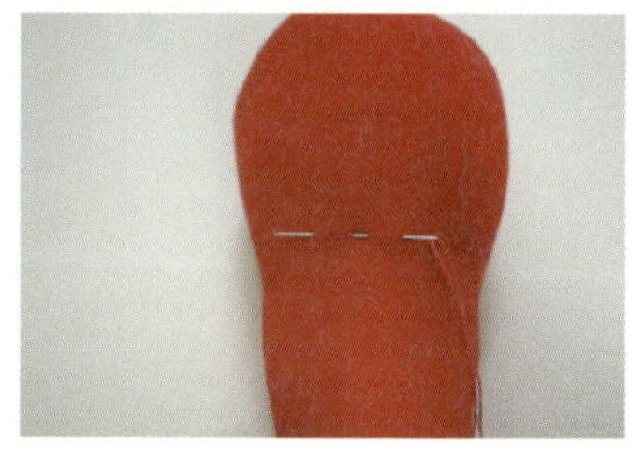

09 경계선을 따라 홈질해줍니다.

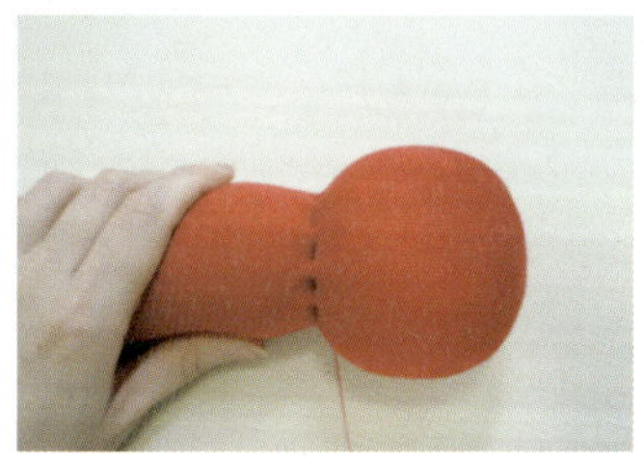

10 실을 잡아 당겨줍니다.

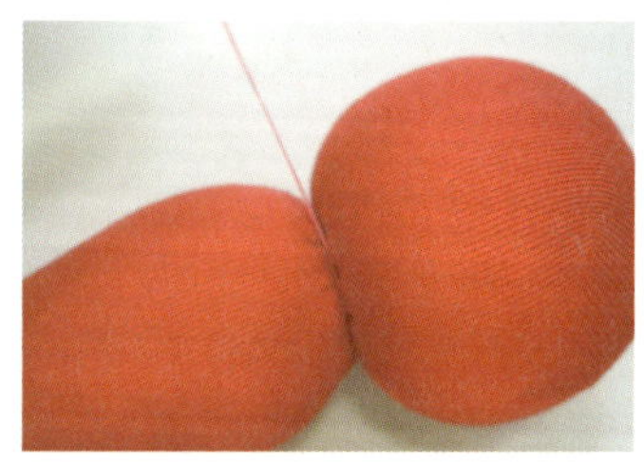

11 실을 당기면서 돌돌 감아 튼튼하게 매듭지어줍니다.

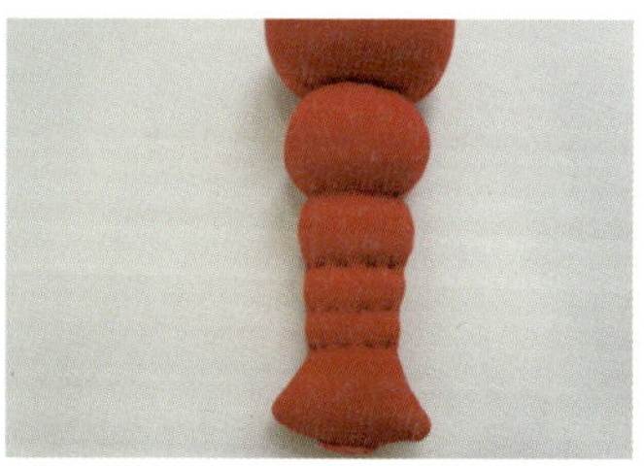

12 가슴과 꼬리도 바느질한 후 잡아 당겨 골을 만들어줍니다.

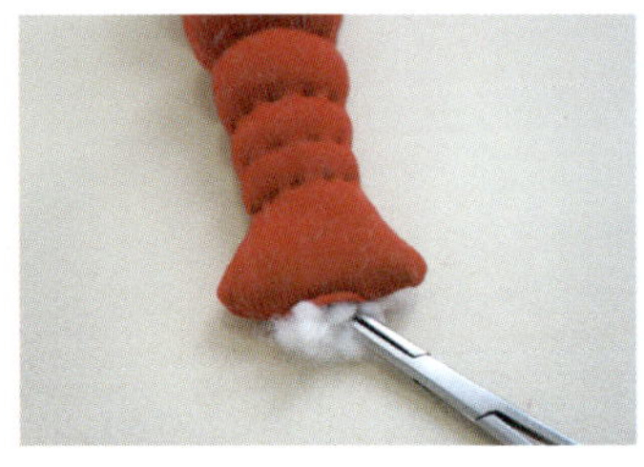

13 바느질하면서 솜이 부족하거나 남은 부분이 있으면 한 번 정리 해줍니다.

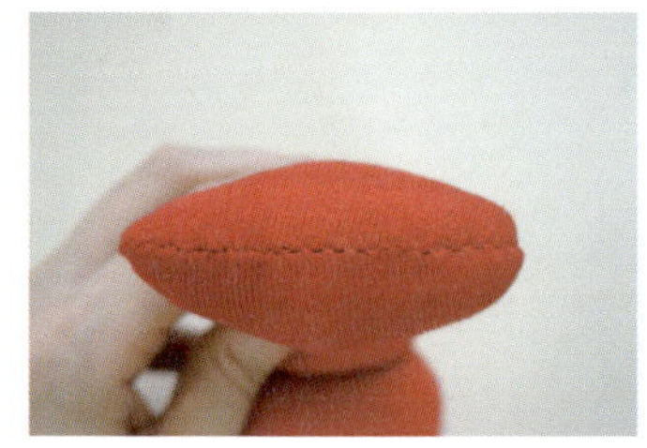

14 창구멍을 공그르기로 막아줍니다.

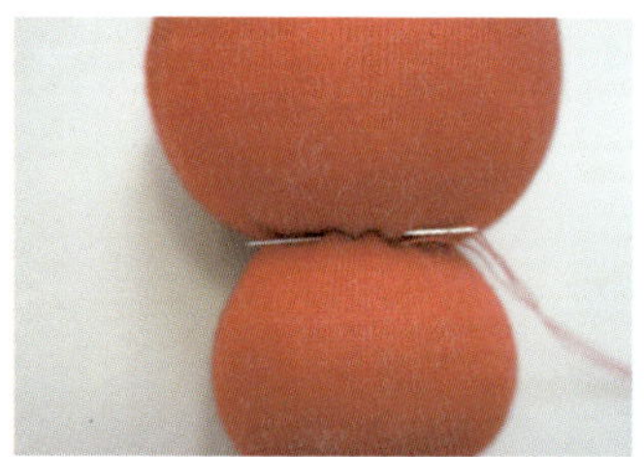

15 목과 가슴의 경계 라인을 공그르기해줍니다.

TIP 이 과정을 해야 돌돌 감아놓은 실도 감춰지고 튼튼하게 고정이 됩니다.

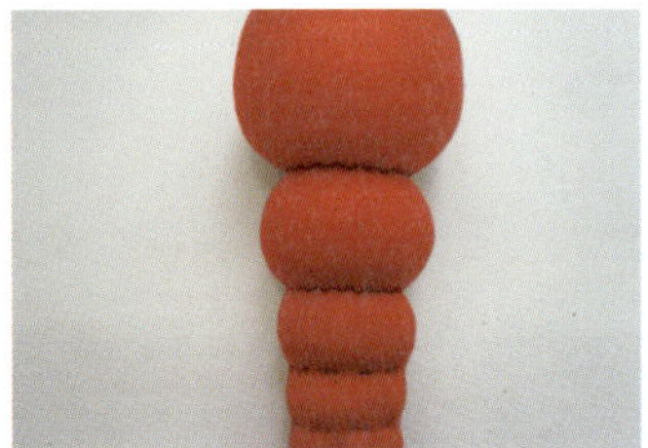

16 꼬리 쪽은 따로 공그르기하지 않아도 됩니다.

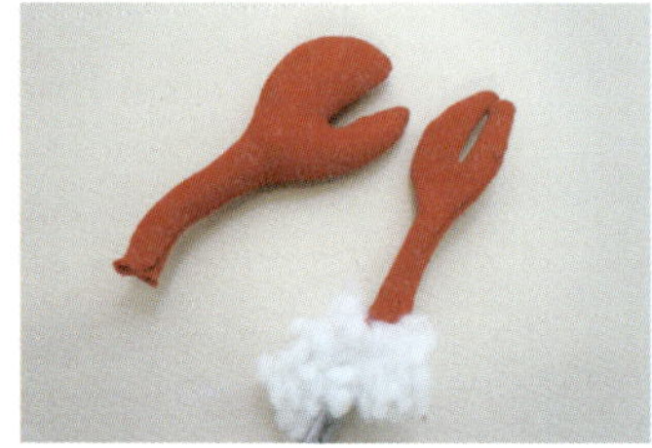

17 집게다리에 솜을 적당량 넣어줍니다.

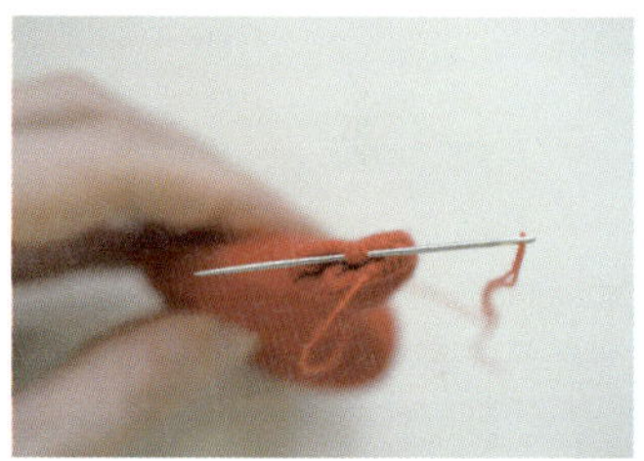

18 집게다리의 창구멍을 공그르기로 마무리합니다.

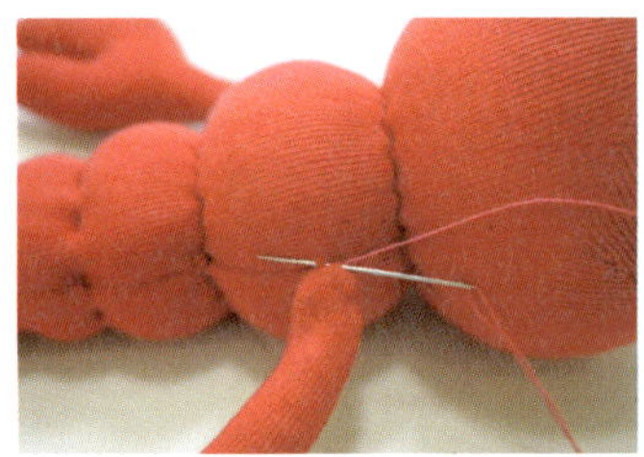

19 집게다리를 몸에 공그르기로 고정해줍니다.

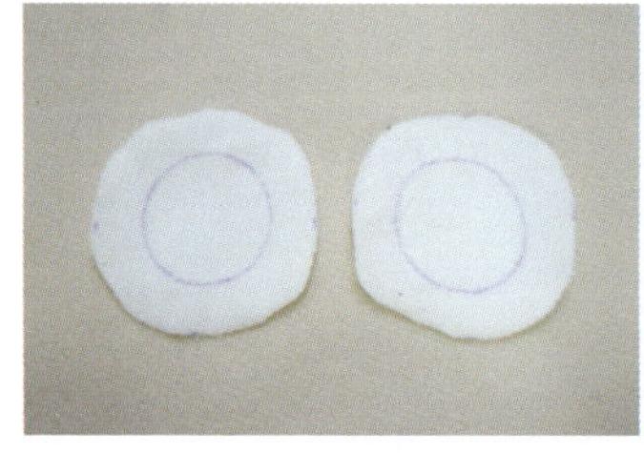

20 흰 양말에 눈 도안을 그리고 1cm 이상 여유를 두고 오려줍니다.

21 테두리를 홈질하여 실을 잡아당겨 오므려준 후 솜을 넣어줍니다.

22 눈을 얼굴에 자리잡아 시침핀으로 꽂아준 후 아플리케로 고정해줍니다.

23 아플리케가 끝나면 그 자리에 매듭을 지어 눈뒤로 감춰줍니다.

24 입을 스티치해 마무리합니다.

25 무늬 양말을 24x4cm 사이즈 정도로 준비합니다.

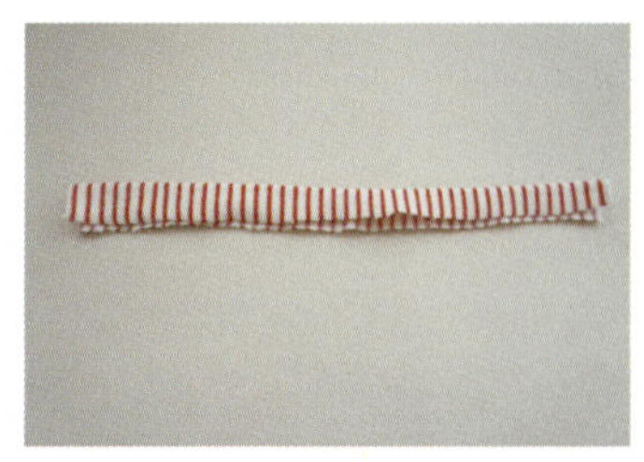

26 세로로 반을 접어줍니다.

27 끝을 삼각형으로 접은 후 하단을 쭉 홈질합니다.

28 끝도 삼각형으로 접어 끝까지 홈질합니다.

29 매듭을 짓지 않은 상태에서 실을 잡아 당겨 주름을 만들어줍니다.

30 주름진 부분을 돌돌 말아준 후 바늘을 몇 번 통과해 매듭지어 마무리합니다.

31 랍스터 머리에 공그르기로 고정해줍니다.

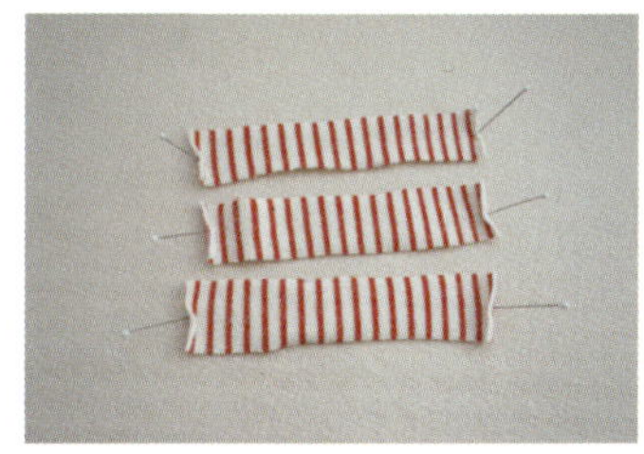

32 무늬 양말을 10.5x2cm 정도 사이즈로 3개 준비합니다.

33 3개의 끝을 꿰매서 원통형이 되도록 연결해줍니다.

34 상단을 홈질한 후 실을 잡아 당겨 주름을 잡아줍니다.

35 랍스터 몸에 입힌 후 몇 땀 꿰매서 고정해줍니다.

뿌우~ 무지개 고래

그냥 물이 아니에요. 뿌우~~ 하고 오색빛깔 무지개를 뿜는 고래예요.
늘 예쁜 생각과 희망적인 생각만 해서 무지개를 뿜게 되었어요.
무지개 고래가 바다에 가득하다면 바다도 알록달록 무지갯빛이 되겠네요.
다양한 양말 무늬를 이용해서 개성 있는 물줄기를 만들어보세요.

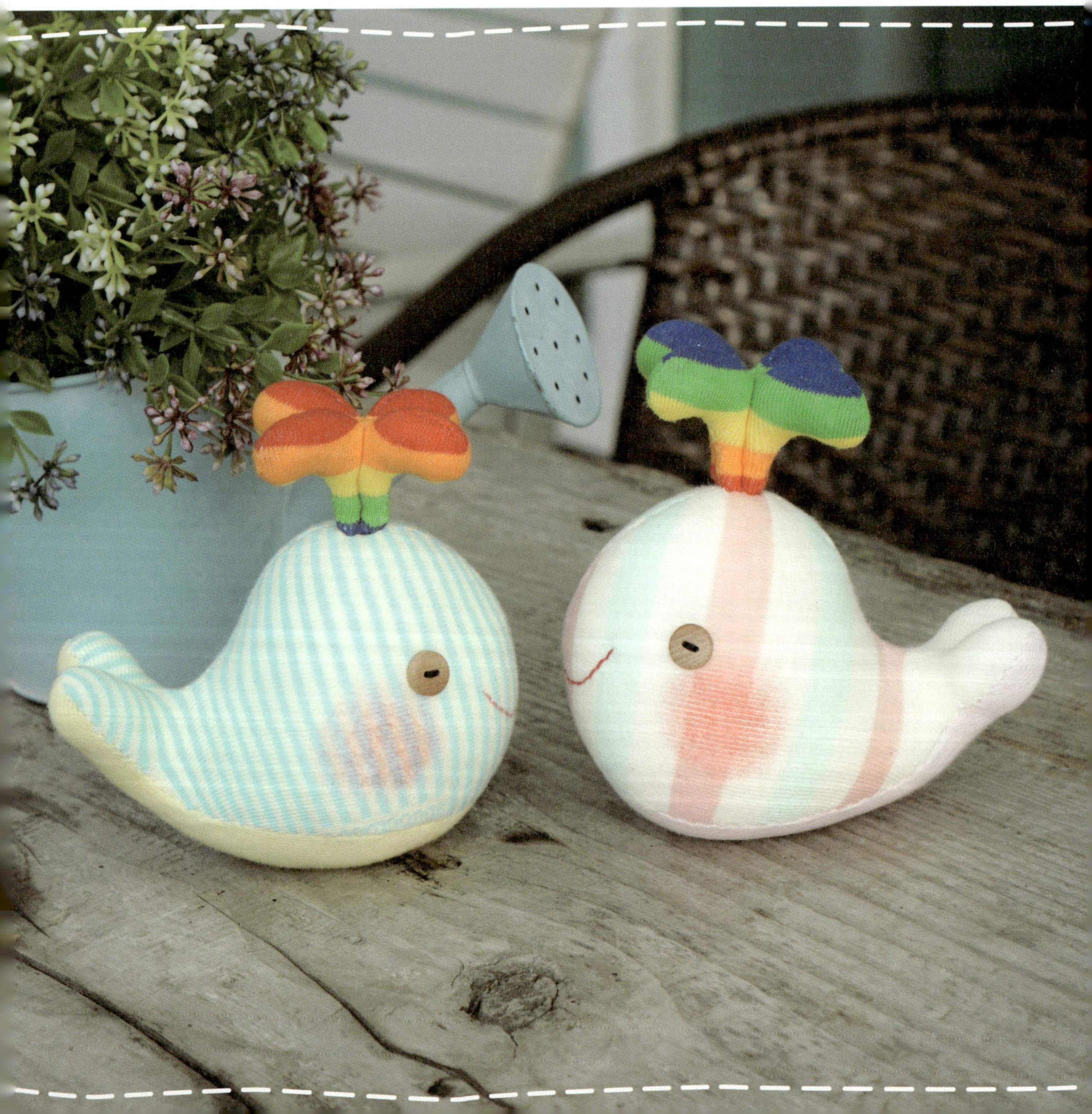

사용한 양말

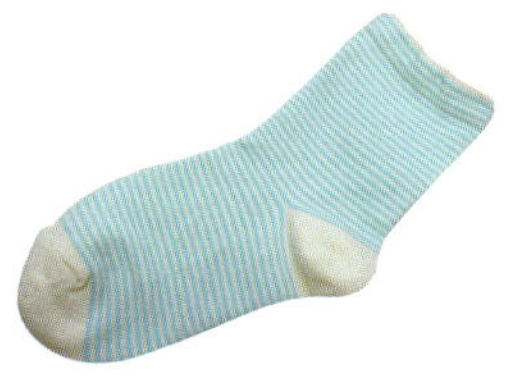

파스텔톤 양말 1짝

연노랑 양말 1짝

무지개색 양말 1짝

도안 그리기

도안 위치는 이렇게 그려 사용하세요. (p.197)

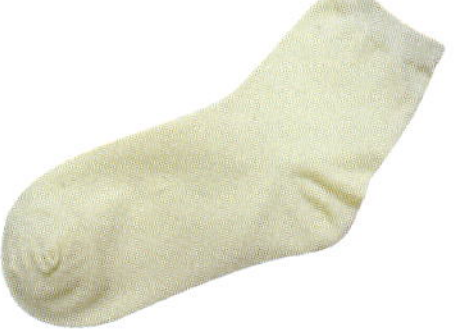

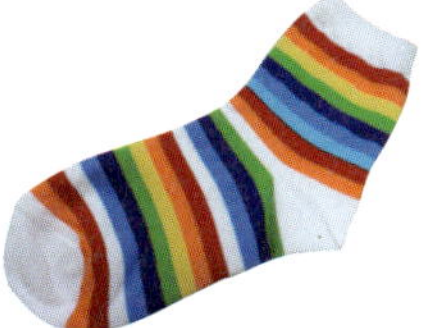

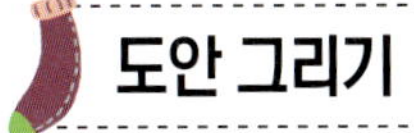

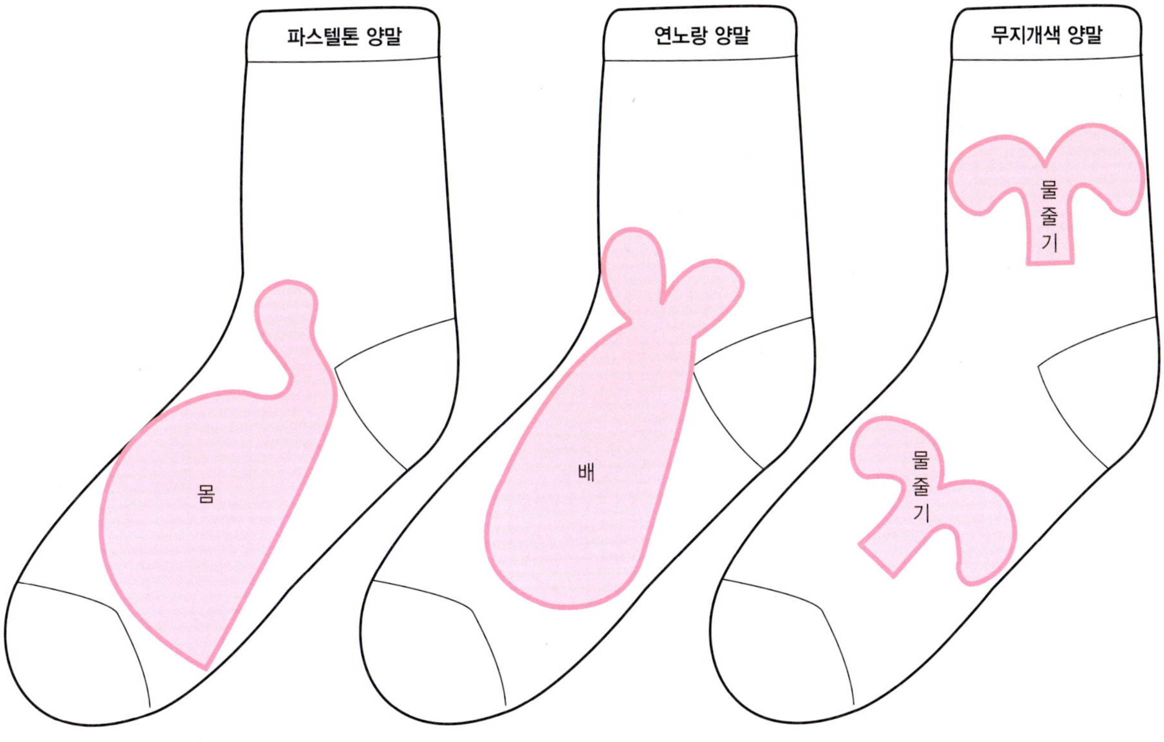

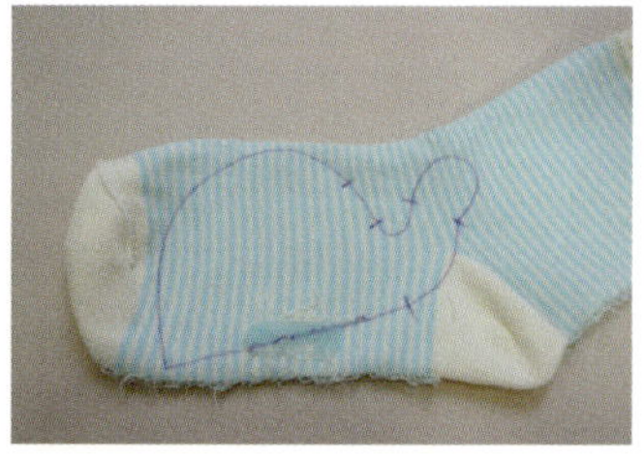

01 양말을 뒤집어 도안을 그려줍니다. 위치 표시선도 정확하게 표시해주세요.

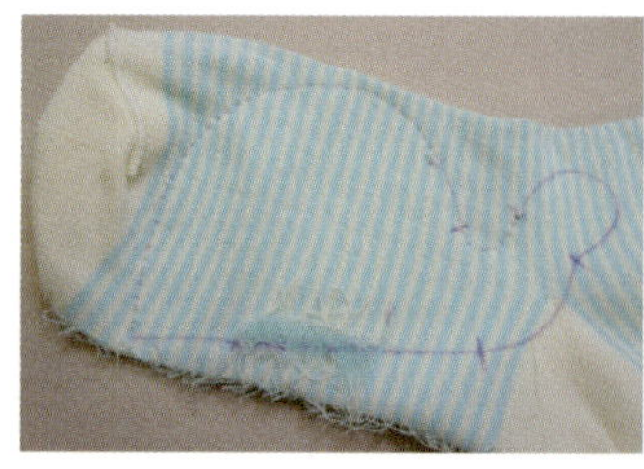

02 아래 배쪽과 창구멍을 제외하고 고래의 등 부분만 홈질합니다.

03 시접 1cm를 남기고 오려줍니다.

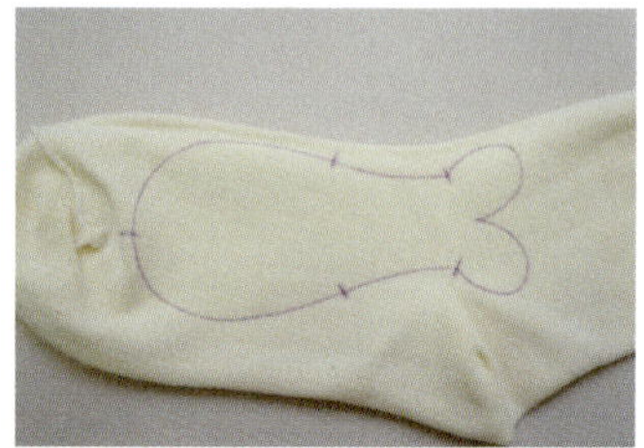

04 양말을 뒤집어 고래 배 도안을 그려줍니다.

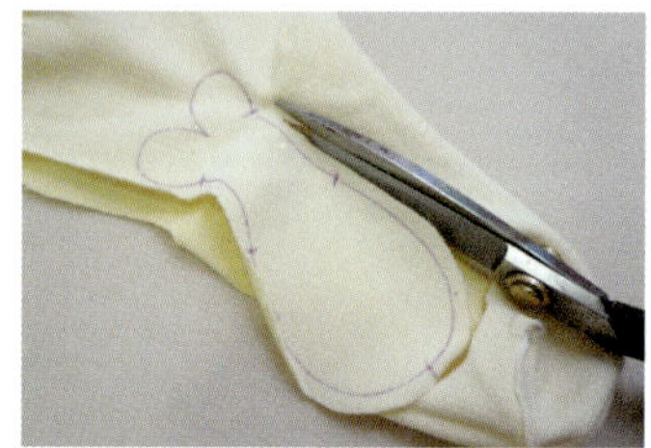

05 시접 1cm를 남기고 오려줍니다.

06 양말의 위치 표시선을 확인합니다.

07 위치를 맞춰 시침핀으로 고정해줍니다.

08 도안선을 따라 바느질해줍니다.

09 등의 창구멍을 통해 뒤집어서 솜을 넣어줍니다.

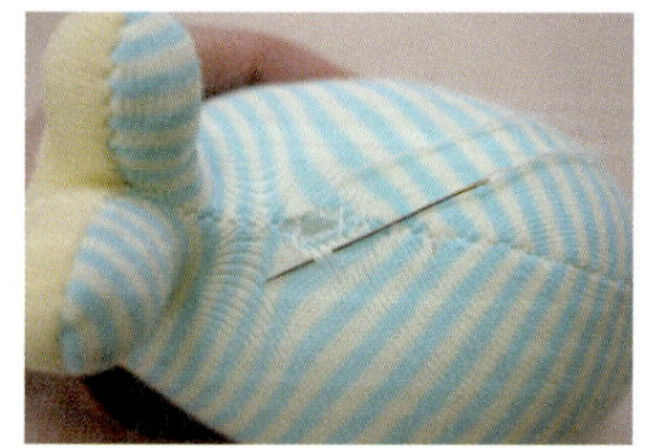

10 창구멍을 공그르기로 막아줍니다.

11 무지개 양말을 뒤집어 도안을 그려줍니다. 두 개의 컬러를 꼭 맞출 필요는 없습니다.

TIP 무지개가 아니라 잔도트 무늬나 하트 무늬 등 다양한 무늬의 양말을 활용해 부세요.

12 창구멍을 제외하고 홈질합니다.

13 시접 0.5cm를 남기고 오려줍니다.

14 창구멍을 통해 뒤집어서 솜을 넣어줍니다.

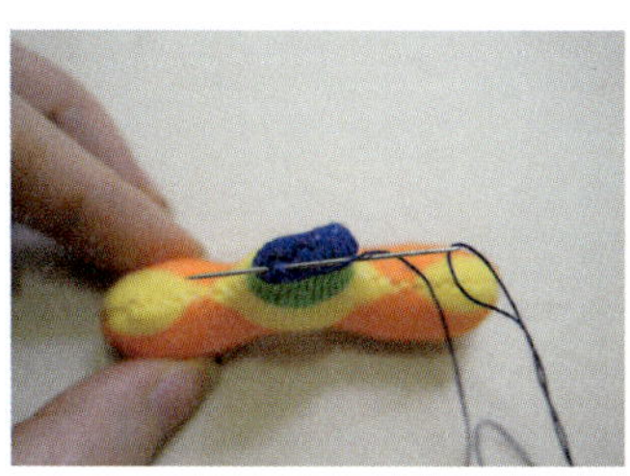

15 창구멍을 공그르기로 막아줍니다.

16 두 개를 겹쳐줍니다.

17 세로로 박음질합니다.

18 매듭은 물기둥 바닥 부분으로 돌아와 매듭을 지어줍니다.

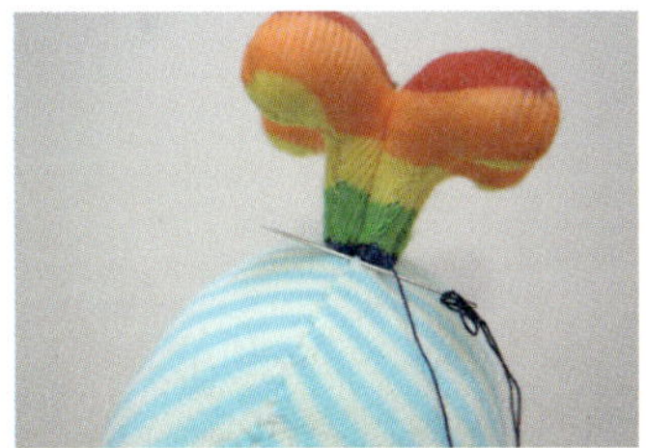

19 고래 머리 위에 공그르기로 고정해줍니다.

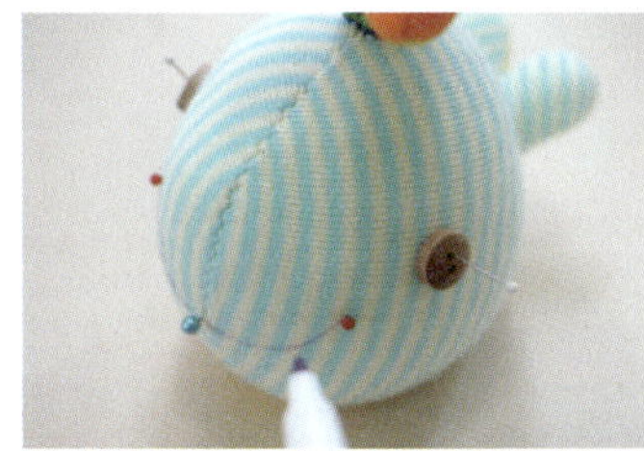

20 시침핀으로 눈과 입의 위치를 잡아보고 기화성펜으로 표시해줍니다.

21 눈 위치에 단추를 달아줍니다. 매듭은 단추 뒤에서 맺어주세요.

22 입을 스티치해 마무리합니다.

슬금슬금 악어

악어는 험상궂고 무서울 거라는 편견이 있지만 이 악어는 아니에요.

선한 눈망울처럼 마음도 여리고 겁도 많은 악어랍니다.

그래서 대담하게 걷지 못하고 항상 슬금슬금 걸어다녀요.

아직 다 자라지 않아서 꼬리도 짧고 통통한 발도 귀여운 어린 악어예요.

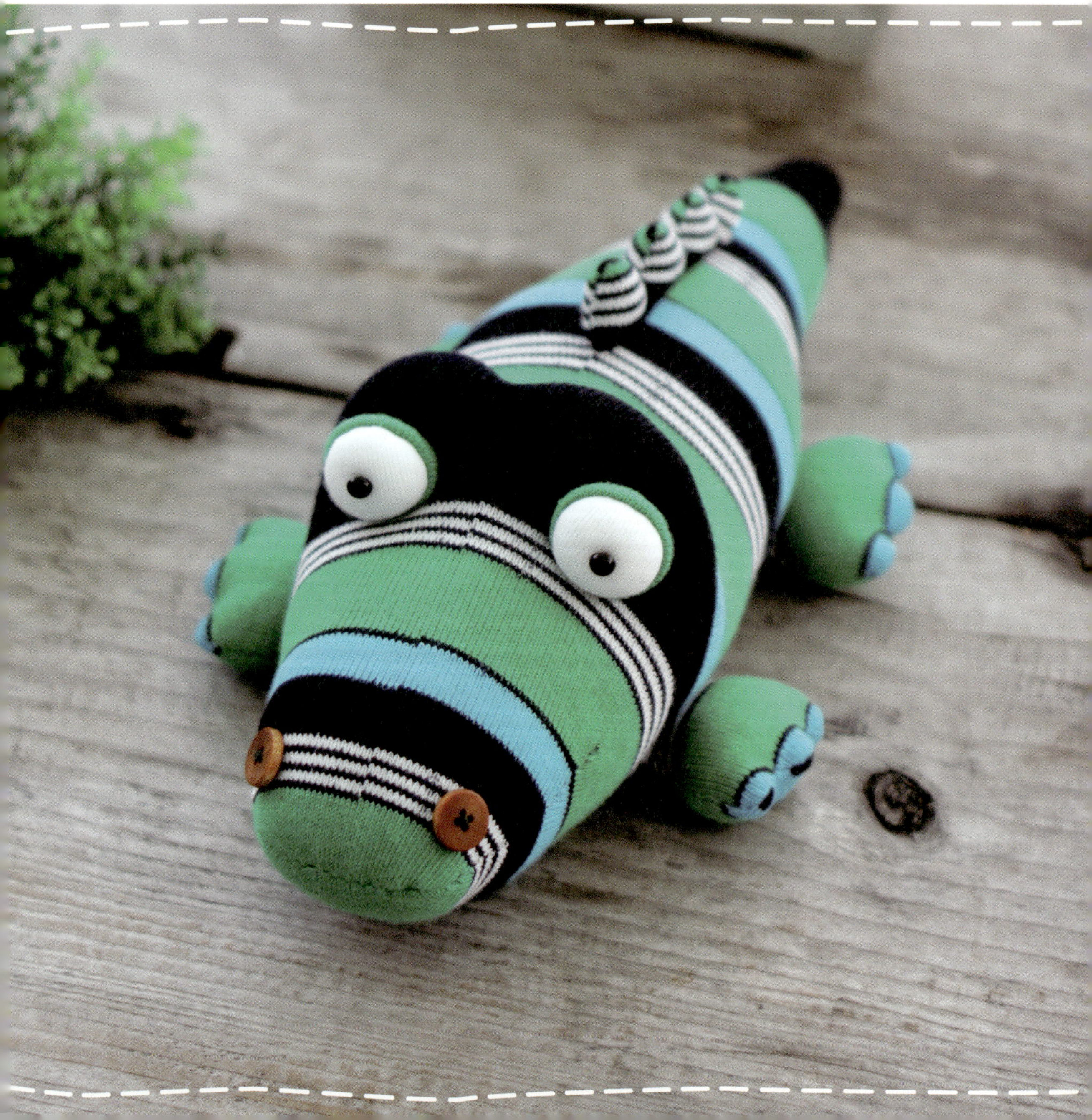

목 긴 남성용 양말 1켤레

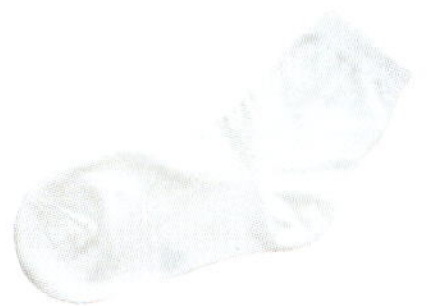

흰색 양말 조금

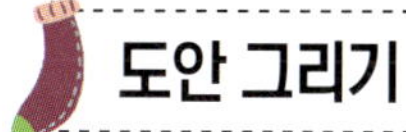

도안 위치는 이렇게 그려 사용하세요. (p.198)

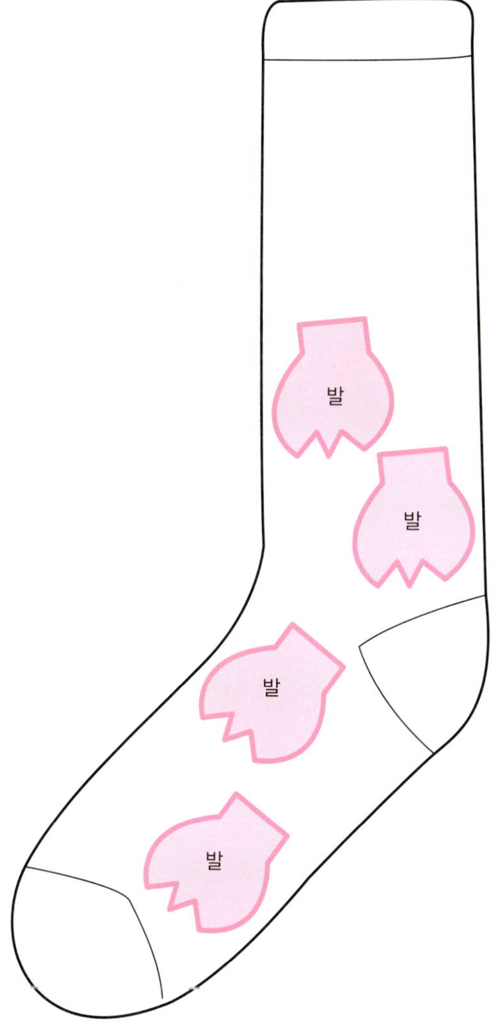

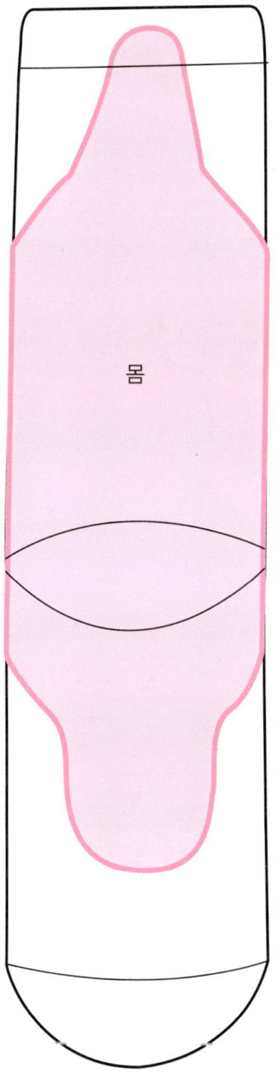

01 양말을 뒤집어 발바닥 쪽에 얼굴 도안을 그려줍니다.

02 발목 쪽에 악어 꼬리 도안을 그려줍니다.

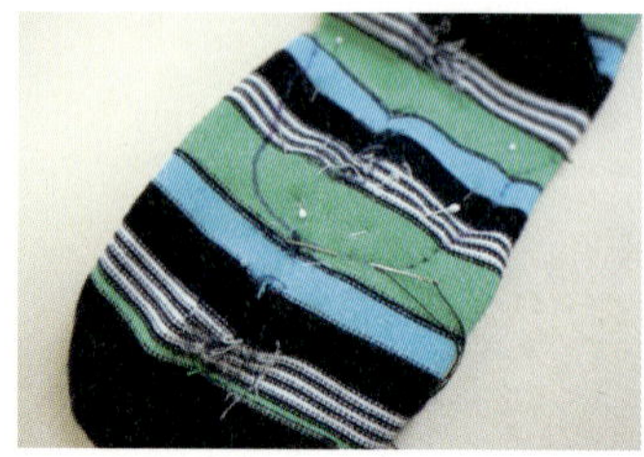

03 창구멍을 제외하고 홈질합니다.

04 시접 1cm를 남기고 오려줍니다.

05 창구멍을 통해 뒤집어서 솜을 넣어줍니다.

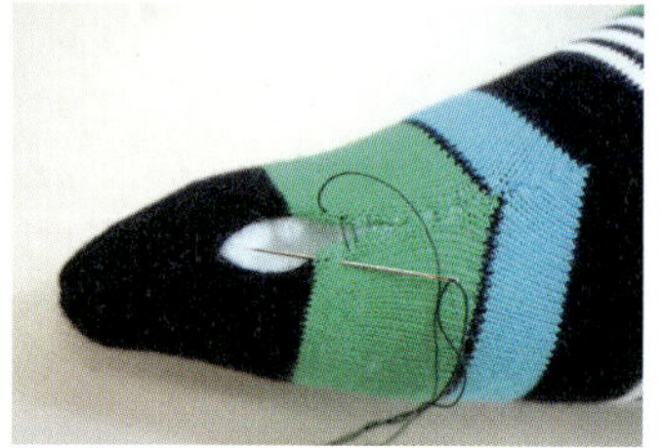

06 창구멍을 공그르기로 막아줍니다.

07 다른 쪽 양말을 뒤집어 악어 발 도안을 그려줍니다.

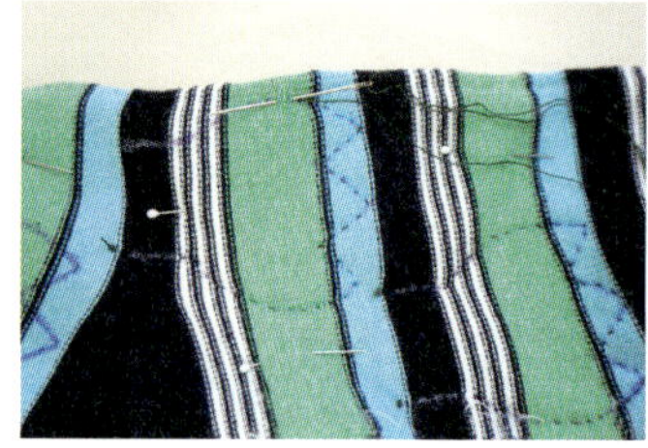

08 창구멍을 제외하고 홈질합니다.

09 시접 0.5cm를 남기고 오려줍니다.

10 창구멍을 통해 뒤집어서 솜을 넣어줍니다.

11 창구멍을 공그르기로 막아줍니다.

12 양말의 발가락 부분에 등지느러미 도안을 그려줍니다

13 창구멍을 제외하고 홈질합니다.

14 시접 0.5cm를 남기고 오려줍니다.

15 창구멍을 통해 뒤집어서 솜을 넣어준 후 공그르기로 마무리합니다.

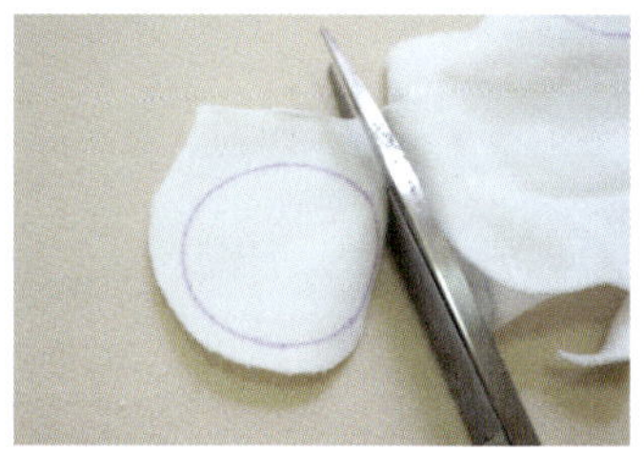

16 흰 양말에 눈 도안을 그리고 1cm 이상 여유를 두고 오려줍니다.

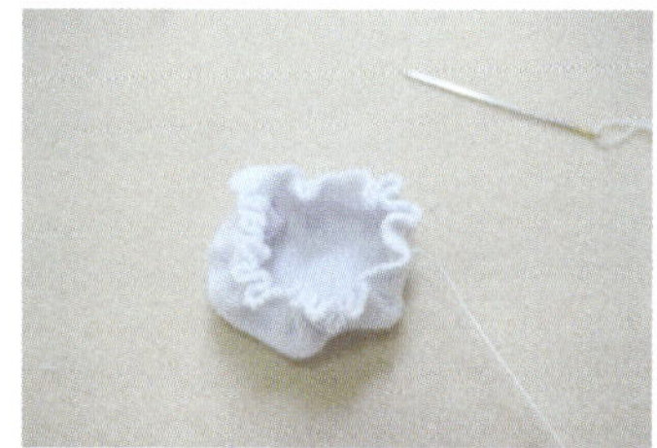

17 도안선을 따라 홈질하여 실을 잡아 당겨 오므려줍니다.

18 솜을 넣어준 후 매듭지어 줍니다.

19 양말을 가로 7x세로 3cm로 오려 준비합니다.

20 양말을 가로로 반 접은 후 양끝을 겹쳐 박음질합니다.

21 하나씩 더 만들어 눈 두 개, 눈꺼풀 두 개를 준비합니다.

22 눈알을 눈꺼풀 안에 넣어 함께 홈질해 고정해줍니다.

23 악어의 눈썹 부위를 박음질해 움푹 들어가게 만들어줍니다.

24 가운데를 홈질한 후 실을 잡아 당겨 가운데 골을 만들어줍니다.

25 만들어놓은 눈을 공그르기로 고
정해줍니다.

26 같은 방법으로 양쪽 눈을 다 고
정해줍니다.

27 눈 가운데에 콩단추를 달아줍니다.

28 코 위치에 단추를 달아 콧구멍을
표현해줍니다.

29 네 발을 시침핀으로 몸에 자리를
잡은 후 공그르기로 고정해줍니다.

30 등의 지느러미도 공그르기로 고
정해 완성합니다.

PART 03

SOCKS DOOL

마을 친구들

포동포동 생쥐

맛있는 걸 많이 먹어서 포동포동 살이 찐 생쥐예요.

도시에 사는 하얀 쥐와 시골에 사는 갈색 쥐가 오늘은 데이트를 즐기고 있네요.

둥글넓적한 모양이어서 손목 쿠션으로도 좋아요.

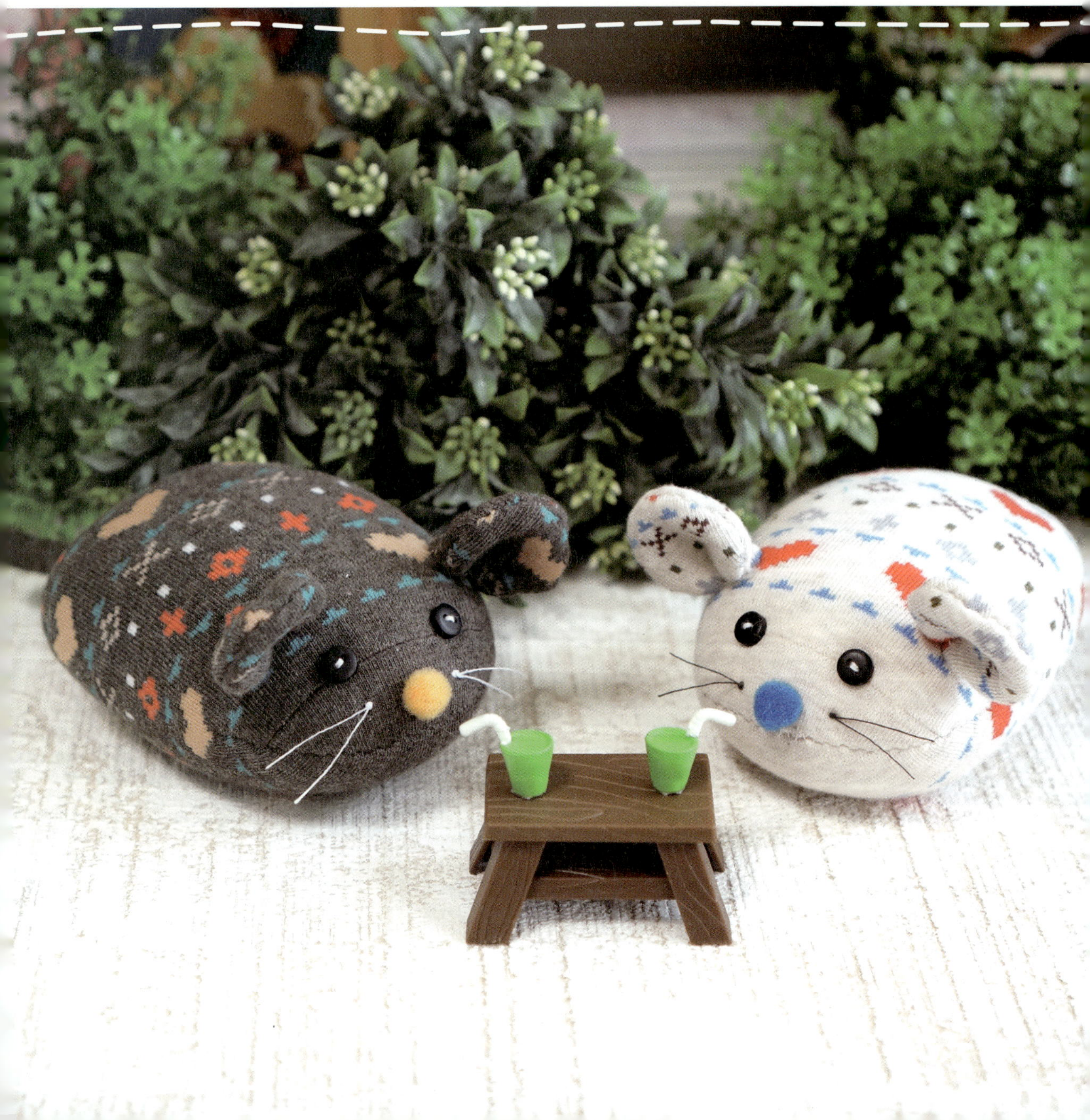

여성 양말 1짝

도안 위치는 이렇게 그려 사용하세요. (p.199)

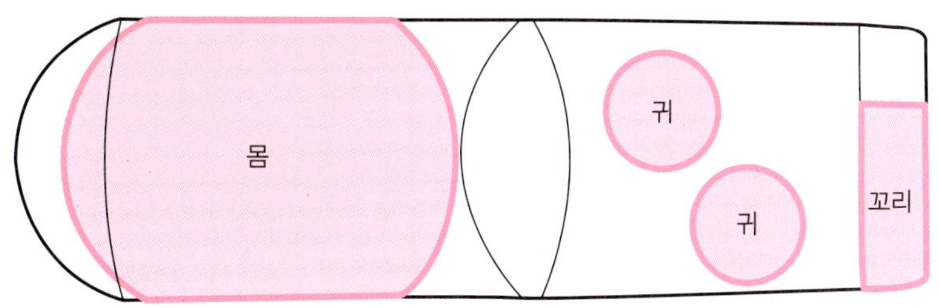

만들기 과정

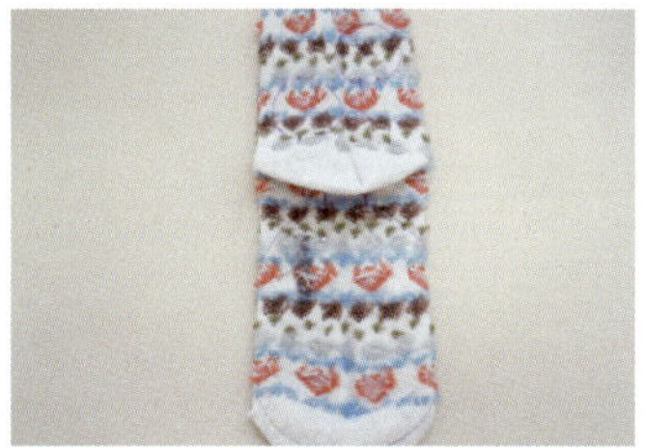

01 양말을 뒤집어 도안을 그려줍니다.

02 창구멍을 제외하고 홈질합니다.

03 시접 1cm를 남기고 오려줍니다.

04 창구멍을 통해 뒤집어줍니다.

05 몸안에 골고루 솜을 넣어줍니다.

06 귀의 창구멍을 공그르기로 막아
준 후 아래쪽을 접어 바느질로
고정해줍니다.

07 양말의 발목 부분을 잘라 준비합니다.

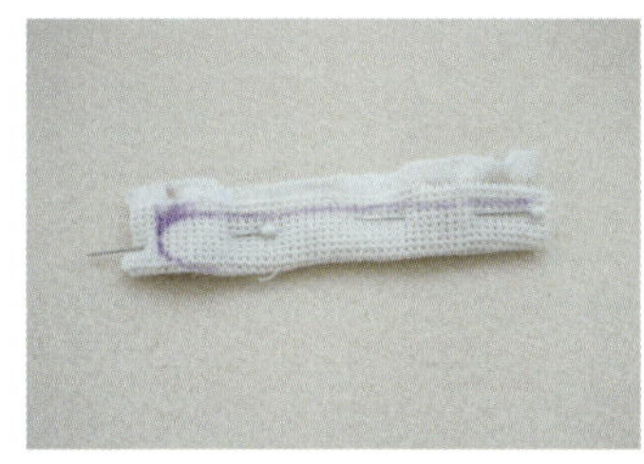

08 반 접어 겹쳐놓은 상태로 꼬리 도안을 그려 홈질해줍니다.

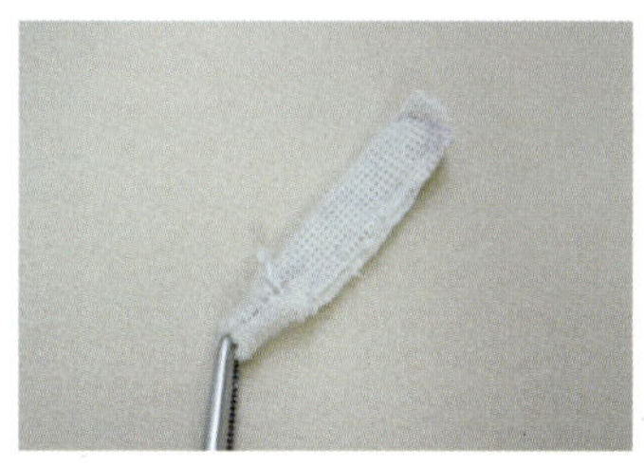

09 창구멍을 통해 뒤집어줍니다.

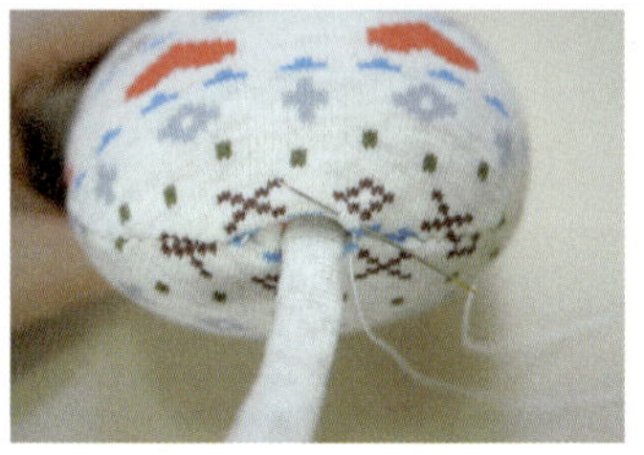

10 꼬리를 몸통 창구멍에 끼워놓고 공그르기로 마무리합니다.

11 귀를 양쪽 머리에 공그르기로 고정해줍니다.

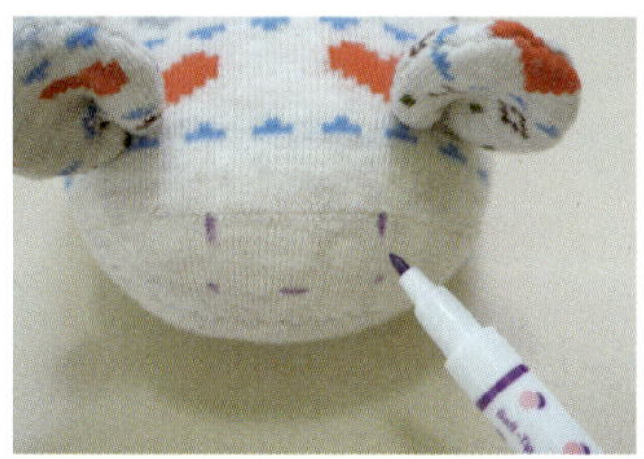

12 기화펜으로 눈과 코 위치를 표시해줍니다.

13 단추를 달아 눈을 만들어줍니다.

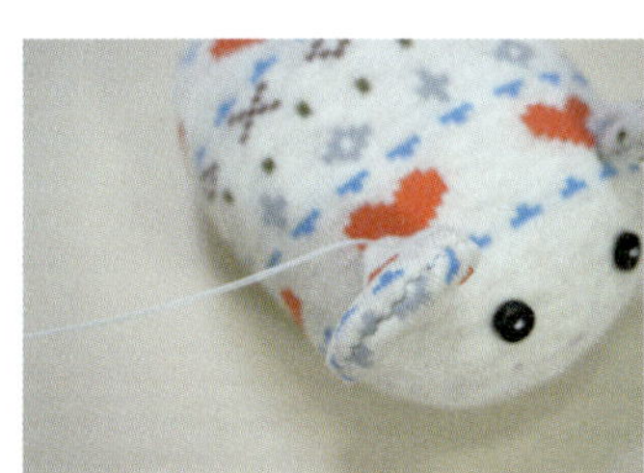

14 시작과 끝의 매듭은 귀 뒤쪽에 해서 감춰줍니다.

15 글루건을 이용해 폼폼이를 코 위치에 붙여줍니다.

16 실 두 줄로 볼에 매듭(씨앗수)을 만든 후 실을 길게 남겨놓습니다.

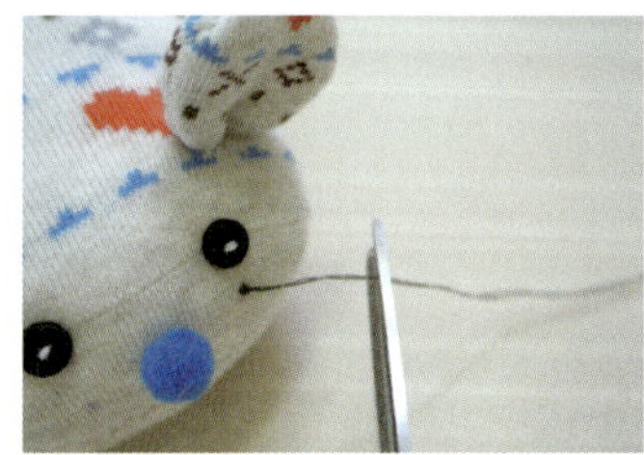

17 실을 수염 길이만큼 적당하게 잘라줍니다.

18 반대쪽도 같은 방법으로 수염을 만들어줍니다.

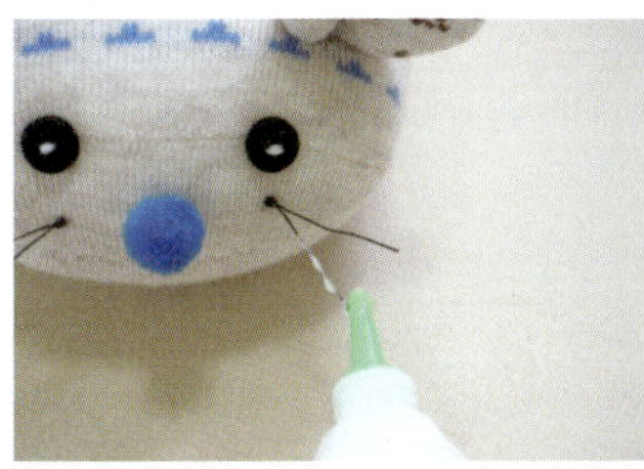

19 다용도 풀을 실에 바른 후 실을 펼쳐놓습니다.

20 풀이 마르면 빳빳하게 모양이 잡힌 수염이 완성됩니다.

폭신폭신 양

폭신폭신 털이 귀여운 동글이 양이에요.
수면양말을 이용해 보드라운 느낌이 너무 좋답니다.
머리에 장식을 꽂아 메모꽂이로, 시침핀을 꽂아 핀쿠션으로 사용해도 좋아요.

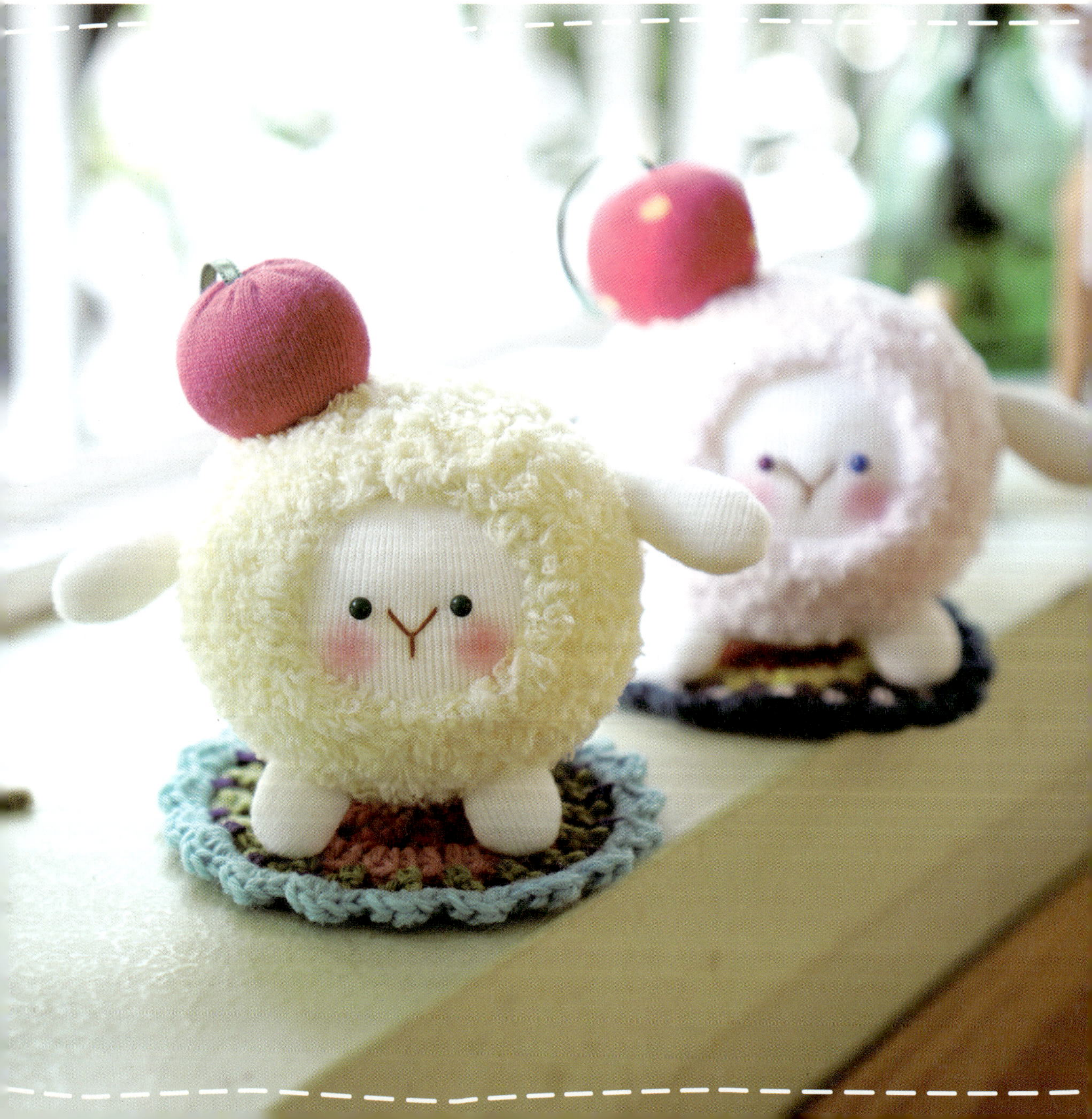

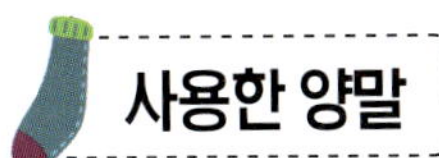
사용한 양말

흰색 양말 1짝

수면양말 1짝

체리색 양말 조금

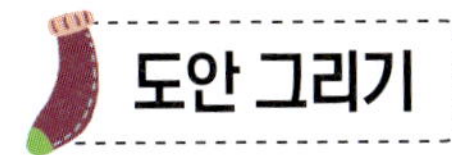
도안 그리기

도안 위치는 이렇게 그려 사용하세요. (p.199)

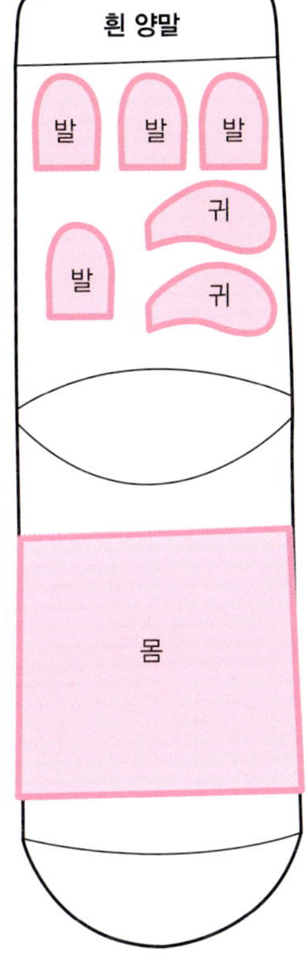

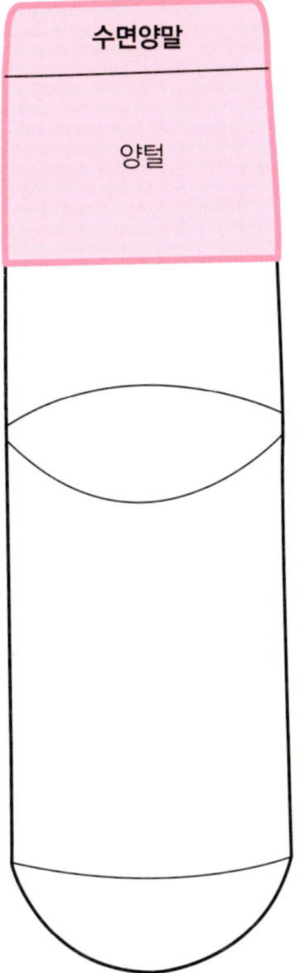

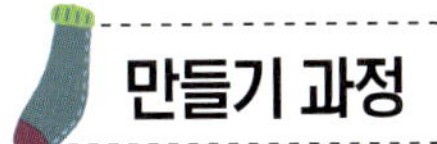
만들기 과정

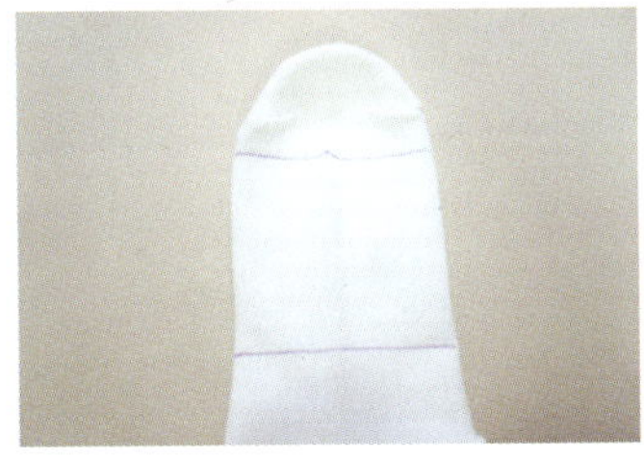

01 양말에 기화성펜으로 도안을 그려줍니다.

02 시접 1cm를 남기고 오려줍니다.

03 도안선을 따라 빙 둘러 홈질해줍니다.

04 실을 잡아 당겨 오므려 매듭지어 줍니다. 이때 시접은 안쪽으로 밀어 넣어주세요.

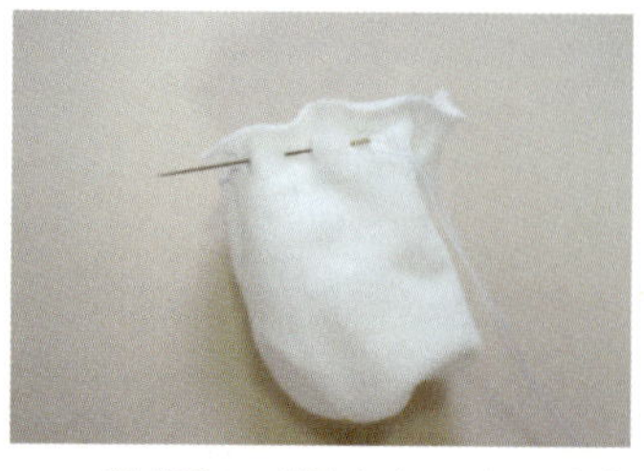

05 반대쪽도 마찬가지로 빙 둘러 홈질해줍니다.

06 세로보다 가로가 좀 더 긴 공 모양이 되도록 솜을 넣어줍니다.

07 실을 잡아당겨 오므려 매듭지어 줍니다.

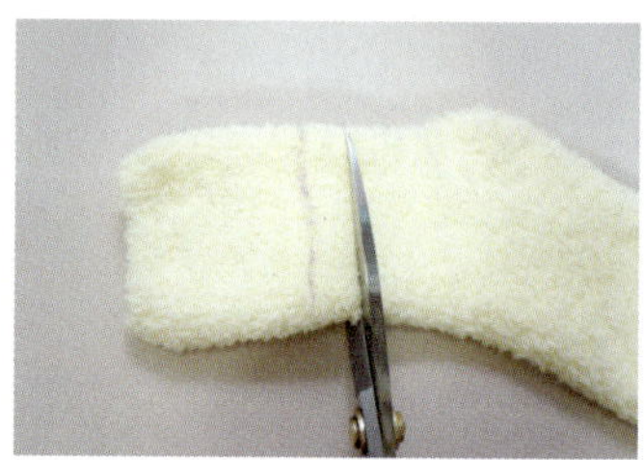

08 수면양말을 뒤집어 발목 입구로부터 7cm 지점에 선을 그린 후 시접 1cm를 남기고 오려줍니다.

09 도안선을 따라 홈질한 후 실을 잡아당겨 오므려줍니다.

10 오무린 부분을 바늘로 몇 번 관통해서 튼튼하게 고정한 후 매듭지어줍니다.

11 뒤집어줍니다.

12 흰 양말로 만든 얼굴 위에 씌워줍니다.

13 얼굴이 동그랗게 보이게 시침핀으로 고정한 후 홈질해줍니다.

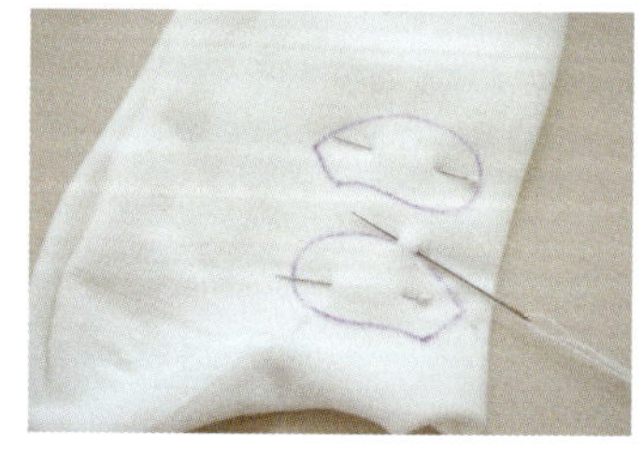

14 흰 양말을 뒤집어 기화성펜으로 귀 도안을 그려줍니다.

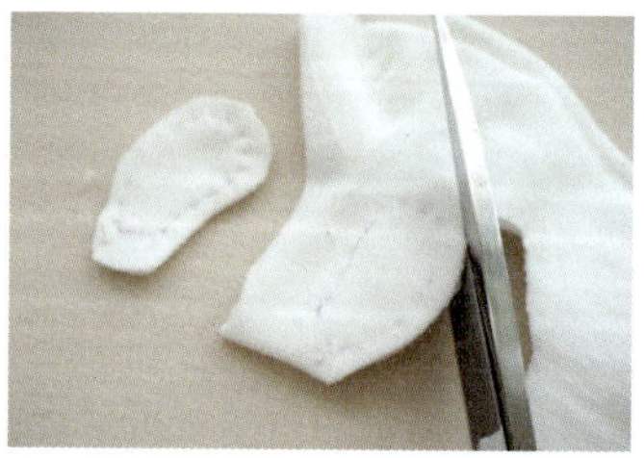

15 홈질한 후 0.5cm 시접을 남기고 오려줍니다.

16 뒤집어서 솜을 조금 넣어줍니다.

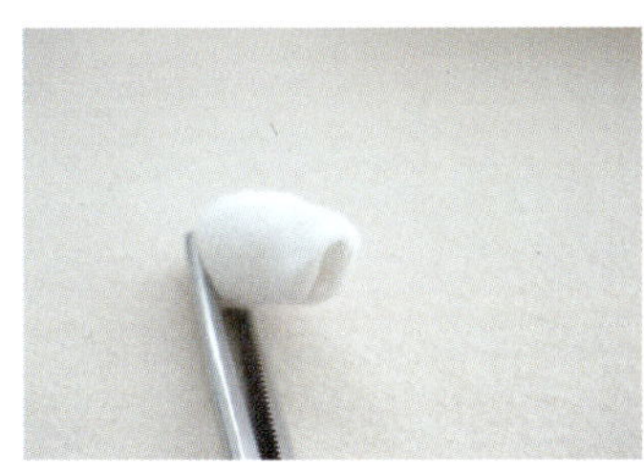

17 창구멍을 안쪽으로 접어 넣어줍니다.

18 몸의 양쪽 머리에 공그르기로 달아줍니다.

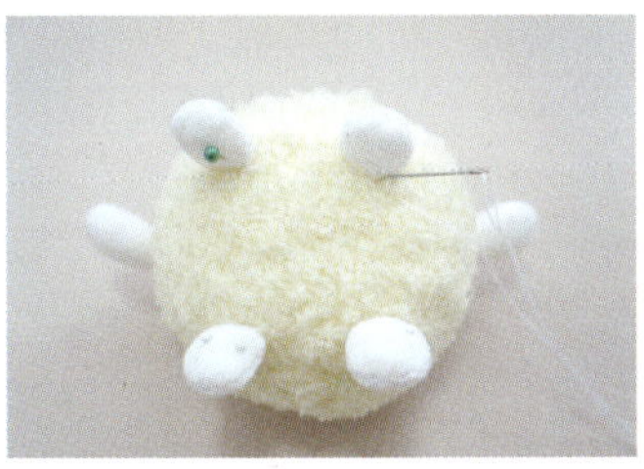

19 같은 방법으로 발도 네 개 만들어 공그르기로 고정해줍니다.

TIP 몸을 만들고 남은 흰색 양말을 구석까지 이용하면 귀와 발을 모두 그려 사용할 수 있어요.

20 체리색 양말을 뒤집어 기화성펜으로 도안을 그려준 후 앞장만 오려줍니다.

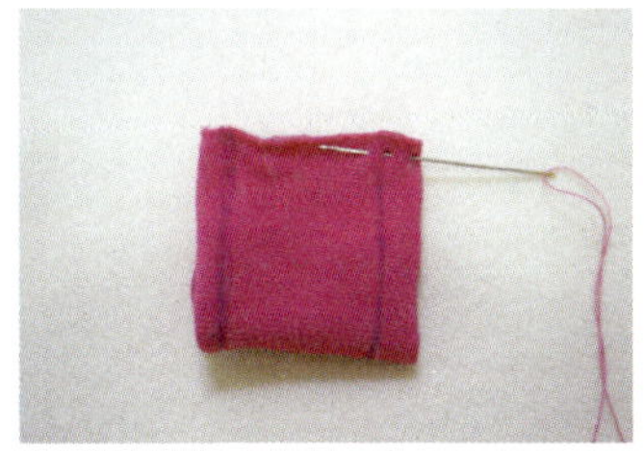

21 양쪽 끝을 겹쳐서 시접 0.5cm를 남기고 홈질해줍니다.

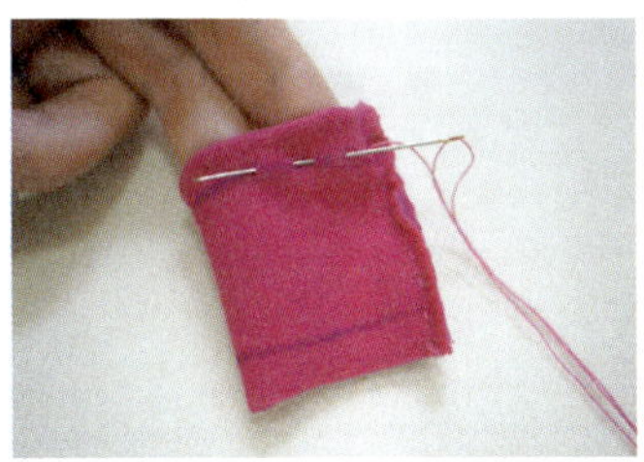

22 상단을 빙 둘러 홈질합니다.

23 실을 잡아당겨 오므린 후 주름을 관통해서 튼튼하게 매듭지어줍니다.

24 뒤집어준 후 다른 쪽도 빙 둘러 홈질합니다.

25 솜을 넣어줍니다.

26 끝을 묶은 리본을 넣은후 실을 잡아당겨 오므려줍니다.

TIP 리본 끝을 매듭이 크게 묶어주어야 리본이 빠져 나오지 않아요.

27 리본에 밀착되도록 오므려 매듭 을 지어 마무리합니다.

28 리본의 끝을 한 번 묶어준 후 끝 을 잘라줍니다.

29 체리를 양의 머리에 올려 공그르 기로 고정해줍니다.

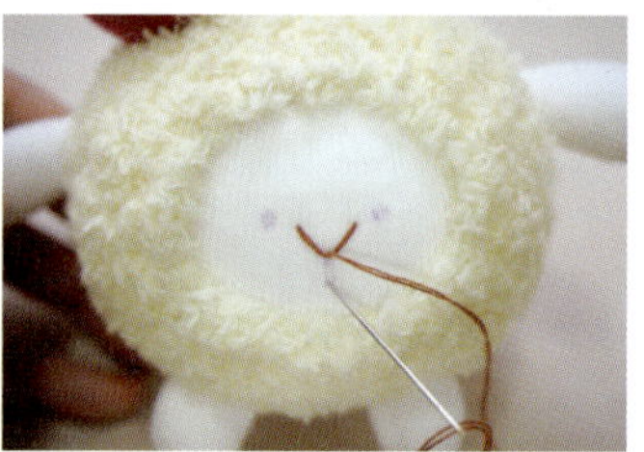

30 얼굴을 스티치와 비즈를 달아 표 현해 완성합니다.

TIP 머리에 메모꽂이 핀을 꽂아주면 양 메모꽂이가 돼요.
흰 양말의 오므린 부분이 정중앙에 있어 서 핀을 꽂으면 쉽게 꽂아져요. 핀이 잘 꽂아지지 않을 때는 송곳으로 구멍을 뚫 어준 후 메모꽂이 핀을 꽂아주세요.

똘똘 코알라

가방 들고 여행가는 코알라예요. 목에 카메라를 거는 것도 잊지 않았네요.

세계 각국을 다니며 멋진 사진 찍어올 거랍니다

동글동글 코와 초롱한 눈이 똘똘해 보이는 게 매력 포인트예요.

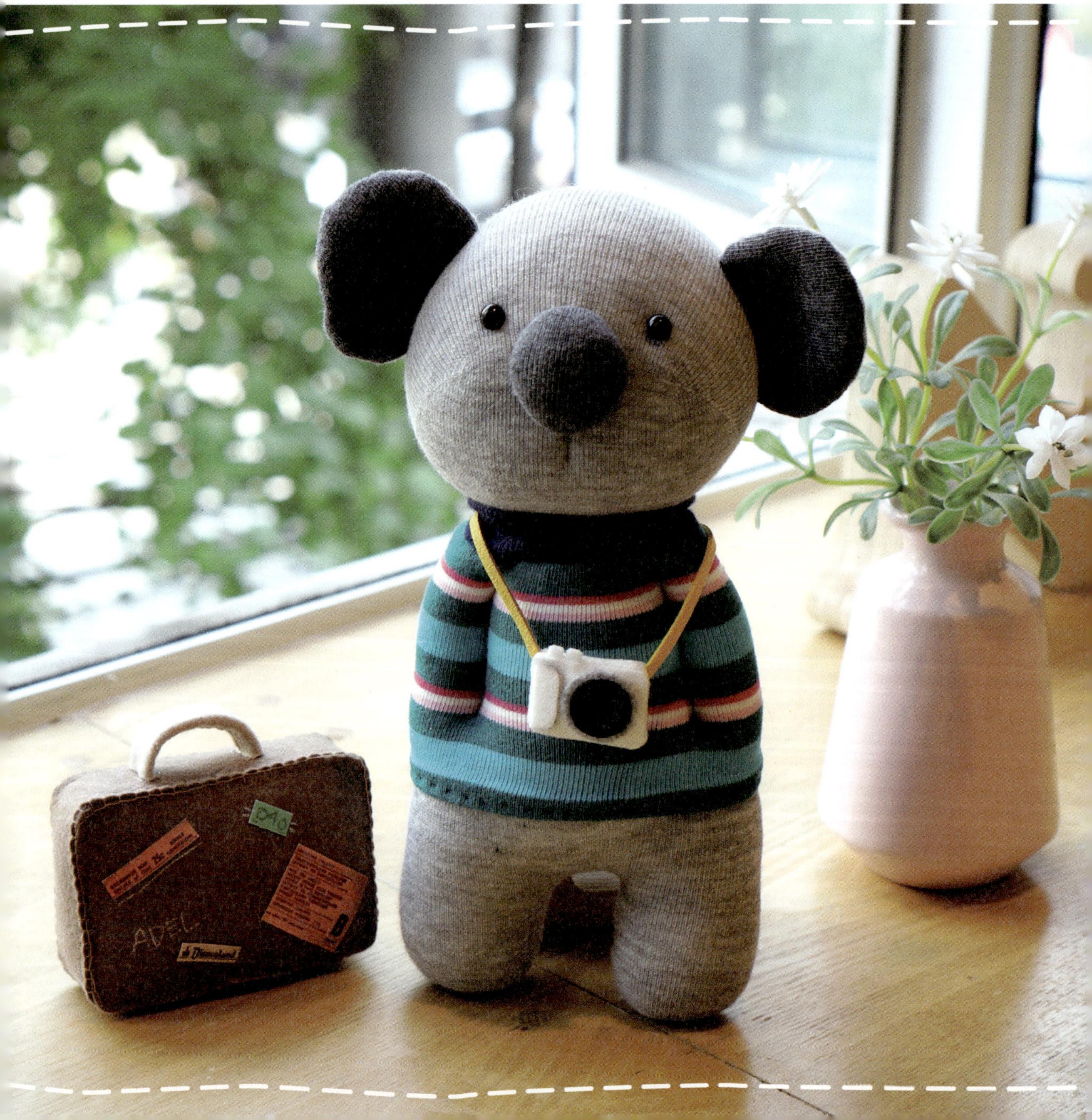

밝은 회색 양말 1짝

진회색 양말 1짝

줄무늬 양말 1짝

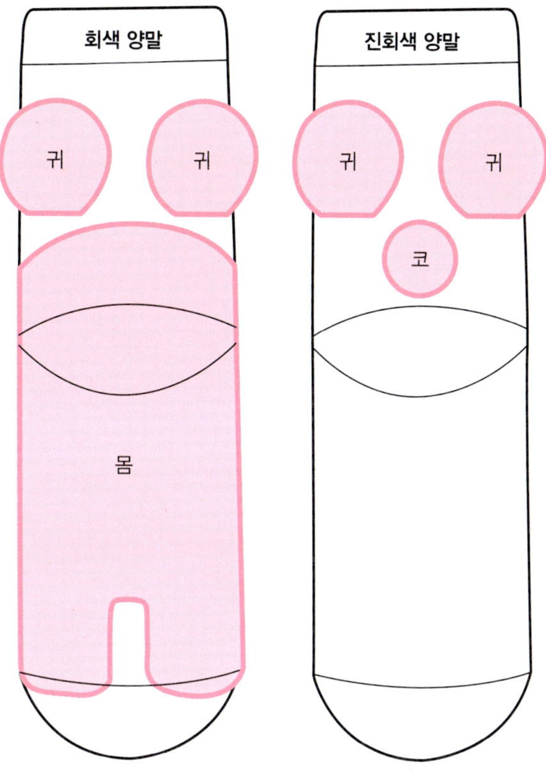

01 양말을 뒤집어 도안을 그려줍니다.

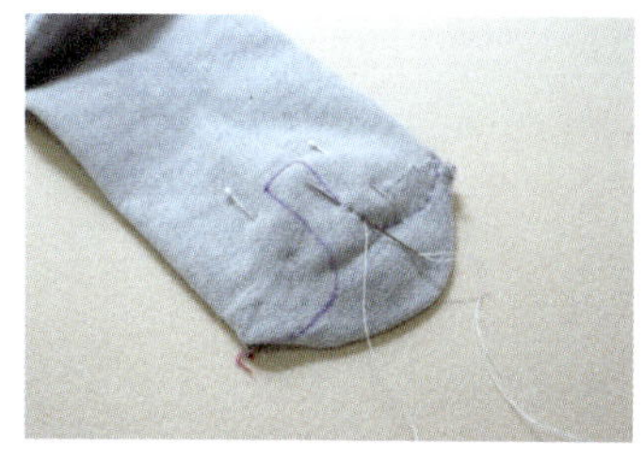

02 창구멍을 제외하고 홈질합니다.

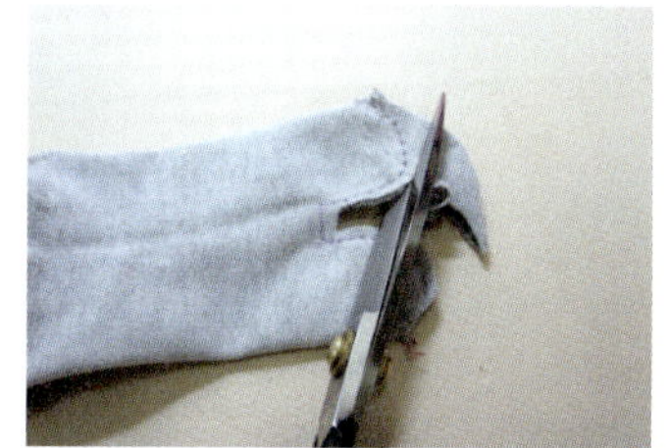

03 시접 1cm를 남기고 오려줍니다.

만들기 과정

04 뒤집어서 몸 안에 골고루 솜을 넣어줍니다.

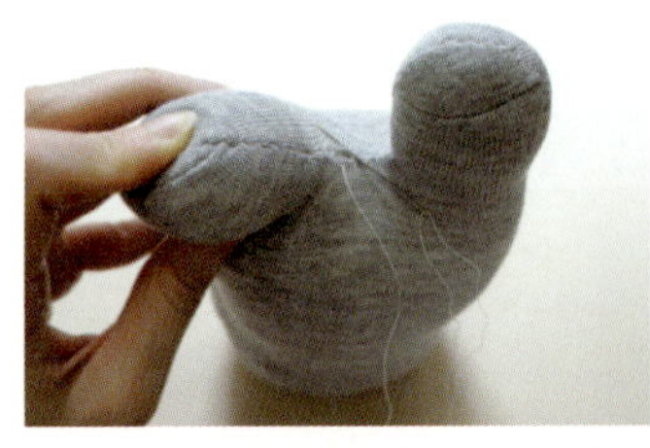

05 창구멍을 공그르기로 막아줍니다.

06 기화성펜으로 목라인을 그려줍니다.

07 목라인을 따라 홈질합니다.

08 실을 잡아 당긴 후 돌돌 감아 마무리합니다.

09 진회색 양말도 준비해 가위로 오려 펼칩니다.

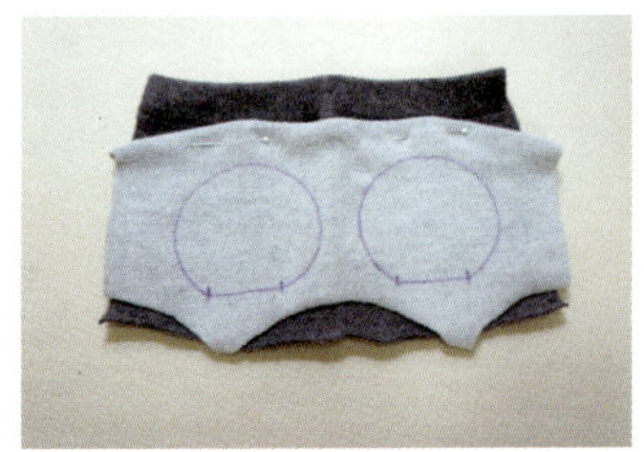

10 귀 도안을 그린 후 양말을 겉면끼리 마주보게 겹쳐줍니다.

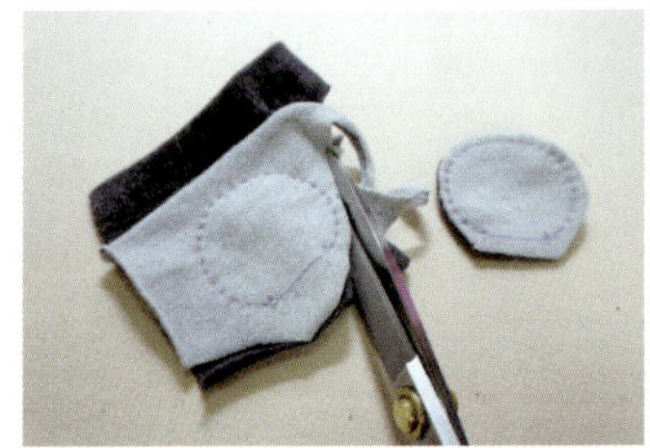

11 창구멍을 제외하고 홈질한 후 시접 0.5cm를 남긴 후 오려줍니다.

12 뒤집어서 창구멍을 공그르기로 막아줍니다.

13 귀 한 쌍을 완성합니다.

14 귀를 양쪽 머리에 시침핀을 고정합니다. 이때 귀 모양이 오목해지도록 둥글게 고정합니다.

15 공그르기로 고정해줍니다.

16 양말에 코 도안을 그린 후 시접 0.5cm를 두고 오려줍니다.

17 도안선을 따라 홈질한 후 실을 당겨 오므려줍니다.

18 솜을 적당히 넣은 후 입구를 실로 막아줍니다.

19 얼굴에 위치를 잡아 공그르기로 고정해줍니다.

20 콩단추를 달아주고 입을 스티치해 마무리합니다. 시작과 끝은 귀 뒤쪽과 코 안쪽에서 해서 매듭을 감춰주세요.

21 무늬 양말의 발꿈치 바로 윗선을 오려줍니다. 발목 부분을 사용할 거예요.

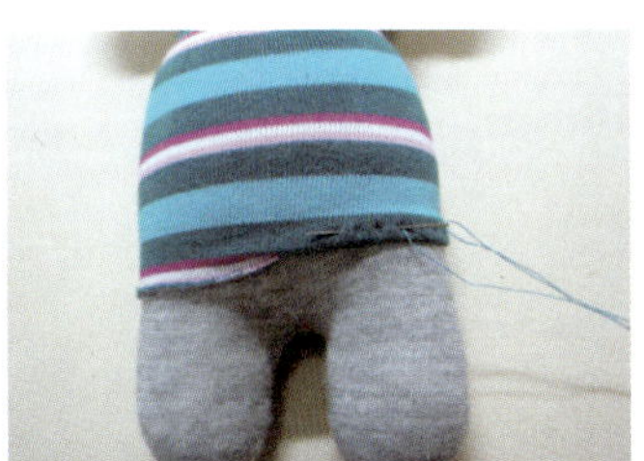

22 몸에 입혀서 하단 라인을 안쪽으로 접어 홈질해줍니다.

23 가운데 세로 라인을 그린후 양쪽을 또 반으로 나눠 총 4등분해줍니다.

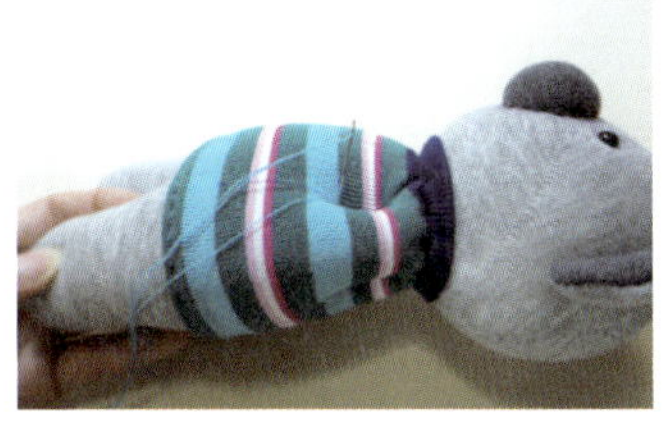

24 양쪽 선을 따라 박음질을 해 팔을 표현해줍니다.

뒤뚱뒤뚱 타조

긴목과 긴다리에 똘망한 눈망울까지 매력이 가득한 타조 친구들~
다리가 길어 뒤뚱뒤뚱, 목이 길어 갸우뚱할 때가 많은 재미있는 친구예요.
몇 가닥 없는 머리털을 보면 마구 잘해줘야 할 것만 같네요.

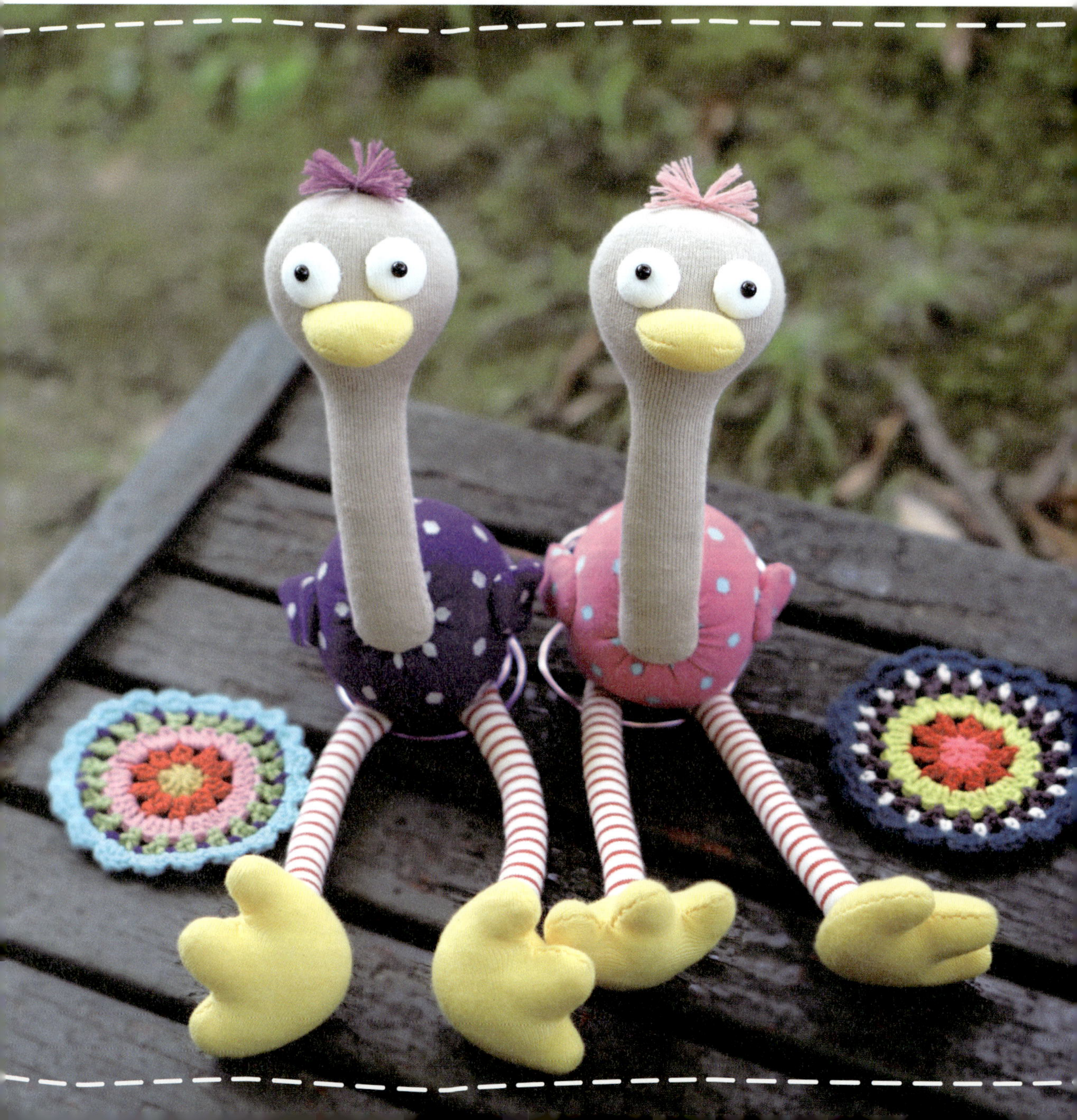

사용한 양말

| 베이지색 양말 1짝 | 도트 무늬 양말 1짝 | 줄무늬 양말 1짝 | 노랑 양말 1짝 | 흰색 양말 조금 |

도안 그리기 · 도안 위치는 이렇게 그려 사용하세요. (p.201)

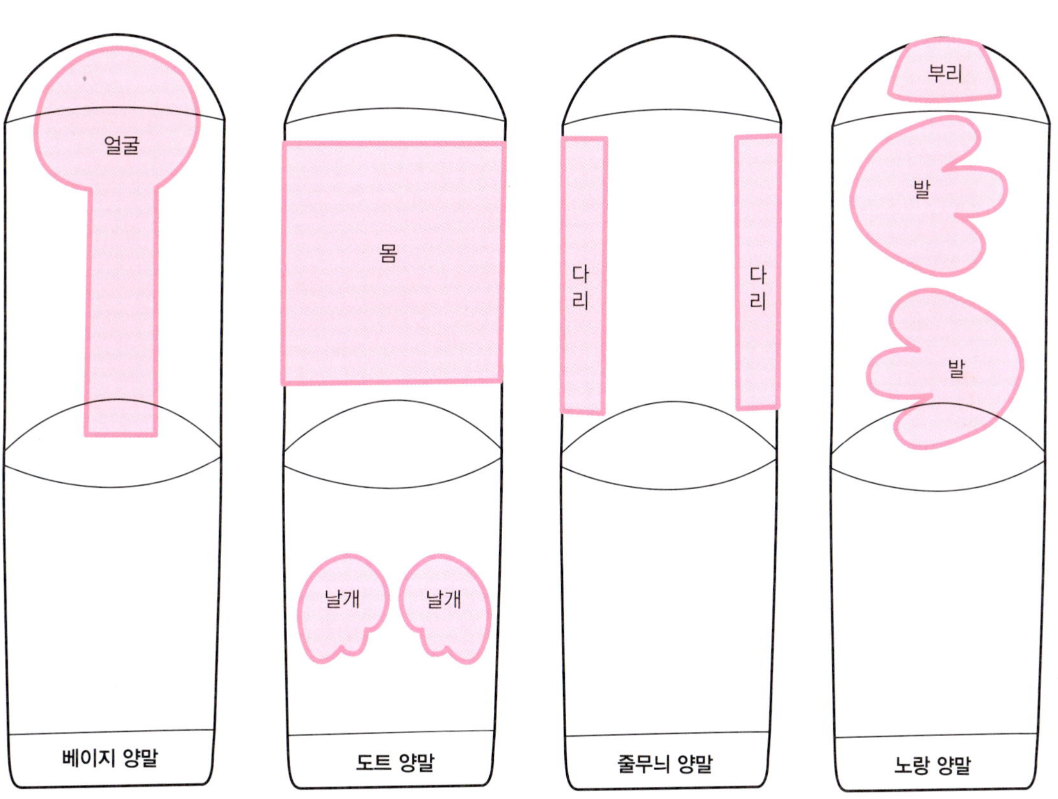

만들기 과정

| 타조 얼굴과 목 만들기 |

01 양말을 뒤집어 도안을 그려줍니다.

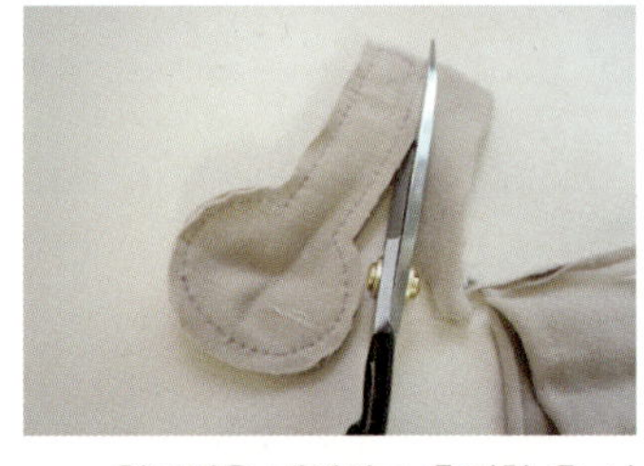

02 창구멍을 제외하고 홈질한 후 시접 1cm를 남기고 오려줍니다.

03 몸을 뒤집어서 솜을 넣어줍니다.
TIP 목에 와이어를 넣으면 완성했을 때 목가누기가 좋아요.

| 타조 입 만들기 |

04 창구멍을 공그르기로 막아줍니다.

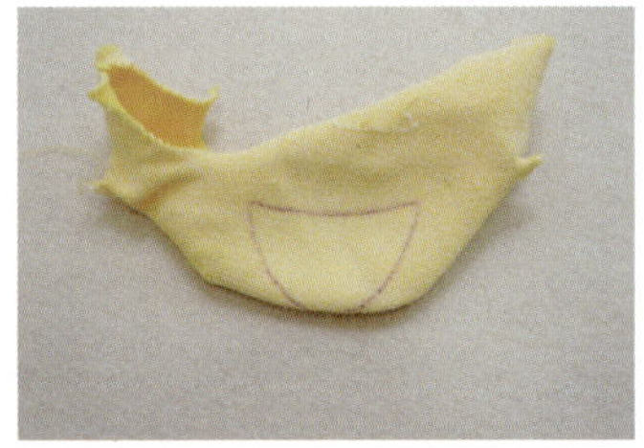

05 노랑 양말의 발가락 부분을 뒤집어 입 도안을 그려줍니다.
TIP 입끝을 양말 끝선에 붙여서 바느질을 하지 않도록 해주세요. 그래야 완성했을 때 입 모양이 예쁘게 나옵니다.

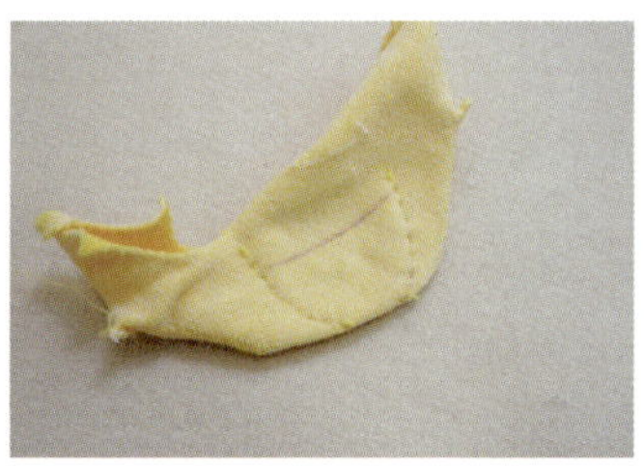

06 창구멍을 제외하고 홈질해줍니다.

| 타조 눈 만들기 |

07 시접 0.5cm를 남기고 오려서 뒤집은 후 솜을 넣어줍니다.

08 감침질로 살짝 막아줍니다.

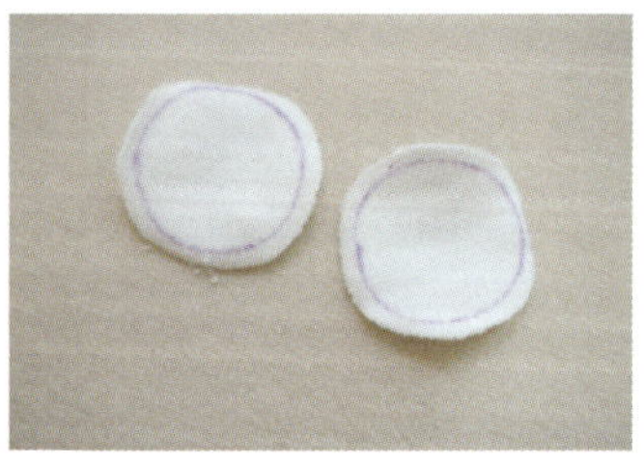

09 흰 양말에 눈 도안을 그리고 0.5cm 여유를 두고 오려줍니다.

10 도안선을 따라 홈질해줍니다.

11 실을 잡아당겨 오므려준 후 솜을 넣어줍니다.

12 얼굴에 눈과 입을 자리 잡아 시 침핀으로 꽂아줍니다.

| 타조 몸 만들기 |

13 눈과 입을 공그르기로 고정해줍 니다.

14 눈에 콩단추를 달아줍니다.

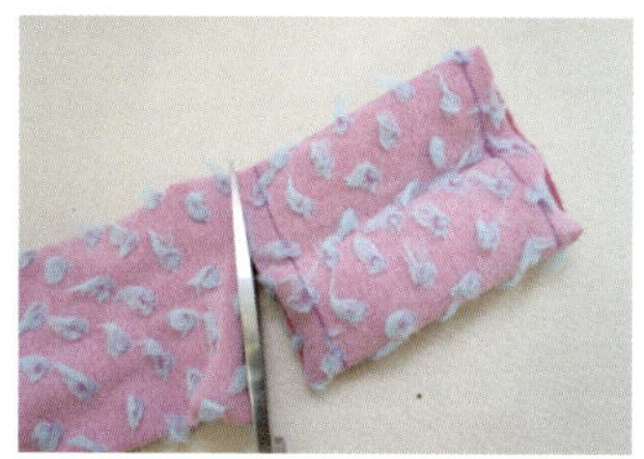

15 양말을 뒤집어 도안을 그려준 후 시접 1cm를 남기고 오려줍니다.

16 도안선을 따라 빙 둘러 홈질해줍 니다.

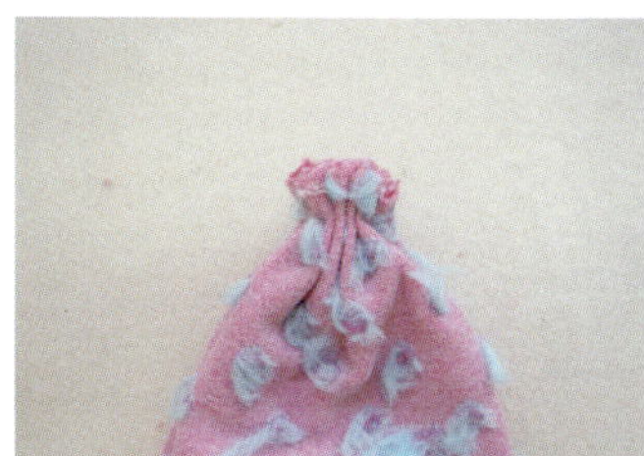

17 실을 잡아당겨 오므려 매듭지어 줍니다.

TIP 오므린 곳을 실로 몇 번 감아서 매듭 지어 주면 좀더 튼튼하게 마무리됩니다.

18 뒤집어줍니다.

19 반대쪽도 마찬가지로 빙 둘러 홈
질해줍니다.

20 솜을 넣어줍니다. 동글동글한 모양
이 나오도록 골고루 넣어주세요.

21 실을 잡아당겨 오므려 매듭지어
줍니다.

| 타조 날개 만들기 |

22 날개 도안을 그려줍니다.

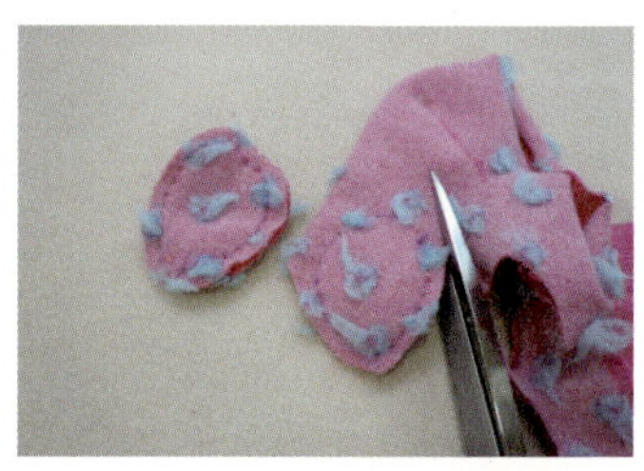

23 창구멍을 제외하고 홈질한 후 시
접 0.5cm를 남기고 오려줍니다.

24 뒤집어서 창구멍을 공그르기로
막아줍니다.

| 타조 다리 만들기 |

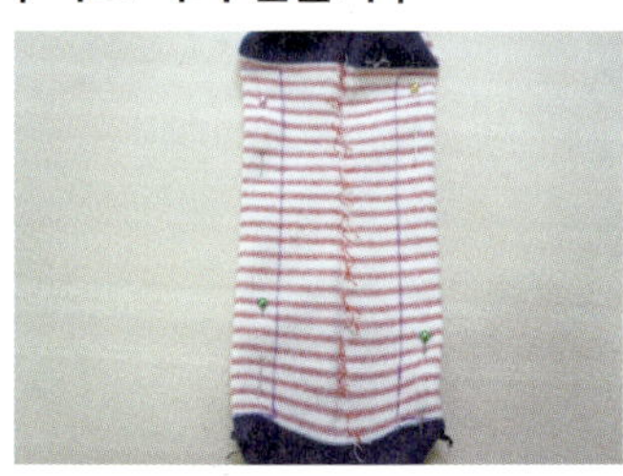

25 양말을 뒤집어 양쪽 끝에 도안을
그려줍니다.

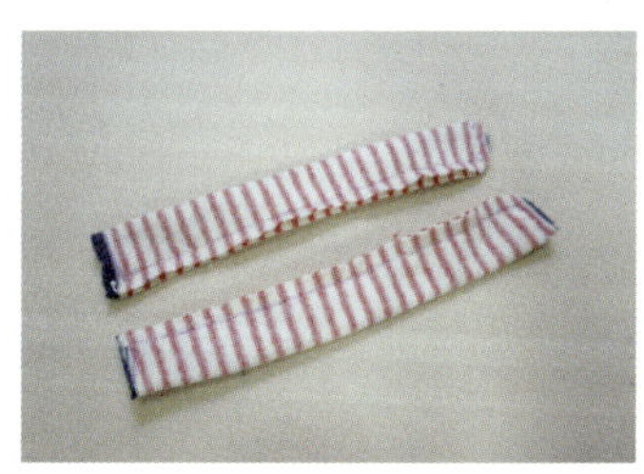

26 창구멍을 제외하고 홈질한 후 시
접 1cm를 남기고 오려줍니다.

27 몸을 뒤집어서 솜을 넣어줍니다.

| 타조 발 만들기 |

28 노랑 양말을 뒤집어 발 도안을 그려줍니다.

29 창구멍을 제외하고 홈질한 후 시 접 1cm를 남기고 오려줍니다.

30 발을 뒤집어서 솜을 넣어줍니다.

| 타조 목과 몸 연결하기 |

31 창구멍을 공그르기로 막아줍니다.

32 목을 몸통 중앙에 자리 잡아 시 침핀을 꽂아줍니다.

33 공그르기로 해줍니다.

34 몸의 하단에 다리를 공그르기로 달아줍니다.

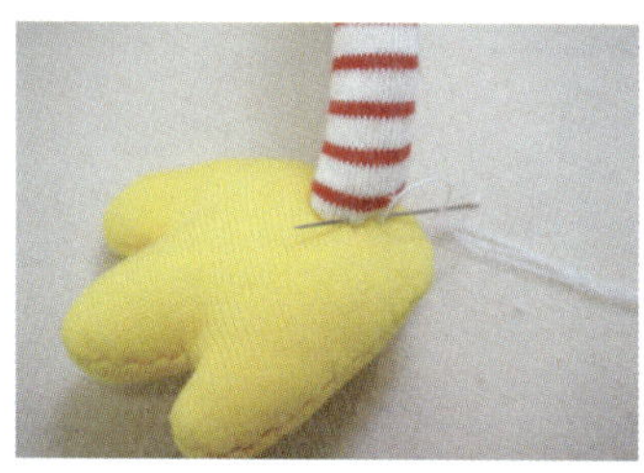

35 다리와 발등을 공그르기로 연결 해줍니다.

36 몸에 날개를 공그르기로 고정해 줍니다.

37 털실을 여러 번 겹쳐 준비합니다.

38 머리에 털실을 올려놓고 가운데 를 꿰매어 고정합니다.

39 가위로 적당한 길이로 잘라줍니다.

우람 고릴라

통통한 팔과 동그란 몸이 다부진 꼬마 고릴라예요.
바나나를 사랑해서 항상 바나나를 머리에 올리고 다닌답니다.
바나나 향기를 맡으면 기분이 좋아 늘 미소짓고 있어요.

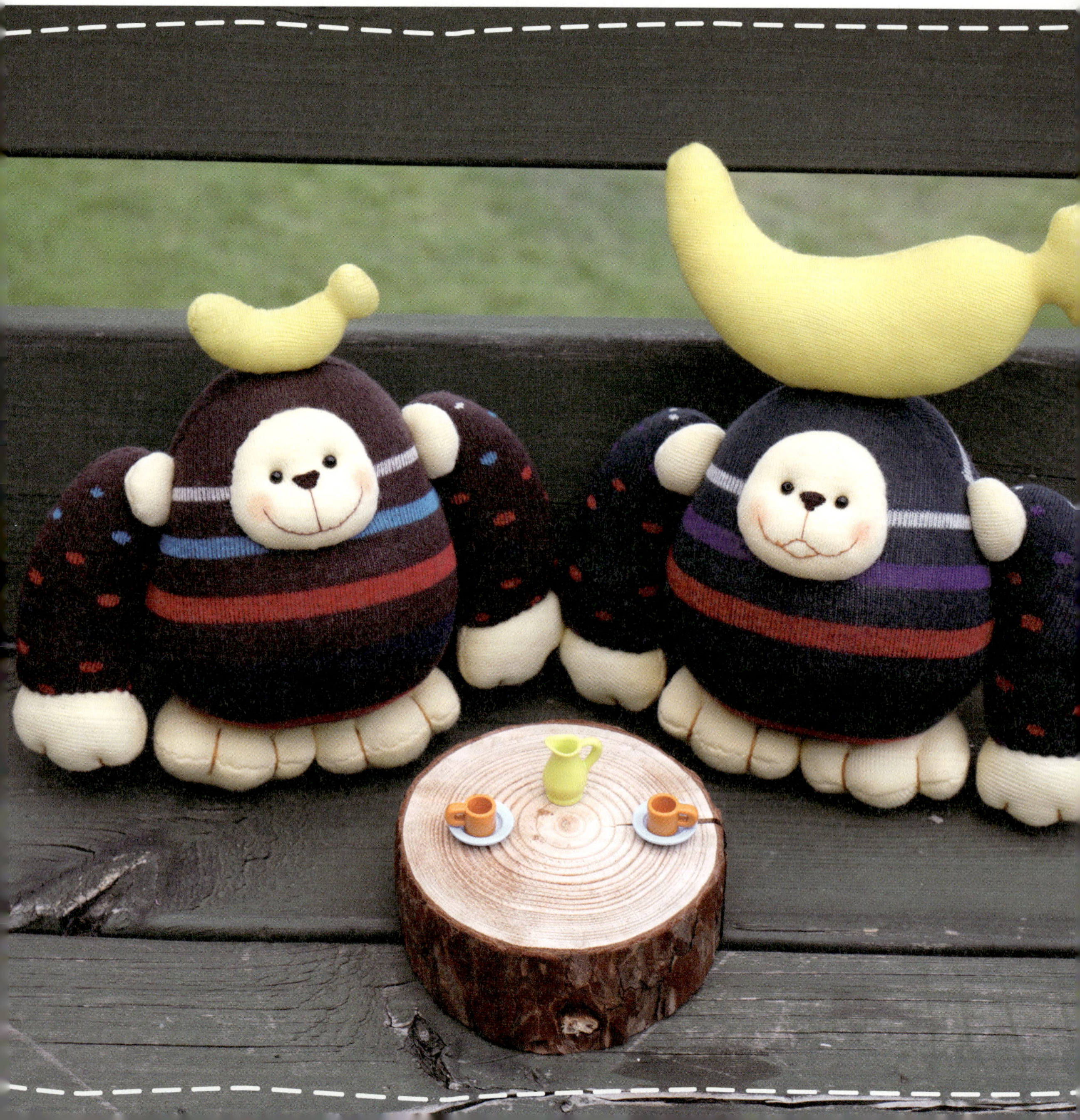

사용한 양말

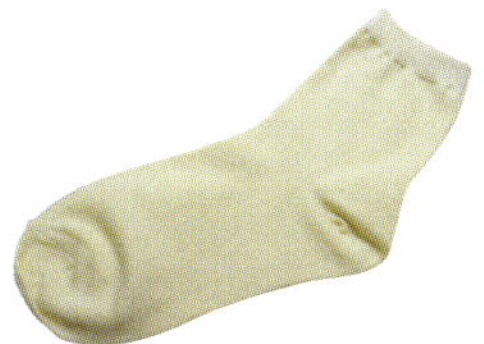

남성 양말 1켤레

연노랑 양말 1짝

도안 그리기

도안 위치는 이렇게 그려 사용하세요. (p.202)

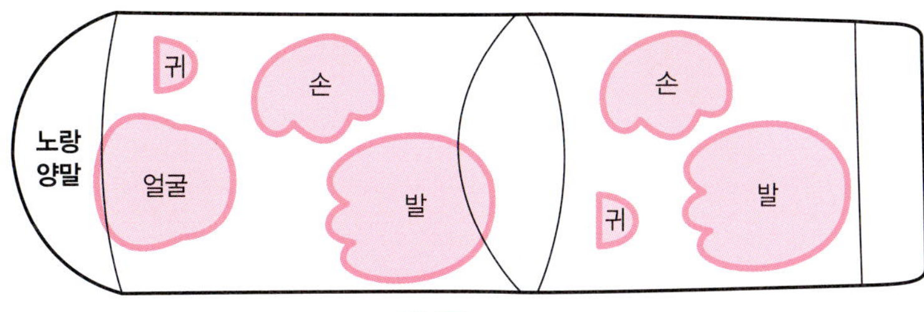

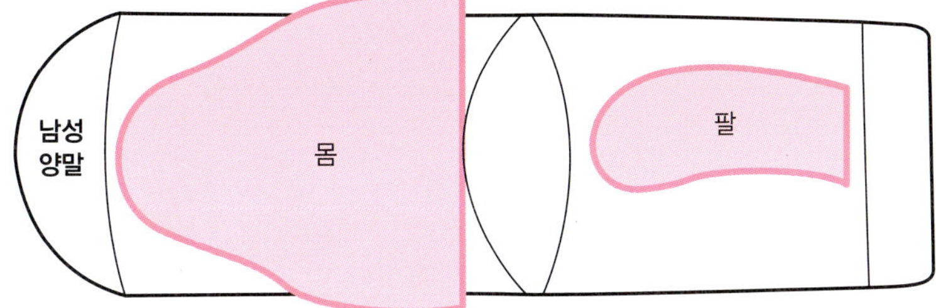

만들기 과정

01 양말 뒤꿈치를 기준으로 잘라줍니다. 발바닥으로 몸통을, 발목부분으로 팔을 만들 거예요.

02 발등을 반으로 오려줍니다.

03 오린 양말을 쫙 펼쳐서 두 장을 겉면끼리 마주보게 겹쳐준 후 도안을 그려줍니다.

04 창구멍을 제외하고 촘촘하게 홈질해줍니다.

05 시접 1cm 정도 남기고 오려줍니다.

06 뒤집어서 창구멍을 빙 둘러 홈질해줍니다.

07 몸에 솜을 넣어줍니다.

08 실을 잡아당겨 오므려 매듭지어 줍니다.

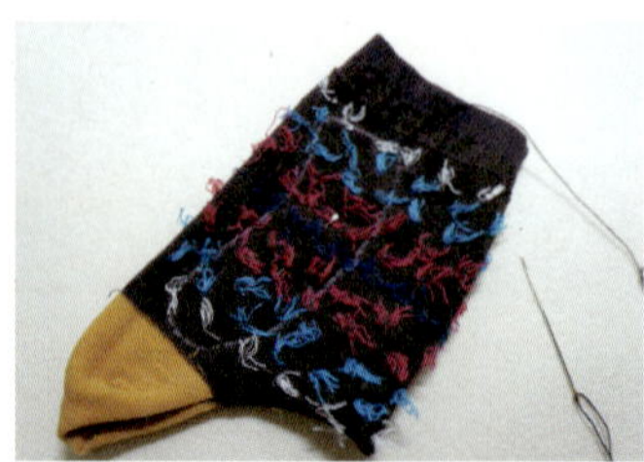

09 발목쪽 양말을 뒤집어 도안을 그려줍니다.

10 창구멍을 제외하고 홈질한 후 시접 1cm를 남기고 오려줍니다.

11 팔을 뒤집어서 솜을 넣어줍니다.

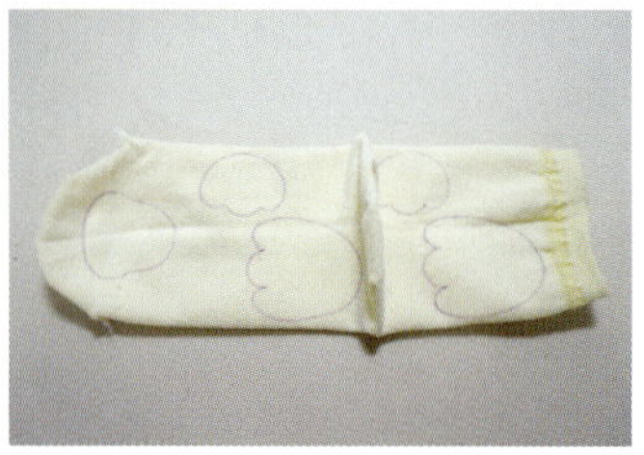

12 양말을 뒤집어 손, 발 도안을 그려줍니다.

TIP 도안을 다른 방향으로 그릴 땐 손끼리 같은 방향으로 발끼리 같은 방향으로 그려주세요.

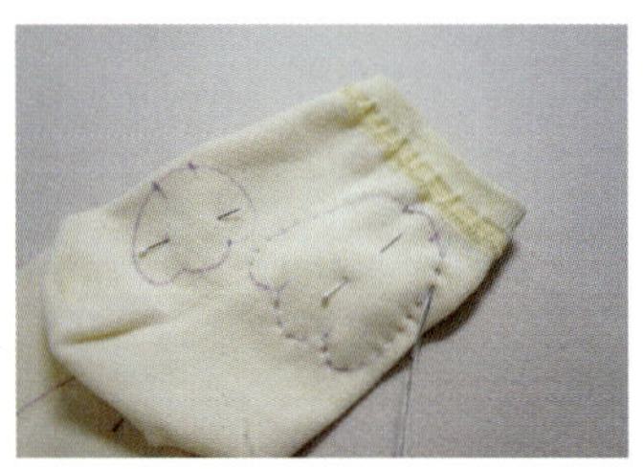

13 창구멍을 제외하고 촘촘하게 홈질해줍니다.

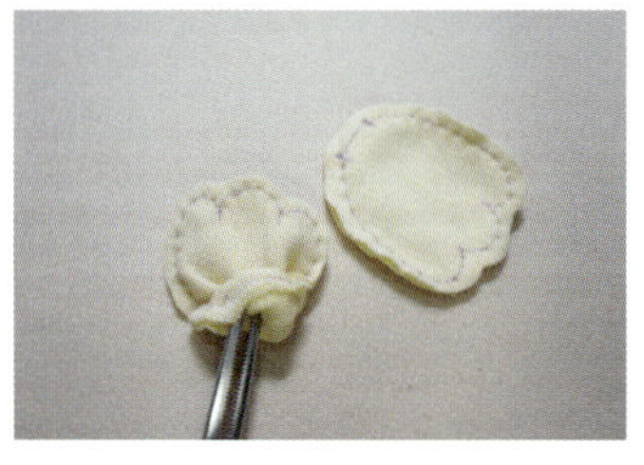

14 시접 1cm 정도 남기고 오려준 후 뒤집어줍니다.

15 솜을 넣어준 후 창구멍을 공그르기로 막아줍니다.

16 갈색실로 관통하여 손가락 발가 락 구분선을 만들어줍니다.

17 팔의 시접을 안쪽으로 접어준 후 손을 공그르기로 달아줍니다.

18 귀도 마찬가지로 도안을 그려 홈 질한 후 시접 1cm를 남기고 오려 줍니다.

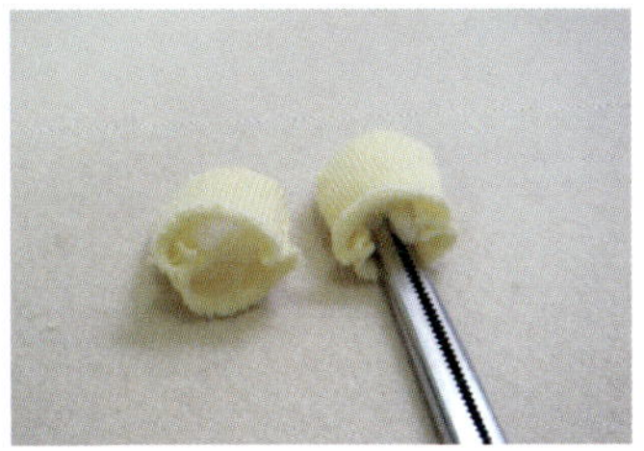

19 뒤집어서 솜을 넣어줍니다.

20 공그르기로 막아줍니다.

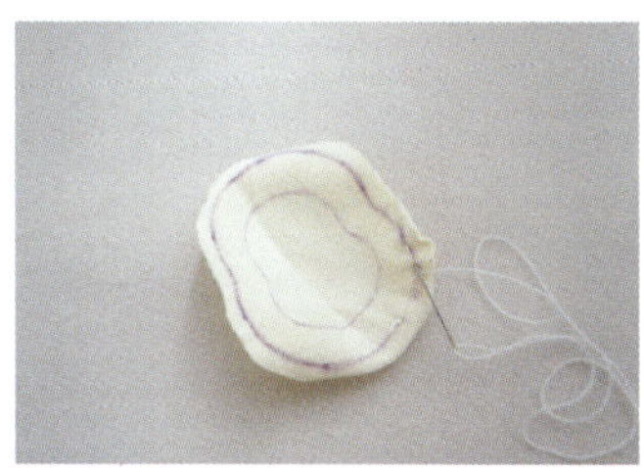

21 양말에 얼굴 도안을 그리고 시접 1cm를 남기고 오려준 후 선을 따 라 홈질해줍니다.

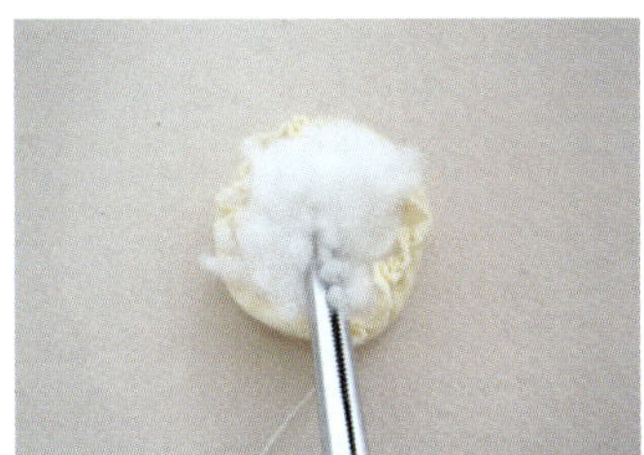

22 실을 잡아당겨 오므린 후 솜을 조금 넣어줍니다.

23 솜이 나오지 않도록 입구를 여러 차례 교차 바느질해 막아줍니다.

24 얼굴을 몸에 공그르기로 고정해 줍니다.

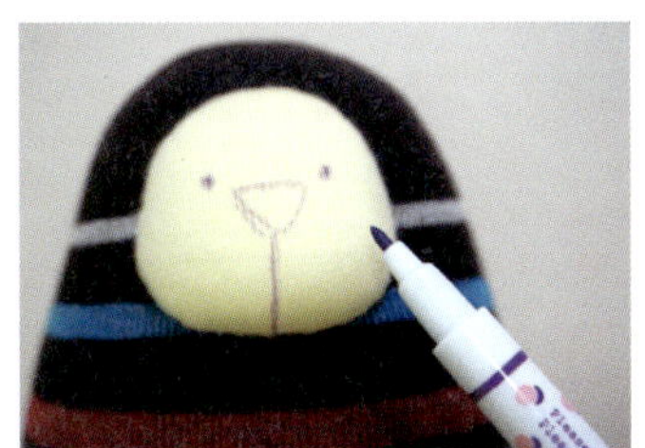

25 기화성펜으로 얼굴을 표시해줍 니다.

26 눈은 비즈를 달아주고 코와 입은 스티치해줍니다.

27 귀를 공그르기로 달아줍니다.

28 양발은 가운데를 공그르기해 고 정해줍니다. 이렇게 해야 고릴라 가 안정감 있게 설 수 있어요.

29 발을 공그르기로 몸에 고정해줍 니다.

| 바나나 만들기 |

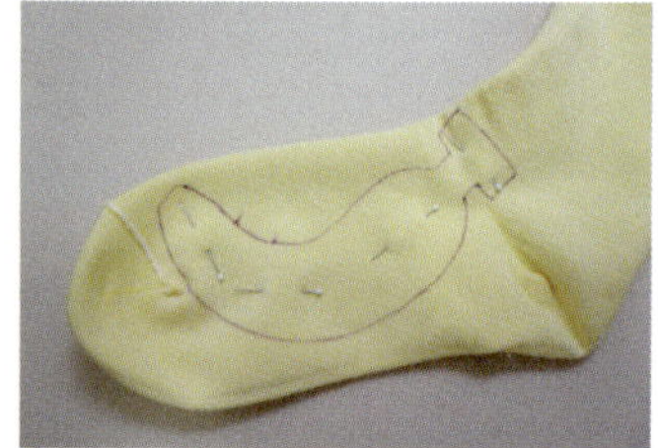

01 노랑 양말의 뒤집어 바나나 도안 을 그려줍니다.

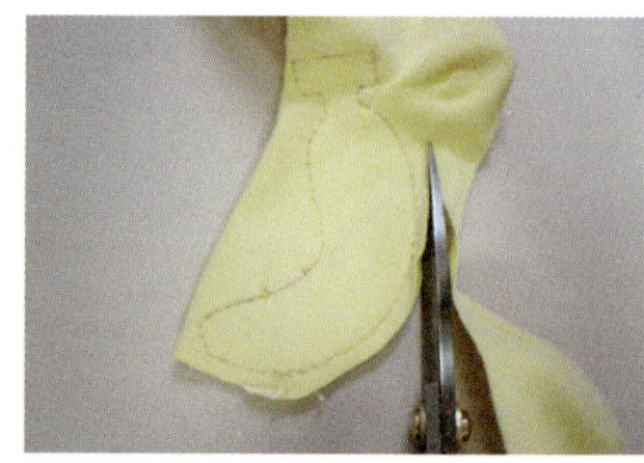

02 창구멍을 제외하고 홈질한 후 1cm 시접을 남기고 오려줍니다.

03 뒤집어서 솜을 넣어주세요.

04 공그르기로 창구멍을 막아줍니다.

05 고릴라 머리 위에 공그르기로 고 정해줍니다.

TIP 머리가 아니라 어깨나 팔, 배 등 다 양한 곳에 고정해줘도 예쁩니다.

말랑말랑 토끼

가방 매고 나들이 나온 토끼예요. 햇살에 뽀얀 얼굴이 더욱 빛나네요.
동그란 얼굴도 말랑말랑, 늘씬한 몸매도 말랑말랑.
아이들에게 좋은 친구가 되어줄 거예요.

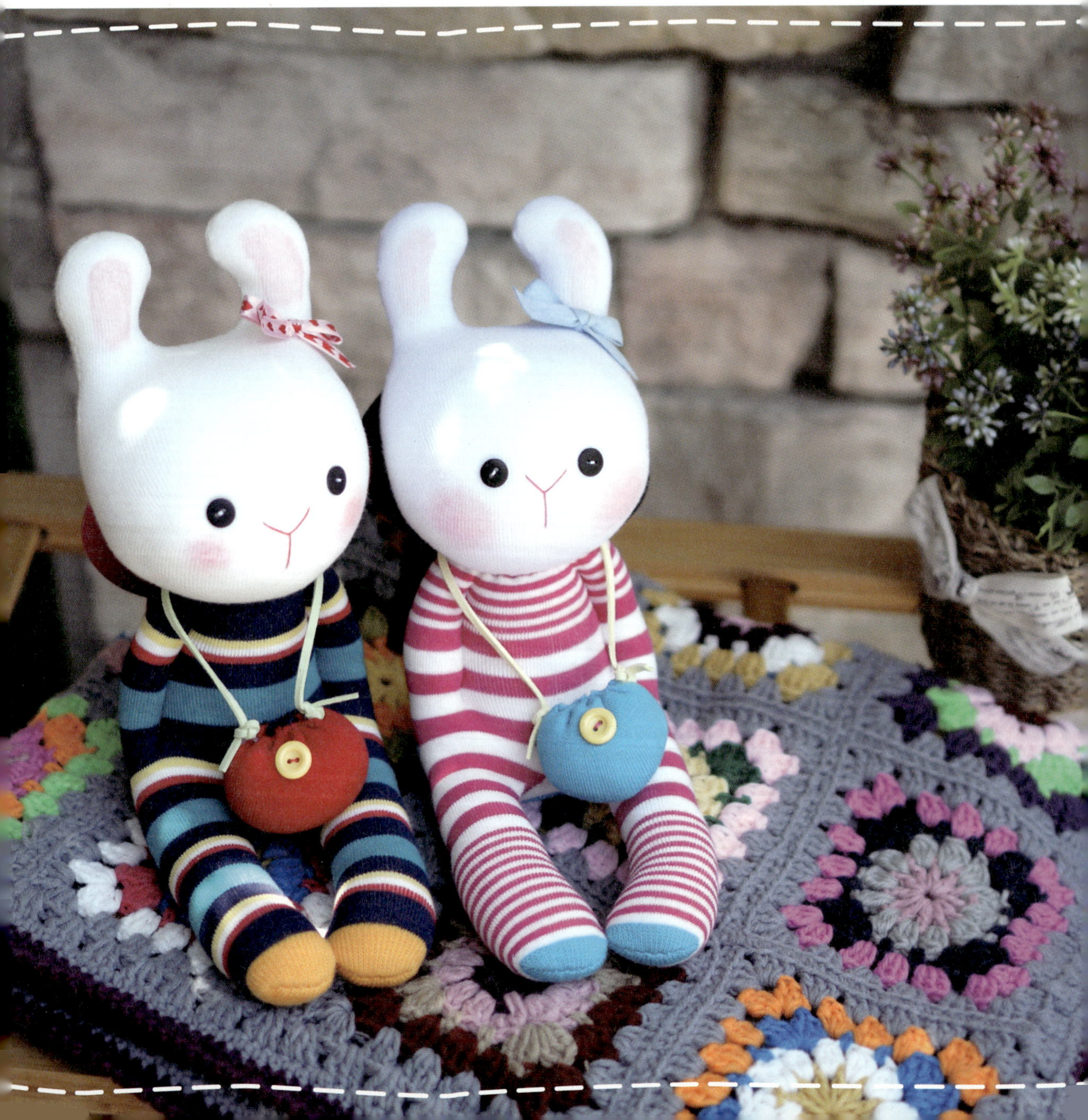

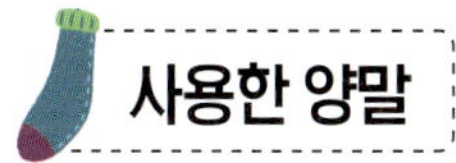
사용한 양말

무늬 양말 1짝

흰색 양말 1짝

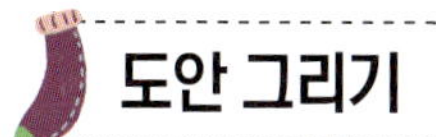
도안 그리기

도안 위치는 이렇게 그려 사용하세요. (p.200)

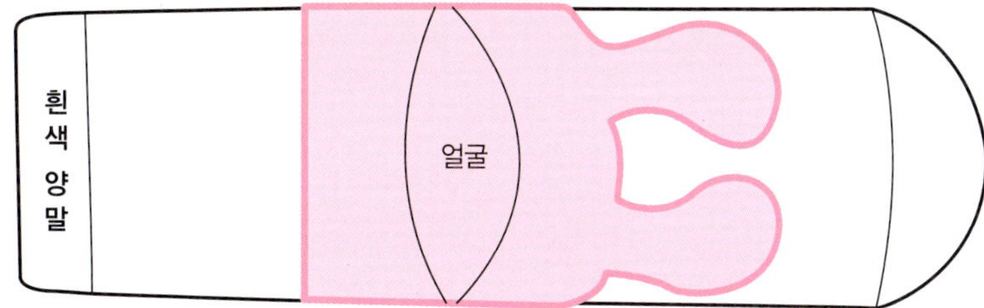

만들기 과정

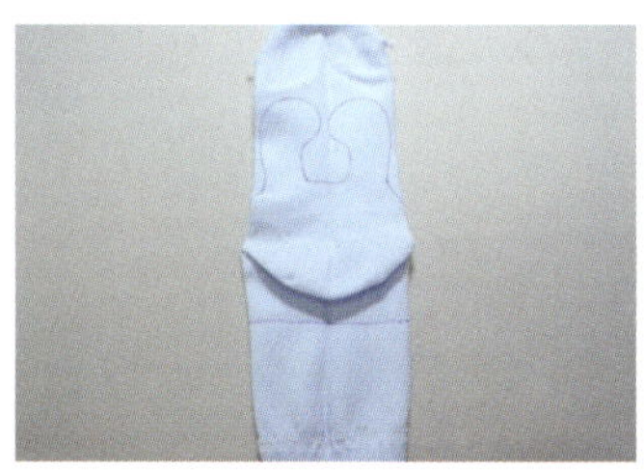
01 흰색 양말을 뒤집어 도안을 그려 줍니다.

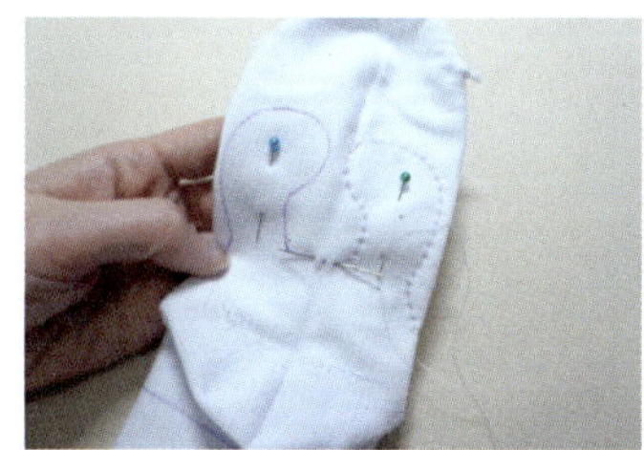
02 귀쪽 도안선을 따라 홈질합니다.

03 귀쪽은 시접 1cm를 남기고 오려 줍니다.

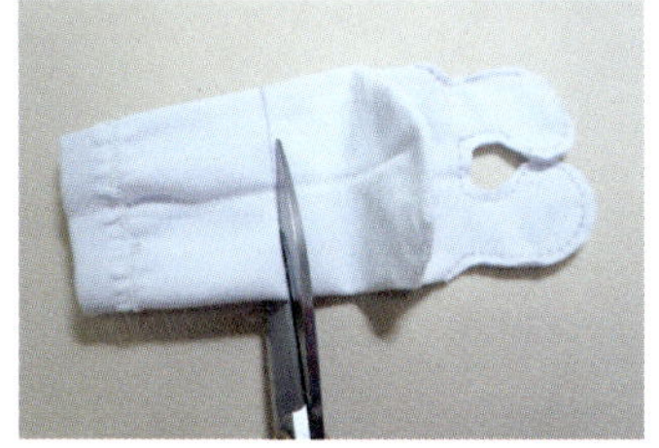
04 창구멍은 도안선에 딱 맞춰 오려 줍니다.

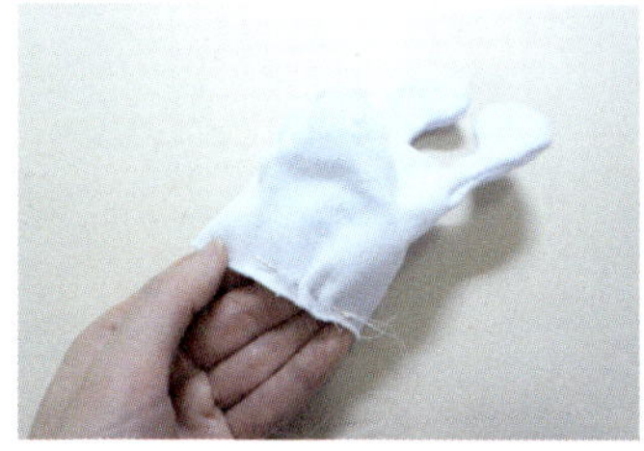
05 뒤집은 다음 창구멍을 빙 둘러 홈질합니다.

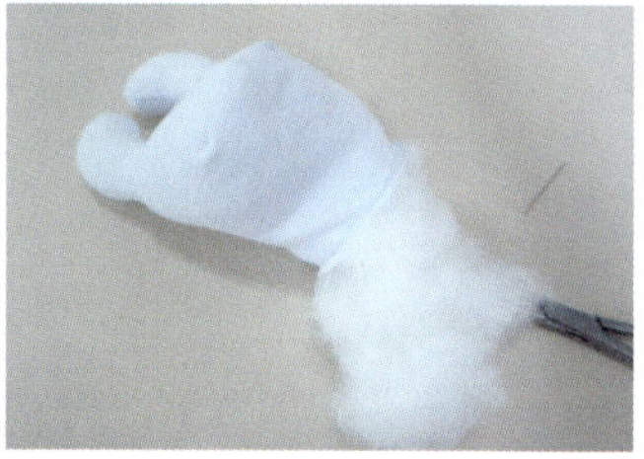
06 얼굴에 동그란 모양이 되도록 솜을 넣어줍니다.

07 실을 잡아당겨 오므려 마무리합니다.

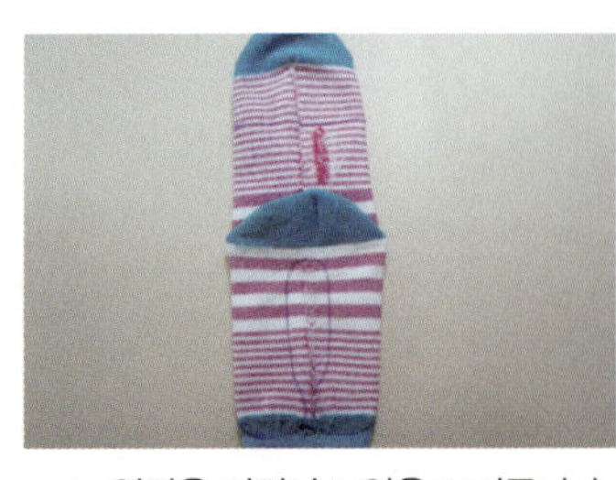

08 양말을 뒤집어 도안을 그려줍니다.

09 다리 쪽 도안선을 따라 홈질합니다.

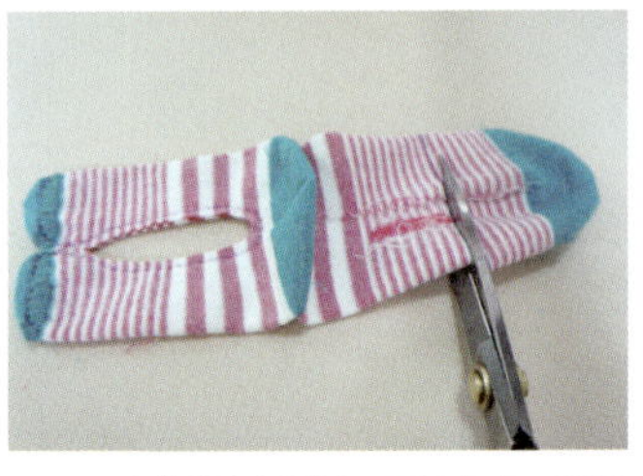

10 다리쪽은 시접 1cm를 남기고, 창구멍은 도안선에 맞춰 오려줍니다.

11 뒤집은 다음 솜을 넣어줍니다.

12 창구멍을 빙 둘러 홈질합니다.

13 실을 잡아 당겨 오므려 마무리합니다.

14 얼굴과 몸을 공그르기로 연결해줍니다.

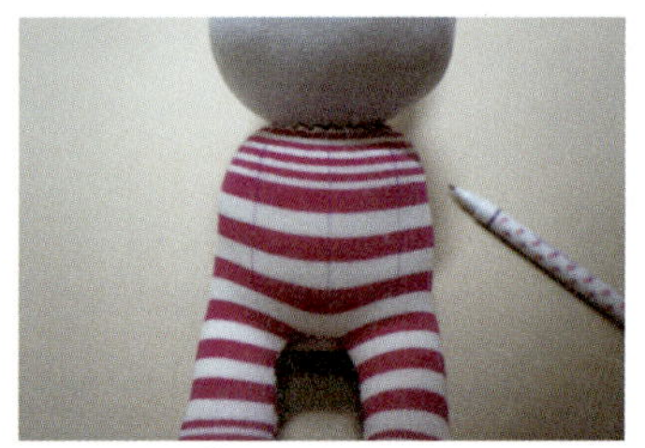

15 가운데 세로 라인을 그린 후 양쪽을 또 반으로 나눠 총 4등분해줍니다.

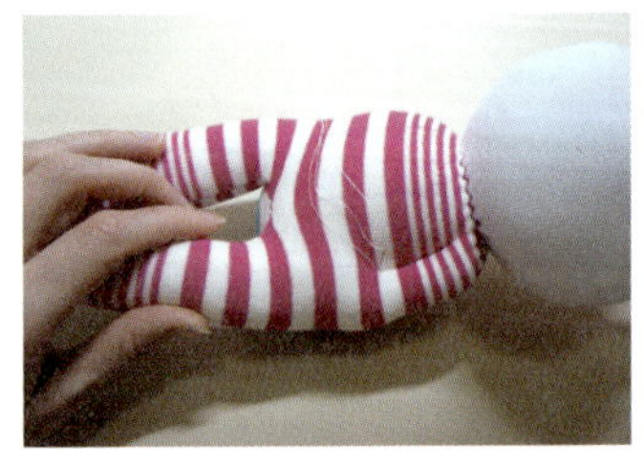

16 양쪽 선을 따라 박음질을 해 팔을 표현해줍니다.

17 기화펜으로 눈과 코 위치를 표시해줍니다.

18 눈위치에 단추를 달아줍니다.

TIP 목 뒤에서 살짝 잡아 당기며 매듭을 지어주면 눈이 양말에 밀착되어 자연스럽게 만들어집니다.

19 플라이 스티치로 코를 표현해줍니다.

20 색연필로 볼을 발그레하게 표현해줍니다.

| 토끼 가방 만들기 |

01 양말의 발가락 부분만 오립니다.

02 위로 0.5cm 시접을 두고 빙 둘러 홈질합니다.

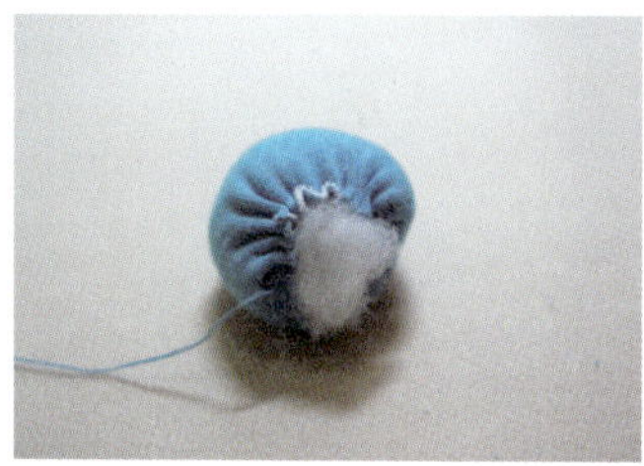

03 솜을 넣고 실을 잡아당겨 입구를 오무려줍니다.

04 단추와 끈을 달아 완성합니다.

PART 04

사람

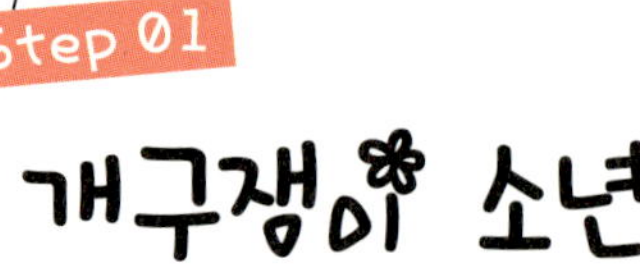

개구쟁이 소년

개구쟁이 소년이에요. 항상 장난을 치고 키득키득 웃는 얼굴이에요.
주머니에 손을 넣고 장난칠거리를 찾아 온동네를 누비고 다닌답니다.
발그레한 콧잔등이 매력 포인트니까 잊지 말고 색연필로 칠해주세요.

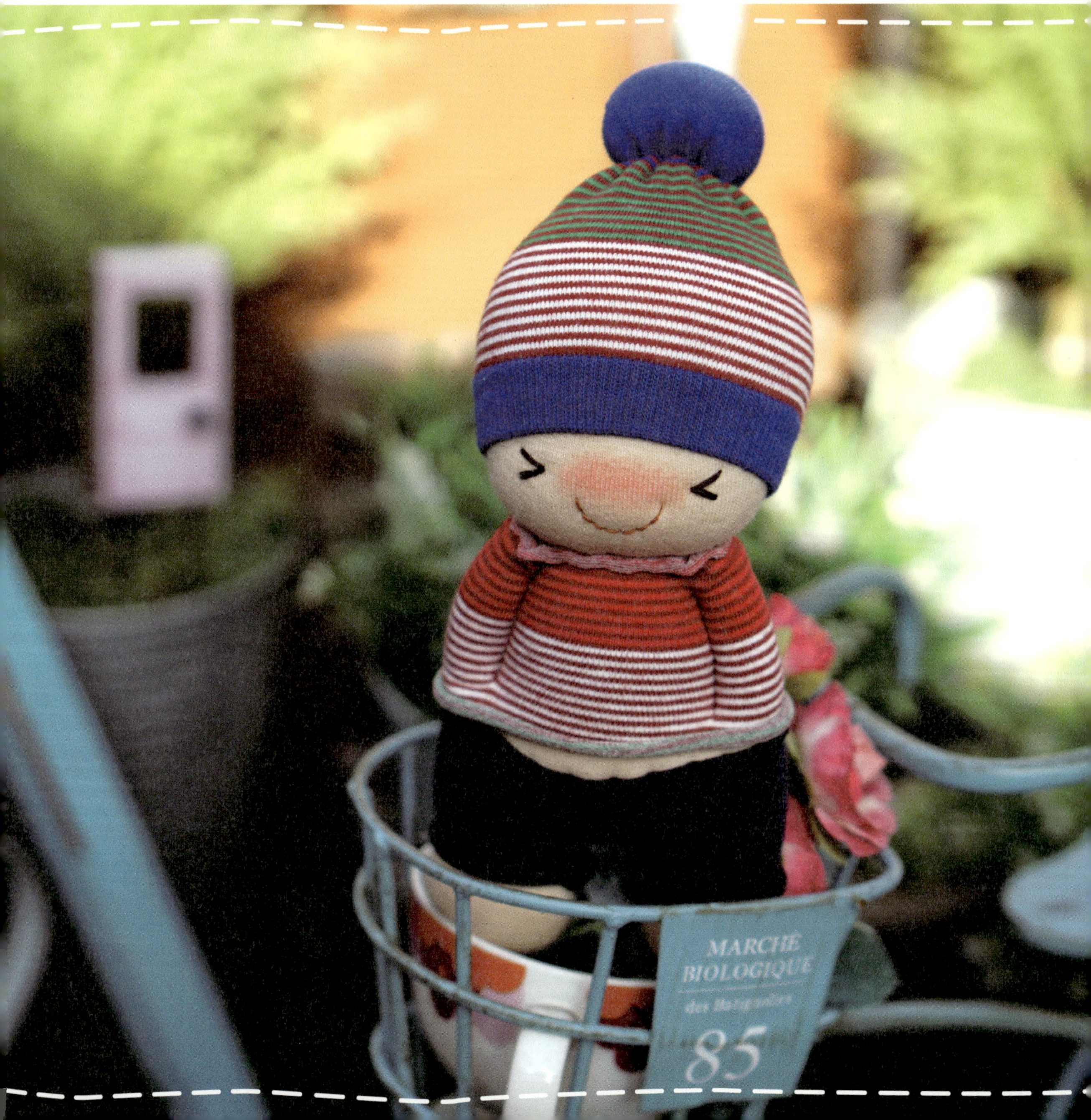

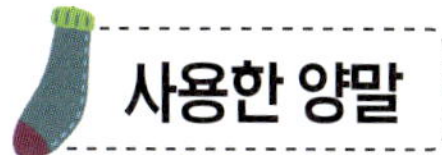 **사용한 양말**

살구색 양말 1짝

무늬 양말 1짝

남색 양말 1짝

 **도안 그리기** 도안 위치는 이렇게 그려 사용하세요. (p.203)

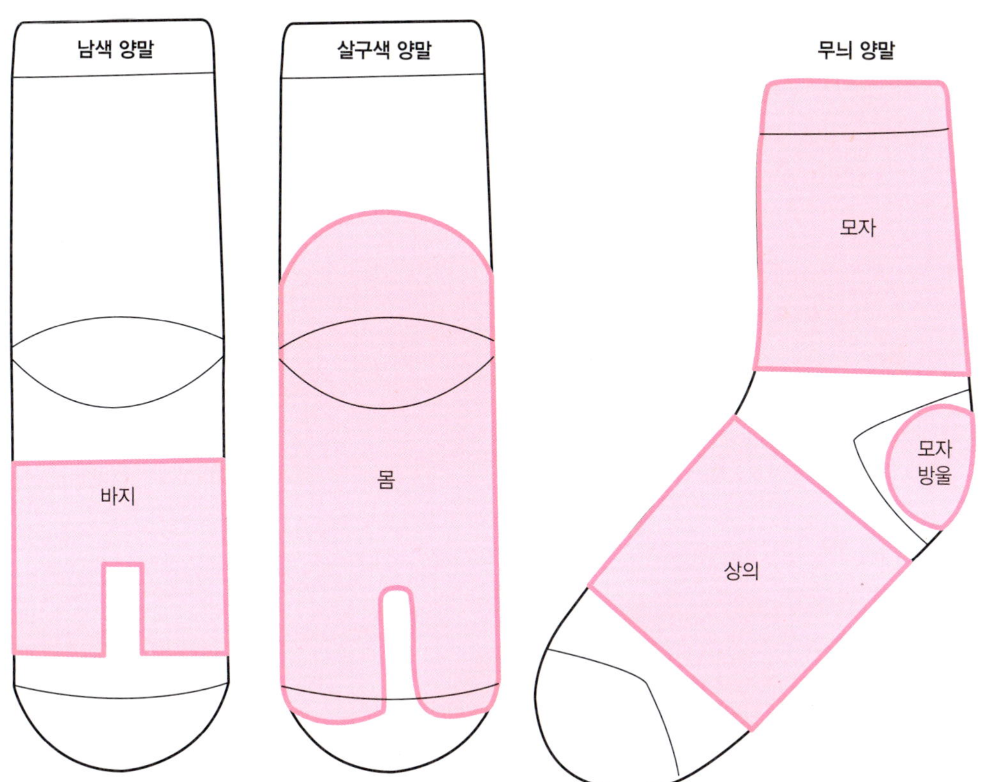

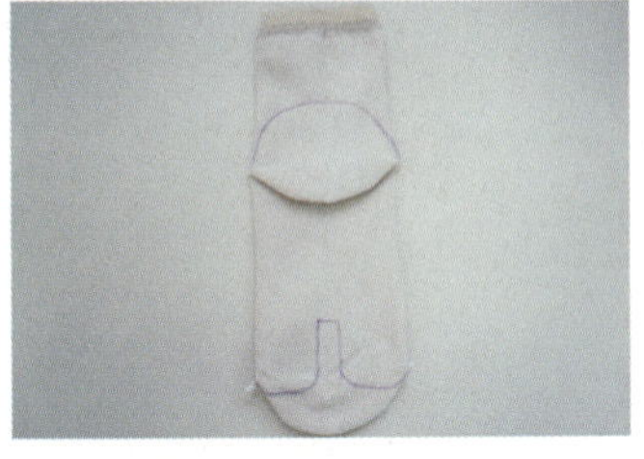

01 양말을 뒤집어 도안을 그려줍니다.

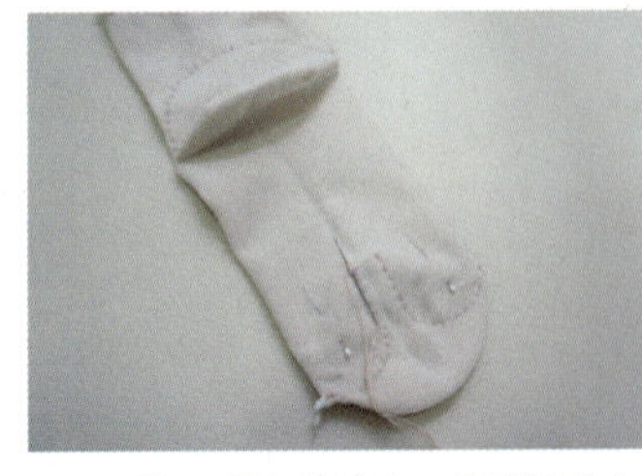

02 창구멍을 제외하고 홈질합니다.

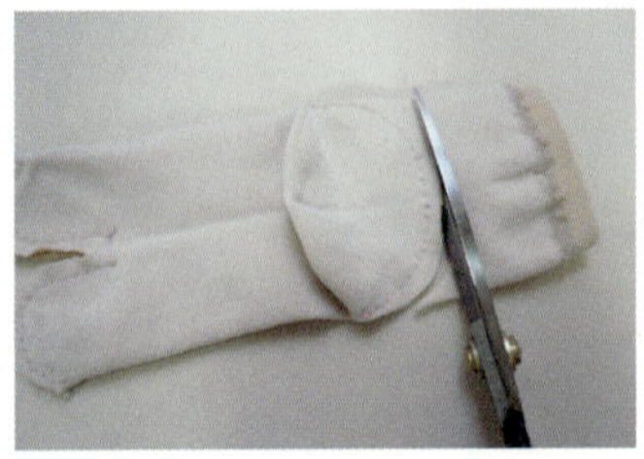

03 시접 1cm를 남기고 오려줍니다.

04 뒤집어서 몸 안에 골고루 솜을 넣어줍니다.

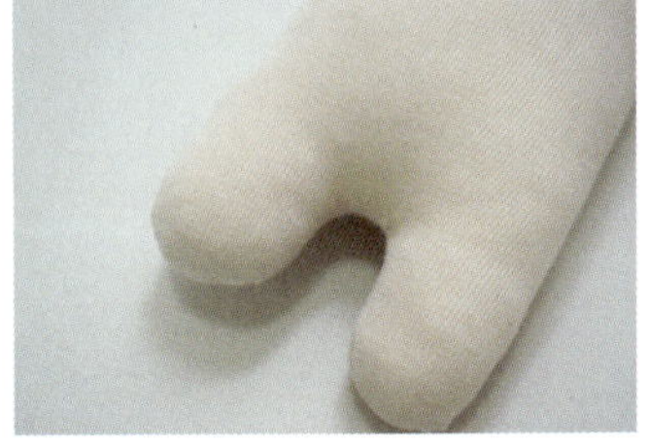

05 창구멍을 공그르기로 막아줍니다.

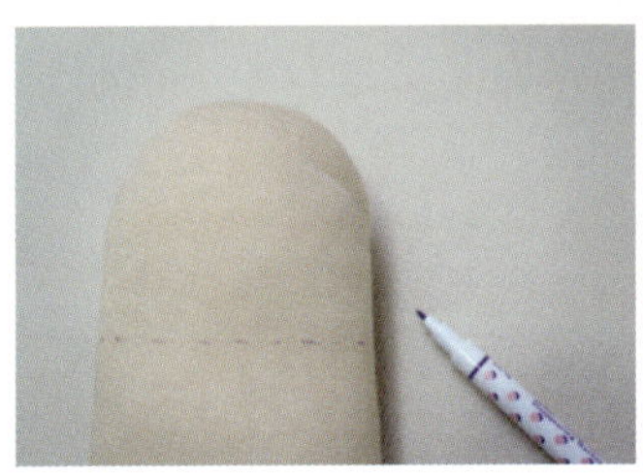

06 뒤꿈치로부터 5cm 되는 위치에 선을 그어줍니다.

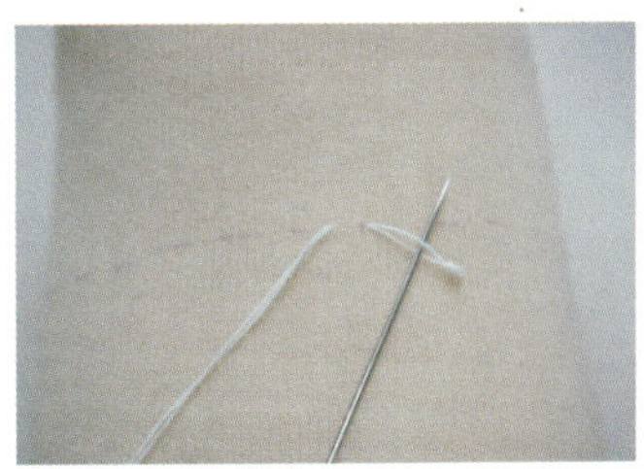

07 바느질 시작할 때 실 두 줄 사이로 바늘을 통과해줍니다.

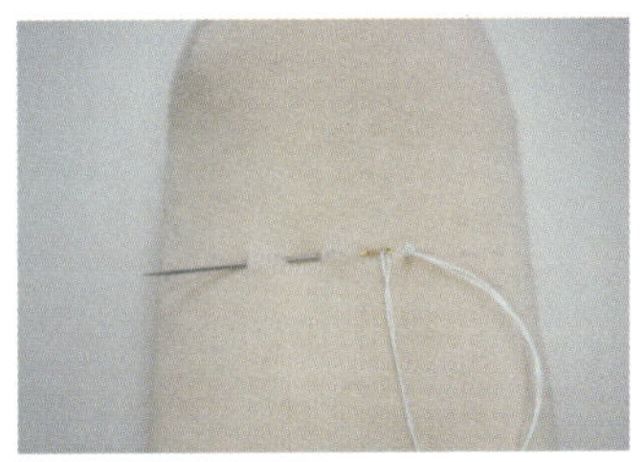

08 빙 둘러 홈질해줍니다.

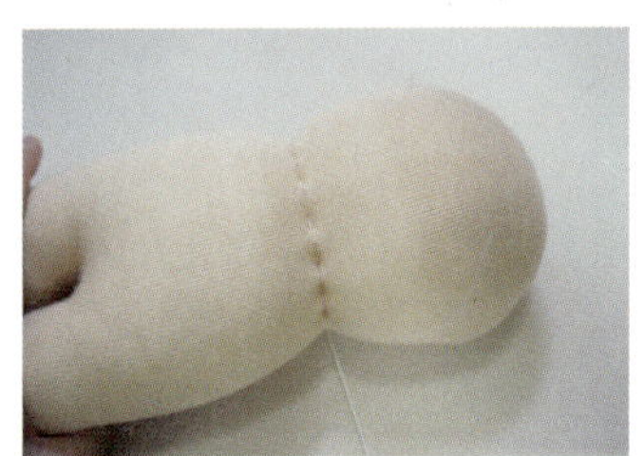

09 실을 잡아당겨 줍니다.

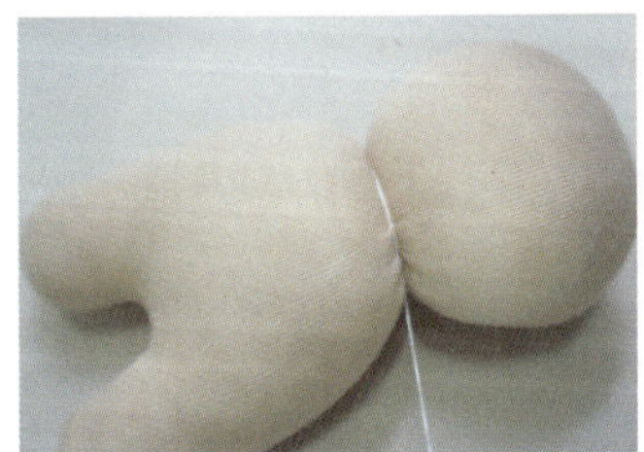

10 실을 당기면서 돌돌 감아 매듭지어 마무리합니다.

11 바지 도안을 그려준 후 가랑이 부분을 홈질해줍니다.

12 가랑이 부분은 시접을 남기고, 허리와 바지 밑단은 시접 없이 오려줍니다.

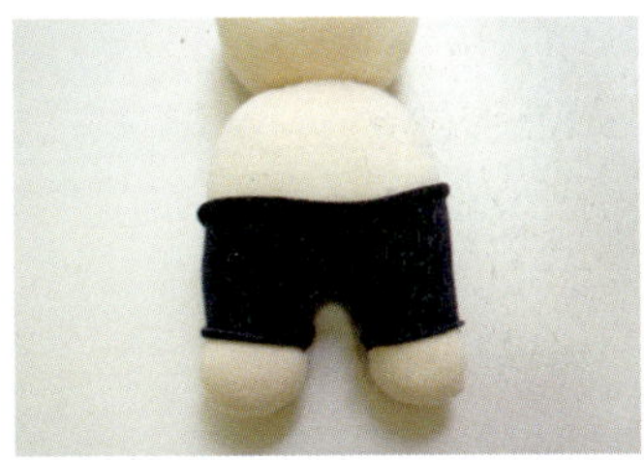

13 몸에 바지를 입혀줍니다.

14 양말의 발목을 오려줍니다. 모자로 사용할 거예요.

15 창구멍 둘레를 따라 홈질해줍니다.

16 시접을 안쪽으로 밀어 넣으면서 실을 잡아당겨 매듭지어 줍니다.

17 발바닥 부분을 오려줍니다. 상의로 사용할 거예요.

18 몸에 상의를 입히고 모자를 씌워줍니다.

19 상의의 목 부분을 빙 둘러 홈질해줍니다.

TIP 바느질할 때 몸과 같이 바느질되지 않도록 해주세요.

20 실을 잡아 당겨 목둘레에 맞게 오므려 마무리합니다.

21 가운데 세로 라인을 그린 후 양쪽을 또 나눠 총 4등분해줍니다.

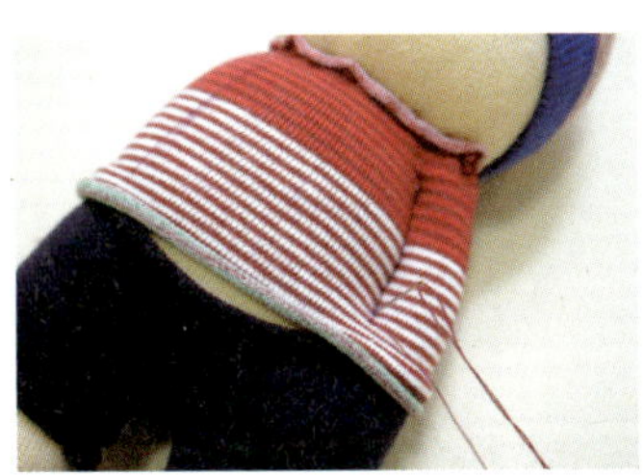

22 양쪽 선을 따라 박음질해 팔을 표현해줍니다.

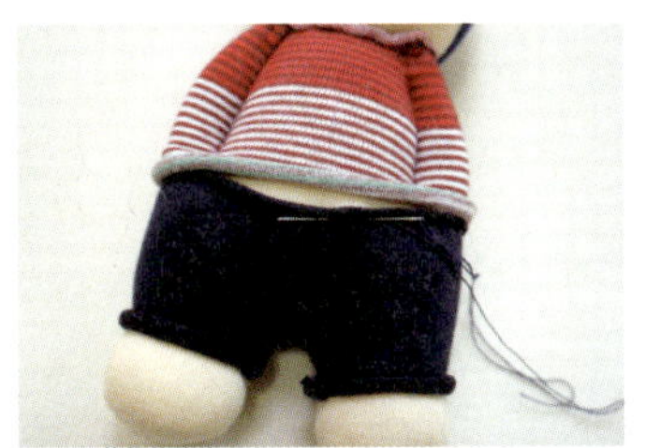

23 바지의 허리 라인을 홈질로 몸에 고정해줍니다. 바지의 허리와 밑단 시접은 그냥 두면 자연스럽게 말려 올라갑니다.

24 뒤꿈치를 동그랗게 잘라 준비합니다.

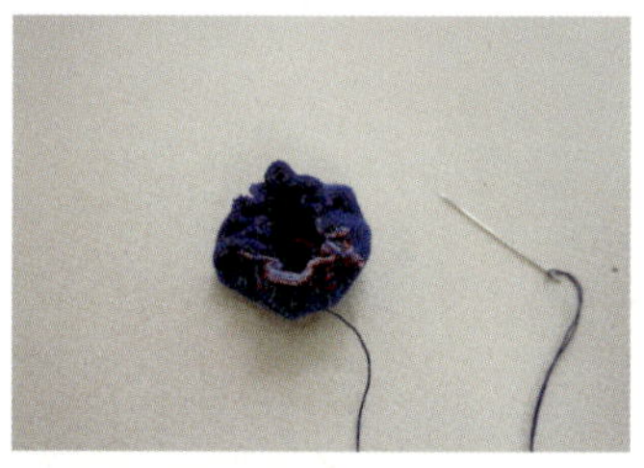

25 바깥쪽을 홈질해준 후 실을 잡아 당겨 오므려줍니다.

26 안에 솜을 넣고 매듭지어 줍니다.

27 모자에 올려 공그르기로 고정해 줍니다.

28 눈과 입을 스티치해줍니다. 눈은 밤색 실로 여러 차례 채워 두껍게 표현하고 입은 백스티치해줍니다.

29 색연필로 콧잔등을 발그레하게 표현해줍니다.

늘씬 소녀

큰 키의 늘씬쟁이 소녀예요. 털실 머리카락이 바람에 살랑살랑 나부끼는 모습을 보면 누구라도 반할 거예요.
오늘 그녀에게 데이트 신청할까요? 크로스백을 매고 만나러 와줄 것만 같아요.

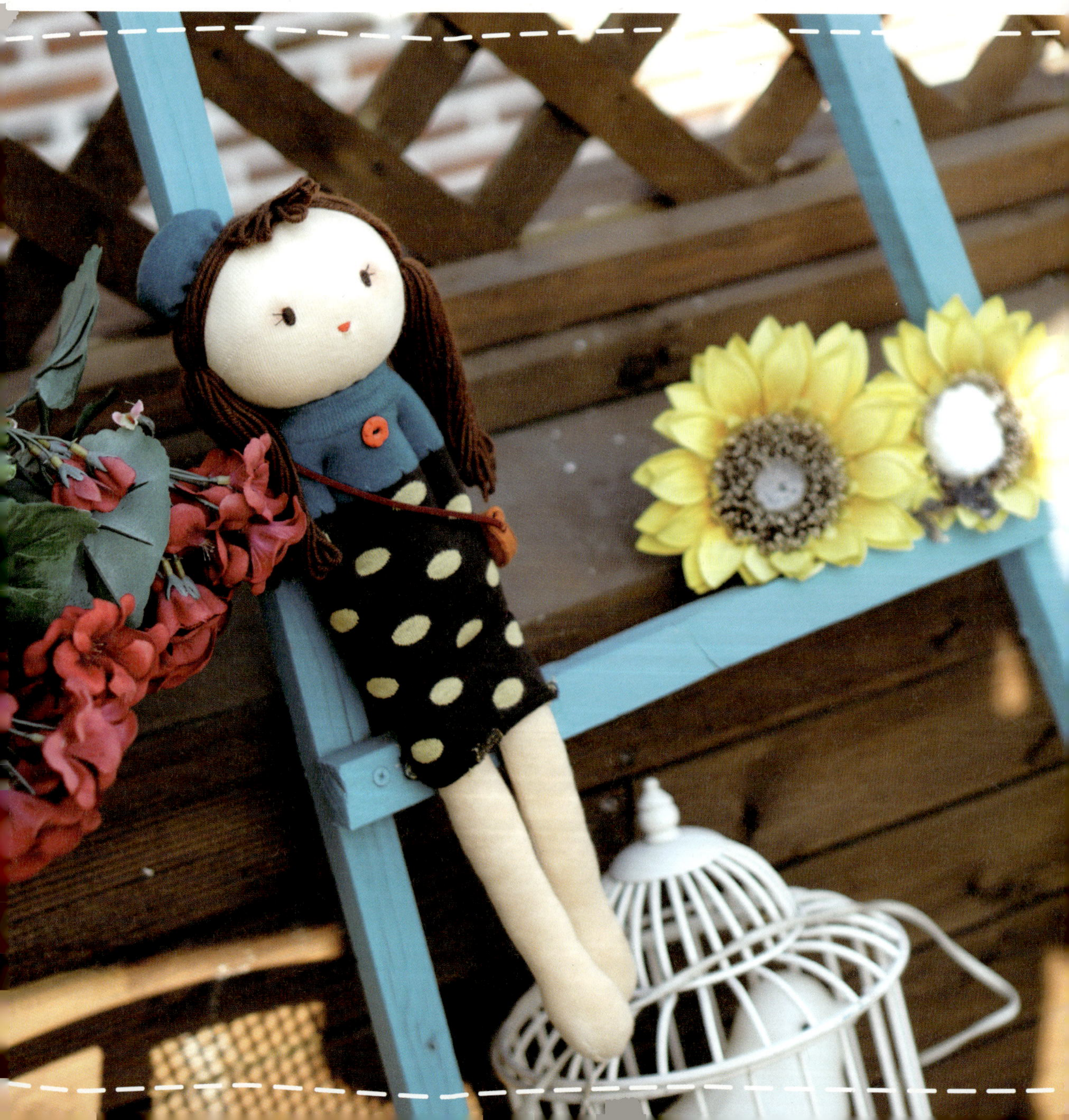

흰색 니삭스 1짝

무늬 양말 1짝

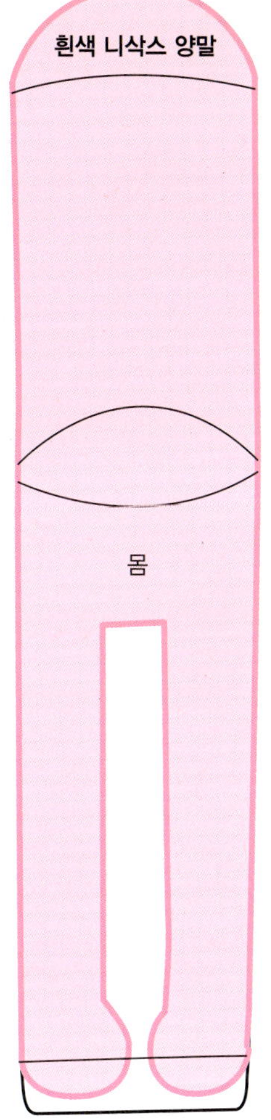

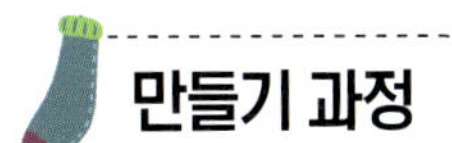 **만들기 과정**

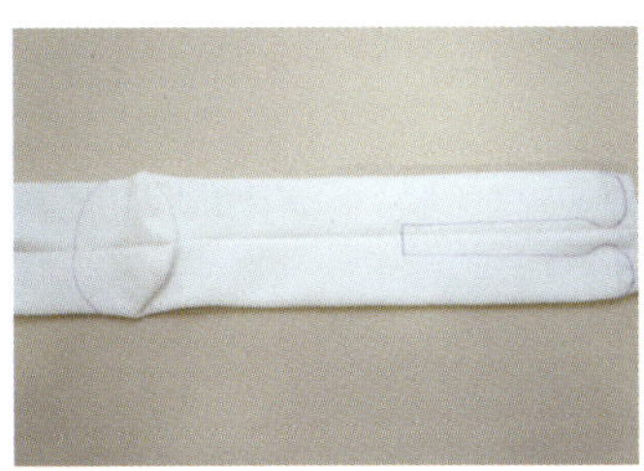

01 양말을 뒤집어 도안을 그려줍니다.

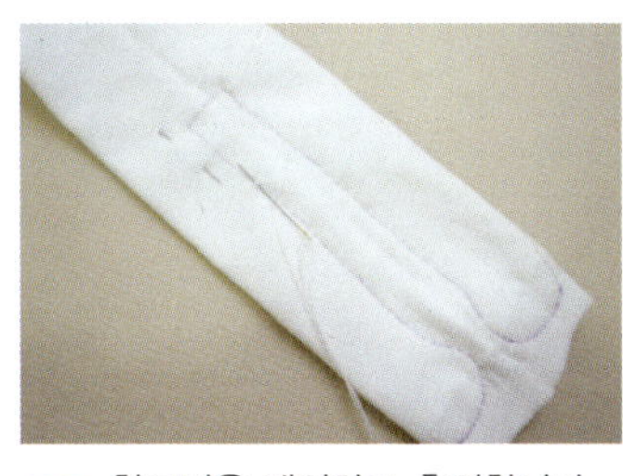

02 창구멍을 제외하고 홈질합니다.

03 시접 1cm를 남기고 오려줍니다.

04 뒤집어서 몸 안에 골고루 솜을 넣어줍니다.

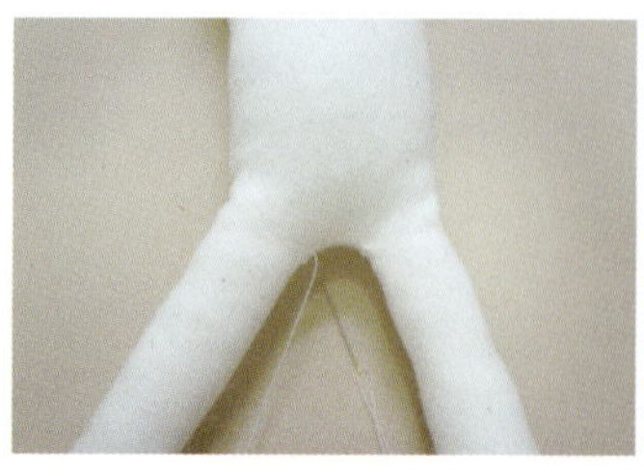

05 창구멍을 공그르기로 막아줍니다.

06 미지근한 물에 홍차 티백을 연하게 우려 준비합니다.

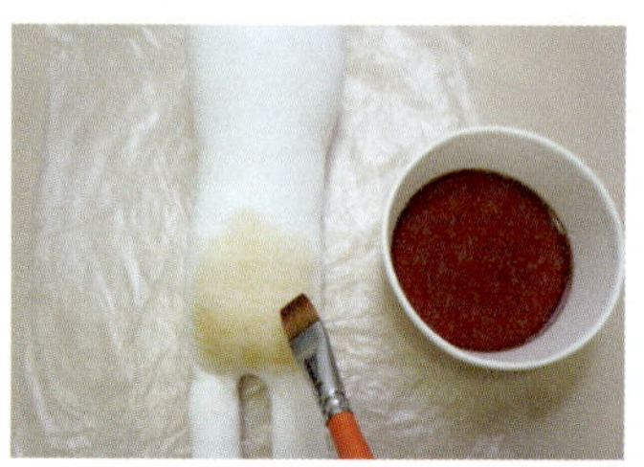

07 홍차물을 몸에 골고루 발라줍니다.

`TIP` 농도가 적당한지 몸 안쪽에 살짝 발라 확인한 후 칠해주세요. 마르지 않은 상태에서 자꾸 덧칠하면 얼룩질 수 있으니 붓을 충분히 적셔서 한 번씩 칠해줍니다.

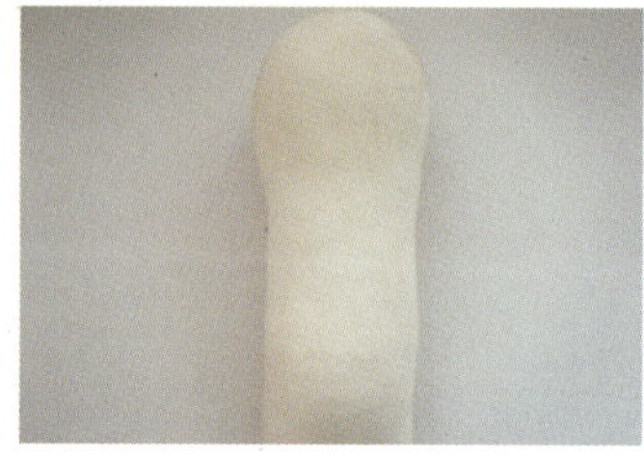

08 서늘한 곳에서 충분히 말려줍니다.

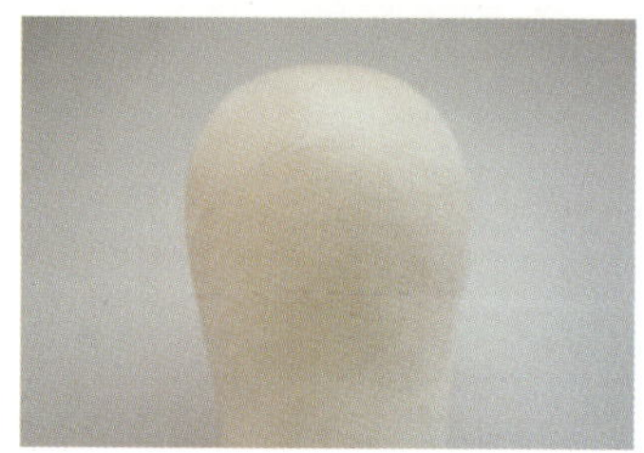

09 뒤꿈치로부터 5cm되는 위치에 선을 그어줍니다.

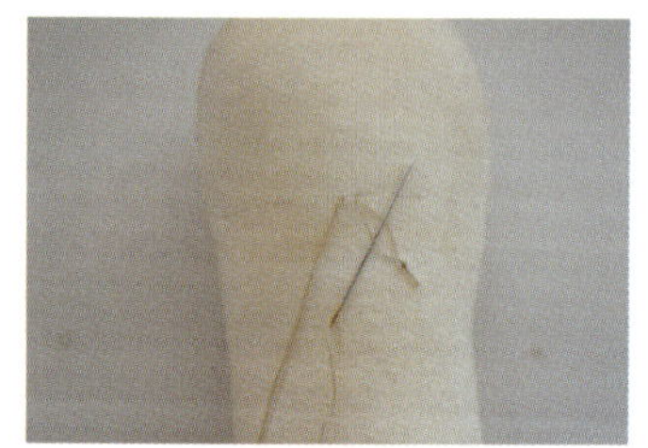

10 바느질 시작할 때 실 두 줄 사이로 바늘을 통과해줍니다.

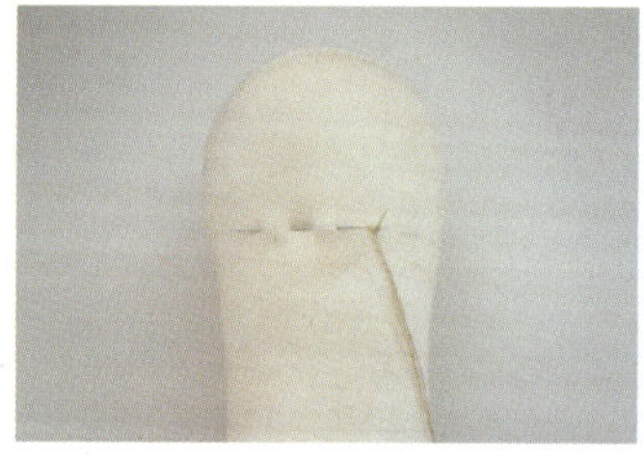

11 빙 둘러 홈질해줍니다.

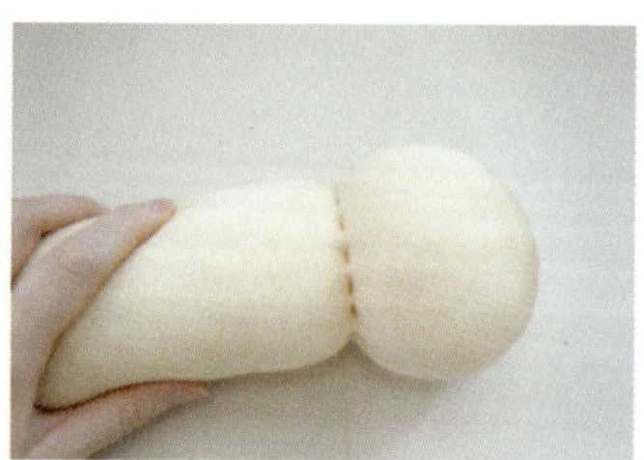

12 실을 잡아당겨 줍니다.

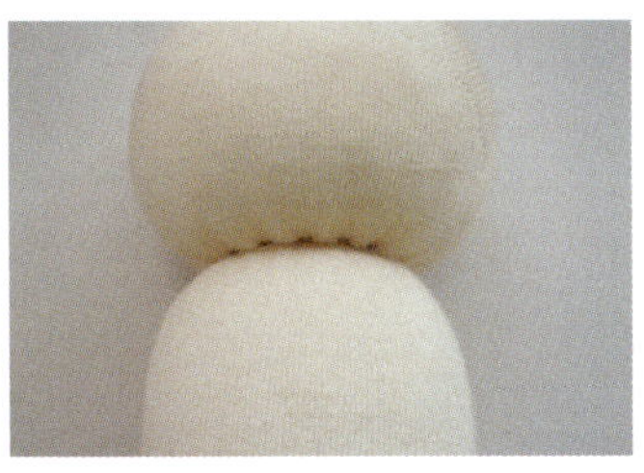

13 실을 당기면서 돌돌 감아 매듭지어 마무리합니다.

14 무늬 양말의 뒤꿈치를 안쪽으로 넣어줍니다.

15 입구를 공그르기해줍니다. 이렇게 하면 튀어 나오지 않은 일자 치마를 만들 수 있습니다.

16 발가락 부분을 잘라줍니다. 이 자른 부분은 모자를 만들 거니까 잘 보관하세요.

17 몸에 원피스를 입히고 가슴을 4등분으로 나눠 세로선을 그어줍니다.

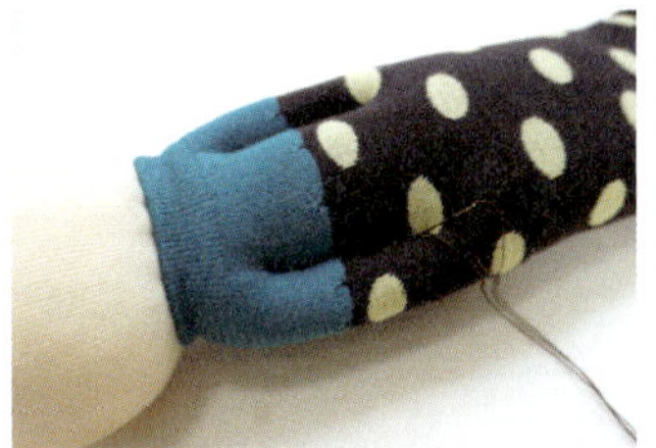

18 양쪽 선을 따라 박음질을 해 팔을 표현해줍니다.

19 털실을 머리에 대고 길이를 결정합니다. 완성하려는 머리 길이보다 약간 넉넉하게 잡아주세요.

20 결정한 길이로 실을 여러 번 겹쳐 뭉치를 만들어줍니다.

21 세 뭉치 정도 만들어줍니다.

22 머리 위에 털실을 올려놓고 중앙을 시침핀으로 표시해줍니다.

23 시침핀 라인을 따라 박음질하여 털실을 머리에 고정시킵니다.

24 다시 되돌아오면서 박음질하여 가르마를 완성합니다.

TIP 되돌아올 때 하는 박음질은 처음 박음질할 때와 바늘땀의 위치를 달리 해줍니다. 그래야 털실이 빈 곳 없이 채워져 깔끔합니다.

25 정면에서 양쪽 귀 위치에 시침핀을 꽂아줍니다.

26 시침핀 위치에 털실을 감침칠로 고정해줍니다.

27 짧은 털실 뭉치를 만들어 그 중앙을 이마에 감침질해 앞머리를 완성합니다.

28 양말의 발가락 부분을 준비합니다.

29 끝을 안쪽으로 접어 홈질해줍니다.

30 실을 잡아 당겨 적당히 오므린 후 안에 솜을 넣고 매듭지어 줍니다.

31 머리에 올려 공그르기로 고정해
줍니다.

32 시침핀으로 눈과 입의 위치를 잡
아봅니다. 시침핀을 이용해서 위
치를 잡으면 자국 없이 마음껏 이동할
수 있어서 좋아요.

33 시침핀 위치를 기화성펜으로 표
시해줍니다.

34 눈과 입을 스티치해줍니다.

| 가방 만들기 |

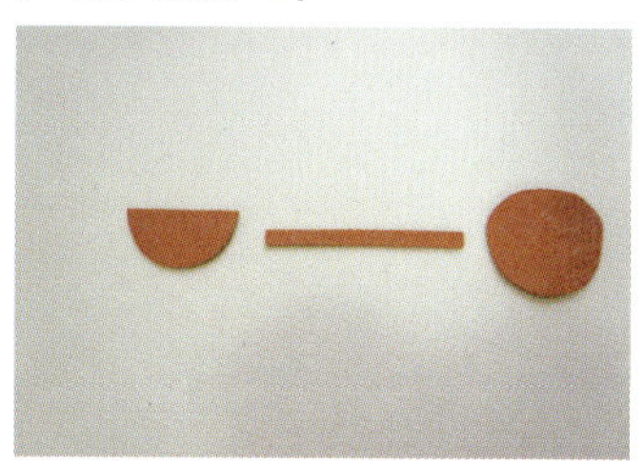

01 펠트지로 가방 앞면, 옆면, 뒷면
을 오려 준비합니다.

02 가방 앞면과 옆면을 버튼홀 스티
치해줍니다.

03 가방 옆면과 뒷면을 버튼홀 스티
치해줍니다.

04 옆면에 샤무드끈을 바늘로 꿰매
고정해줍니다.

05 가방 뚜껑을 덮어 단추를 달아
고정해줍니다.

속닥속닥 마트료시카

마트료시카를 연상시키는 동글동글 몸매의 인형이에요.
몸 아래쪽에 PP알갱이를 넣어 안정감 있게 서 있을 수 있어요.
수다쟁이라 하루종일 재미난 이야기를 속닥속닥! 무슨 얘기를 하는지 들어볼까요?

속닥속닥 마트료시카

무늬 양말 1짝(두건과 몸을
다른 무늬로 하고 싶으면 2짝)

살구색 양말 1짝

갈색 양말 조금

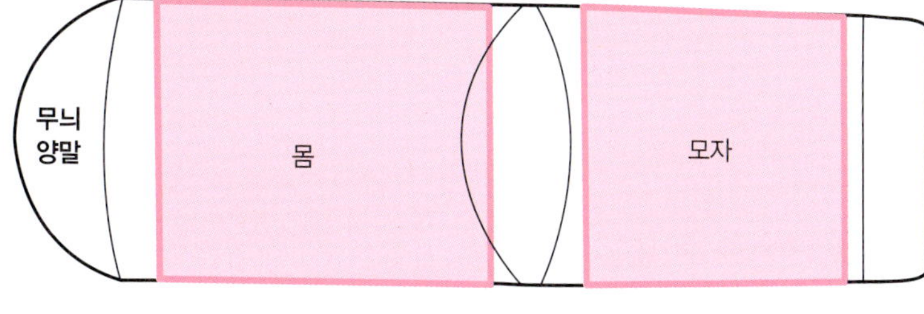

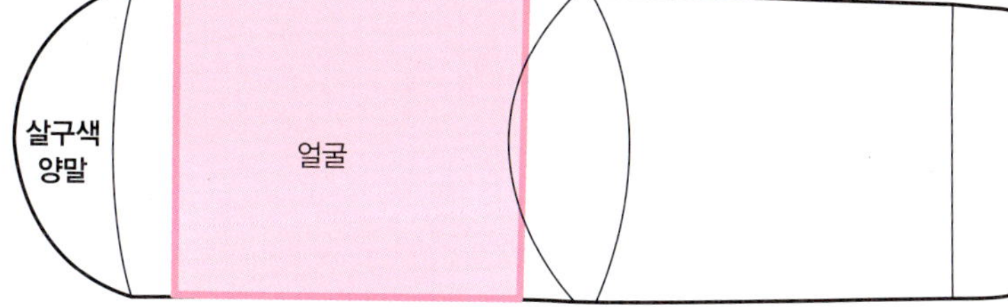

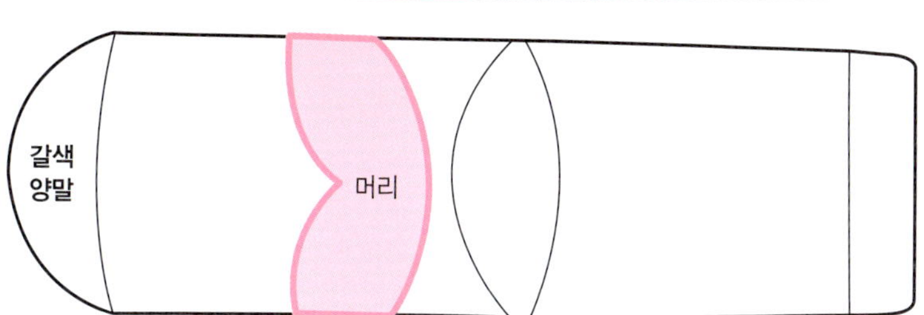

만들기 과정

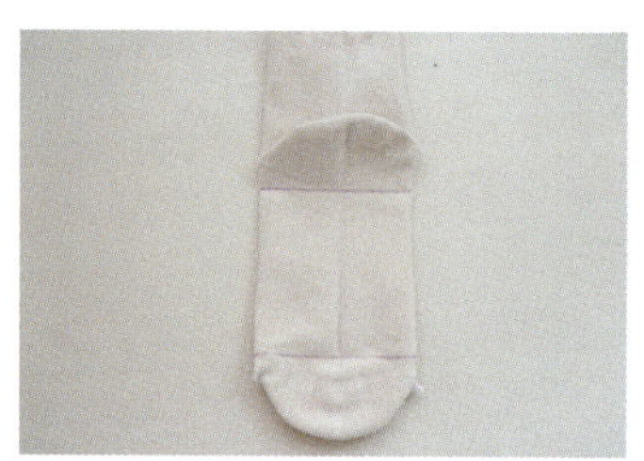

01 양말을 뒤집어 도안을 그려줍니다.

02 시접 1cm를 남기고 오려줍니다.

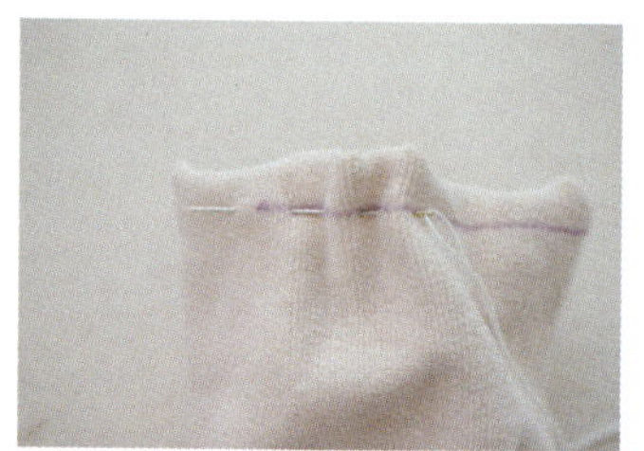

03 도안선을 따라 빙 둘러 홈질해줍
니다.

04 실을 잡아 당겨 오므린 후 실을 몇 번 감아 매듭지어줍니다.

05 뒤집어서 반대쪽도 마찬가지로 빙 둘러 홈질해줍니다.

06 솜을 넣어줍니다.

07 실을 잡아당겨 오므려 매듭지어 줍니다.

08 발목 고무줄을 잘라냅니다.

09 반대쪽은 도안을 그린 후 시접 1cm를 남기고 오려줍니다.

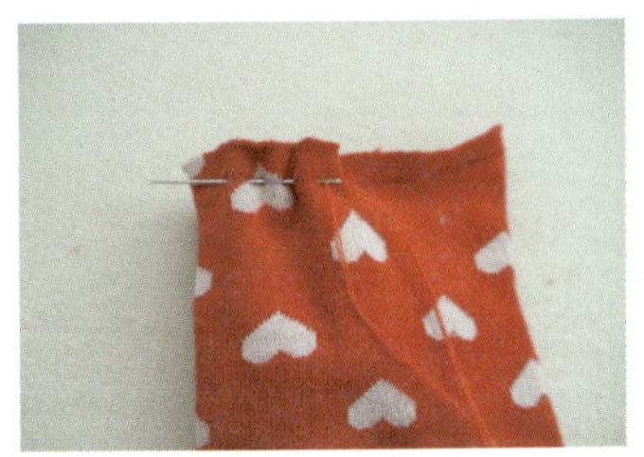

10 빙 둘러 홈질해줍니다.

11 시접을 안쪽으로 넣으면서 실을 잡아당겨 오므려 매듭지어 줍니다.

12 갈색양말에 머리 도안을 그린 후 도안대로 오려줍니다.

13 얼굴에 갈색 양말과 모자를 올려서 위치를 잡아봅니다.

14 위치를 잡은 갈색 양말을 시침핀으로 고정해줍니다.

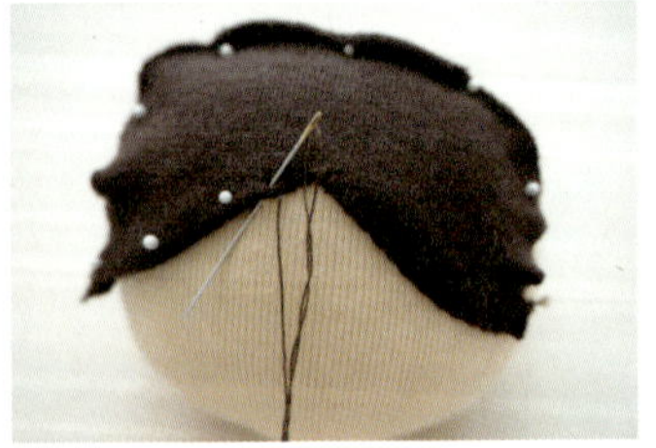

15 양말의 재단선을 안쪽으로 살짝 접어 넣으면서 아플리게해줍니다.

TIP 뒷머리 쪽은 보이지 않으니 접지 않고 바느질만 해줍니다.

16 모자를 씌운 후 재단선을 안쪽으로 접어 넣어 시침핀으로 고정해줍니다.

17 둘레를 아플리케해줍니다.

18 양말에 도안을 그려 시접 1cm를 남기고 오려줍니다.

19 얼굴과 같은 방법으로 한쪽을 홈질해 오므려줍니다.

20 반대쪽도 홈질해준 후 pp알갱이를 아래쪽에 채워줍니다. 그래야 혼자 안정감 있게 서 있을 수 있어요.

21 솜을 넣어줍니다. 동글동들한 모양이 나오도록 골고루 넣어주세요.

22 실을 잡아당겨 오므려 매듭지어줍니다.

23 얼굴과 몸을 공그르기로 연결해줍니다.

24 시침핀으로 눈과 입의 위치를 잡아봅니다. 시침핀을 이용하면 자국 없이 자유롭게 위치를 옮겨볼 수 있어서 좋아요.

25 기화성펜으로 얼굴을 그려줍니다.

26 스티치로 눈과 입을 만들어준 후 목라인을 홈질해줍니다.

27 목에 레이스나 리본을 둘러 꾸며 줍니다.

28 포인트 단추나 장식을 달아 마무 리합니다.

꺄르르 초코머리 아이*

꺄르르~ 즐거운 웃음 소리가 끊이질 않는 미소천사 아이를 소개해드릴게요.
초콜릿을 발라놓은 듯한 둥근 헤어스타일이 보는 사람도 꺄르르 웃게 만들어주네요.
단색이 아닌 무늬가 있는 양말로 머리를 표현해주면 패셔너블한 스타일이 나올 거 같아요.

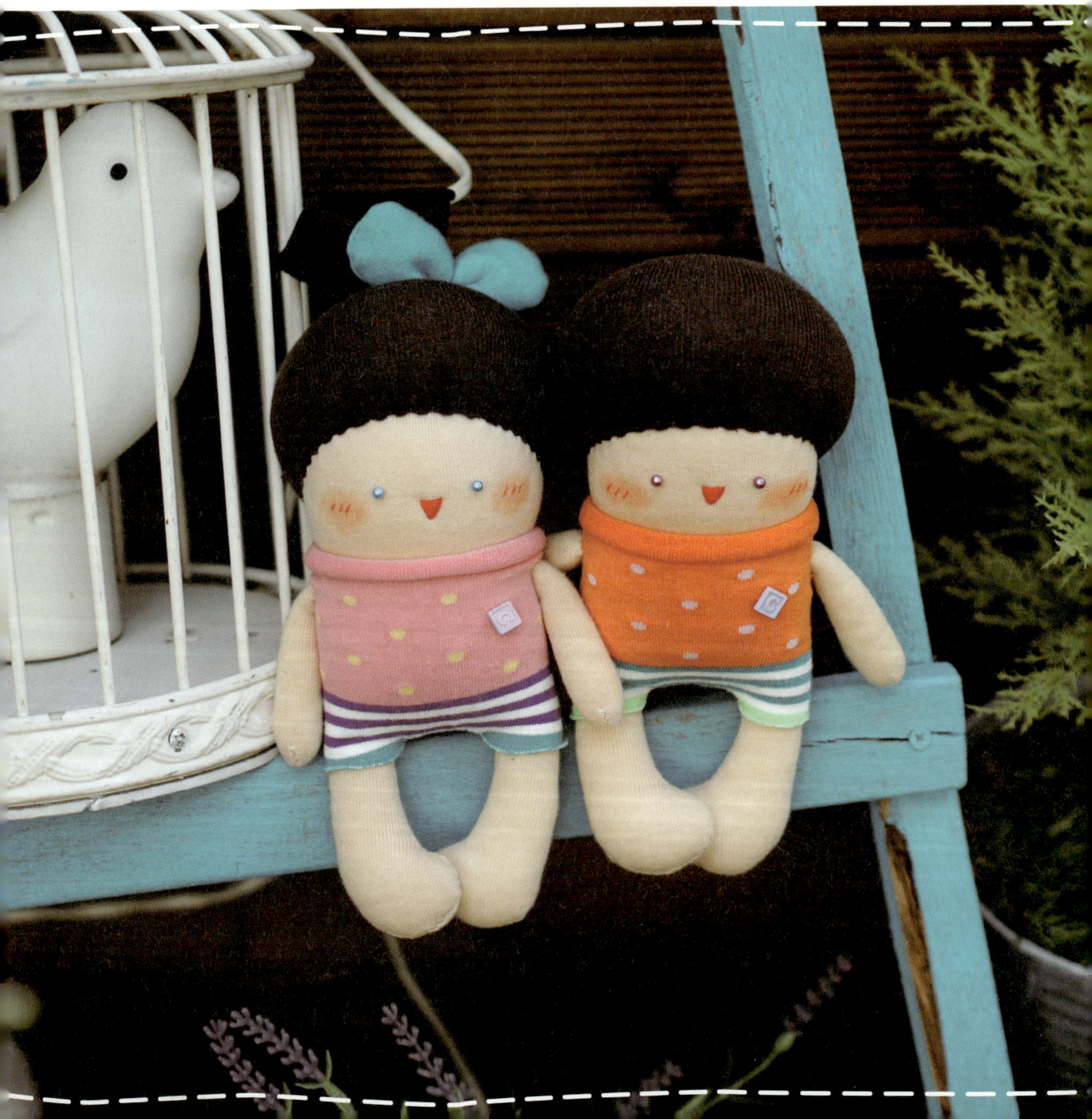

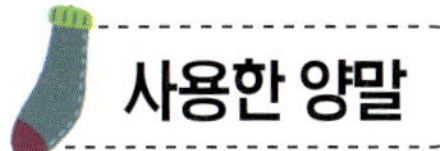

사용한 양말

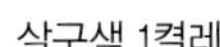

살구색 1켤레

무늬 양말 1짝

밤색 양말 1짝

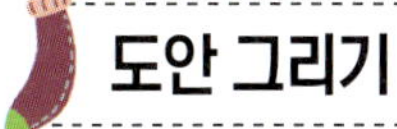

도안 그리기

도안 위치는 이렇게 그려 사용하세요. (p.206)

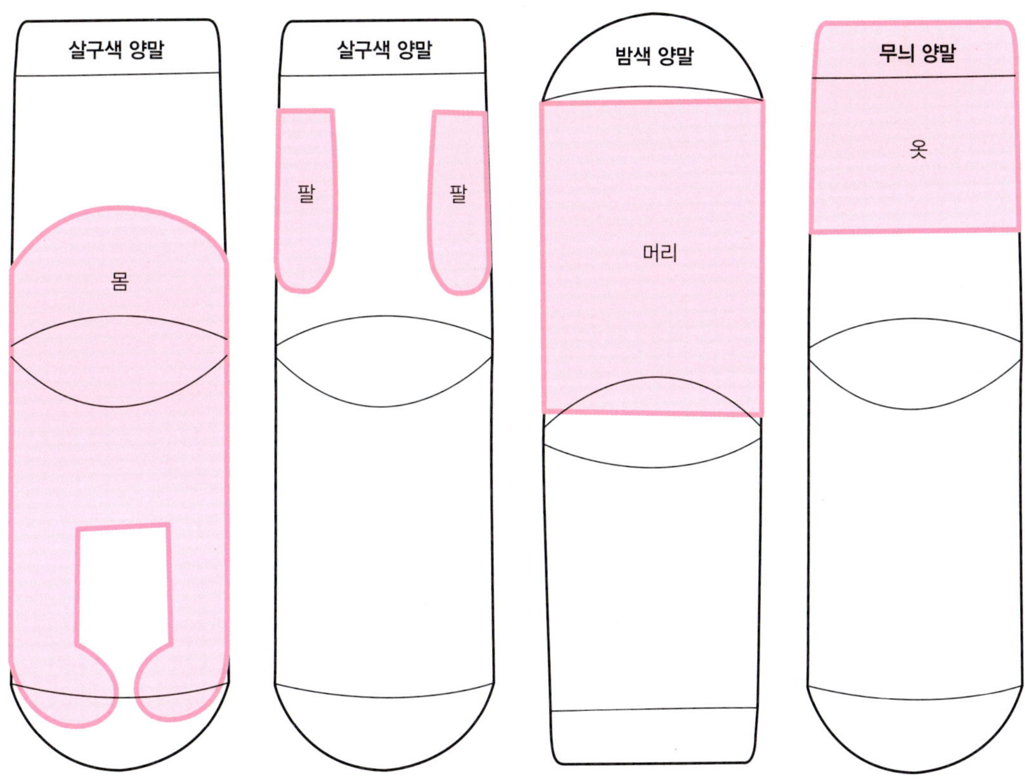

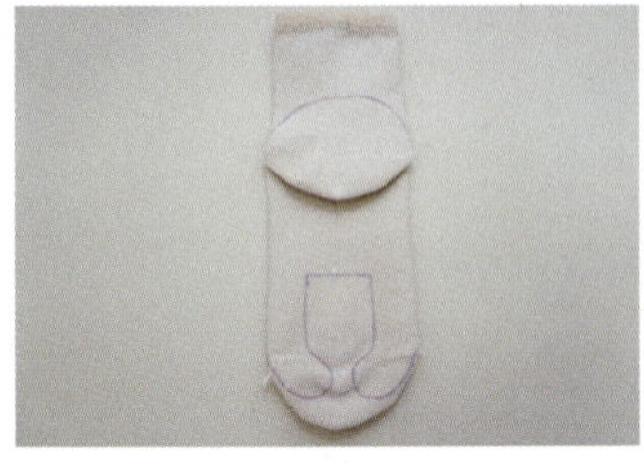

01 양말을 뒤집어 도안을 그려줍니다.

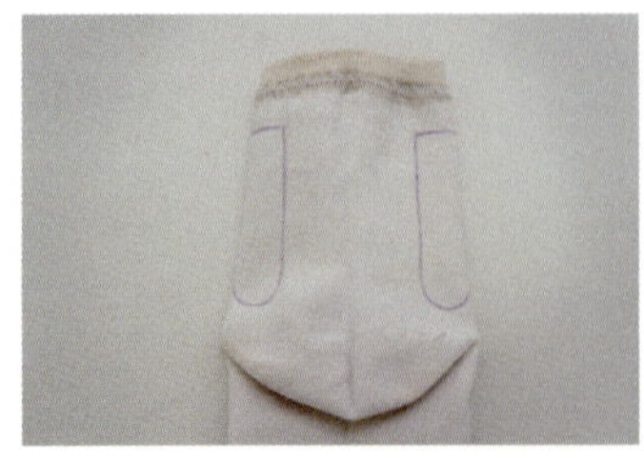

02 다른 한짝에는 팔을 그려줍니다.

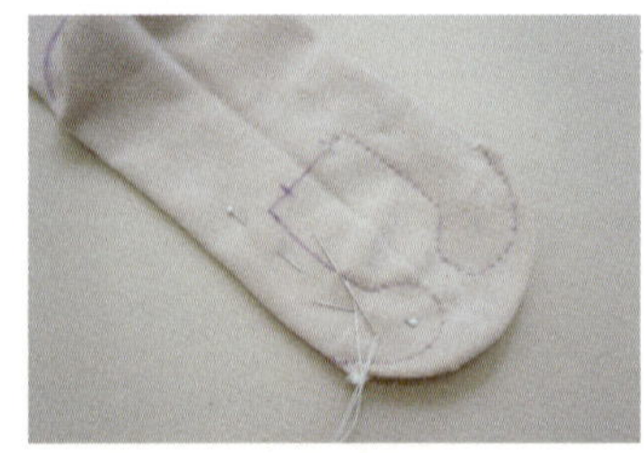

03 몸과 팔을 창구멍을 제외하고 홈질합니다.

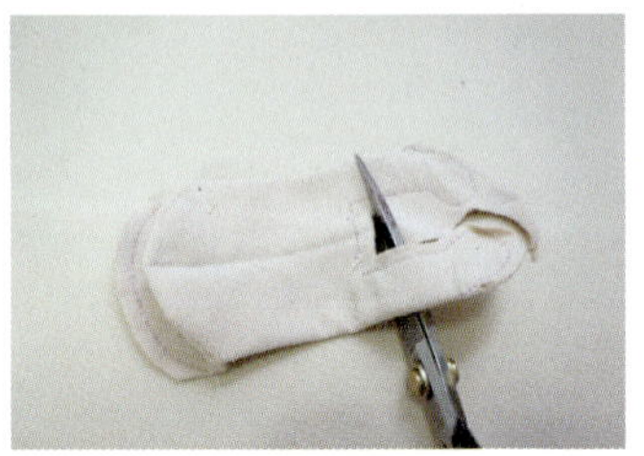

04 시접 1cm를 남기고 오려줍니다.

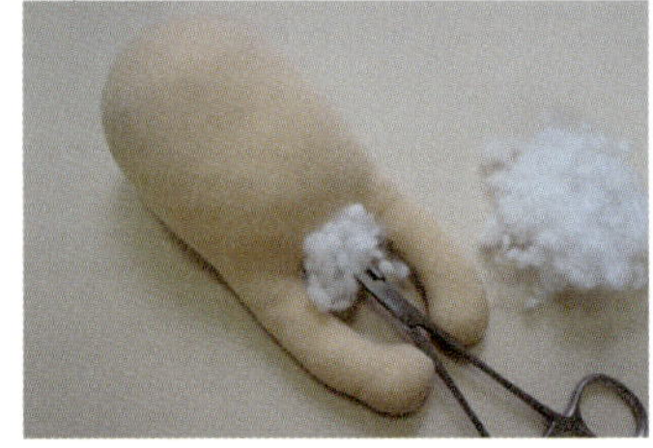

05 뒤집어서 몸안에 골고루 솜을 넣어줍니다.

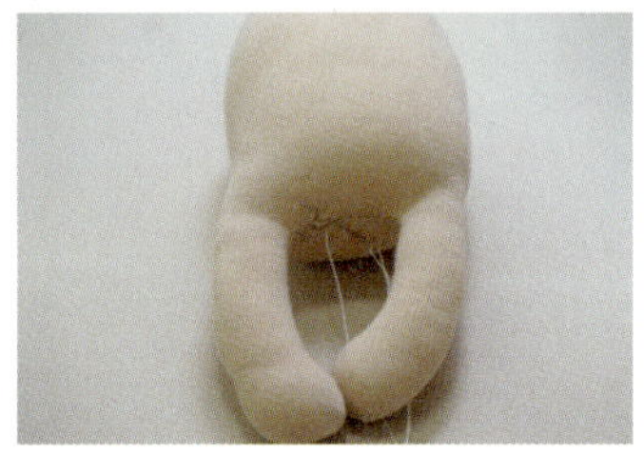

06 창구멍을 공그르기로 막아줍니다.

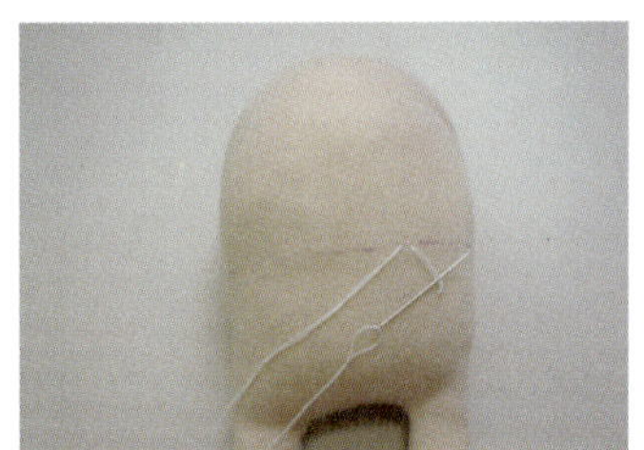

07 뒤꿈치와 창구멍의 중간 정도에 선을 그어줍니다. 실 두 줄 사이로 바늘을 통과해 바느질을 시작해줍니다.

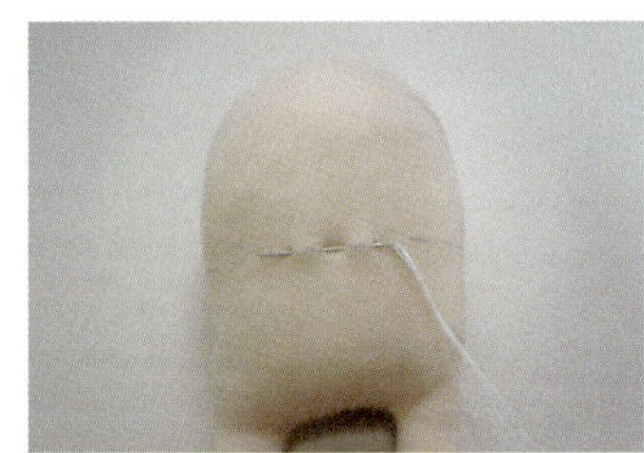

08 빙 둘러 홈질해줍니다.

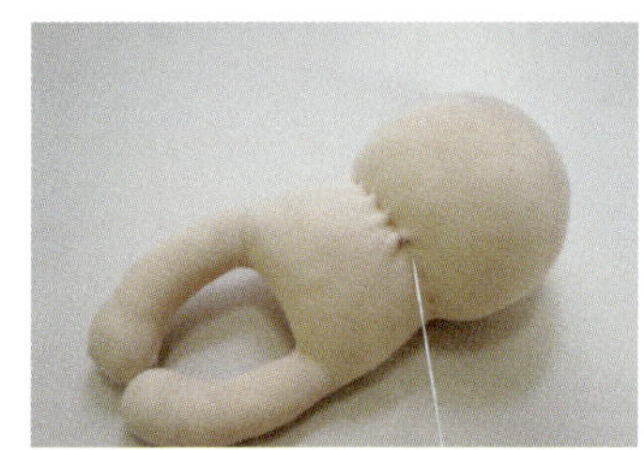

09 실을 잡아당겨 줍니다.

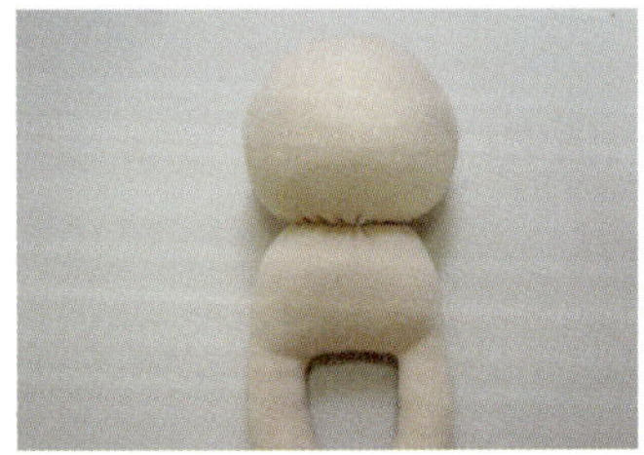

10 실을 당기면서 돌돌 감아 매듭지어 마무리합니다.

11 밤색 양말의 발바닥 부분을 원통형으로 잘라 준비합니다.

TIP 긴머리로 연출하려면 더 길게 잘라주세요.

12 양말을 뒤집은 상태로 얼굴에 덮어 씌운 후 발꿈치 부분을 시침핀으로 표시해놓습니다.

13 시침핀을 기준으로 둥근 헤어 라인을 펜으로 그려줍니다. 뒤통수까지 라인을 그려주세요.

TIP 시침핀이 좌우 발꿈치를 표시해놓은 것이어서 참고해서 그리면 좌우 대칭을 맞추는 데 도움이 됩니다.

14 펜선을 따라 박음질해줍니다.

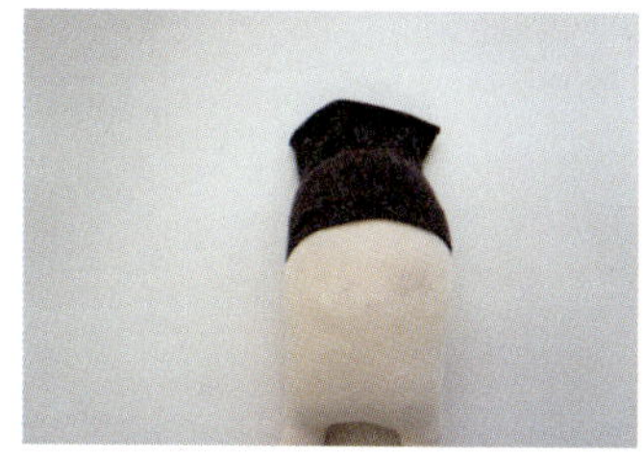

15 밤색 양말을 위로 올려 뒤집어줍니다.

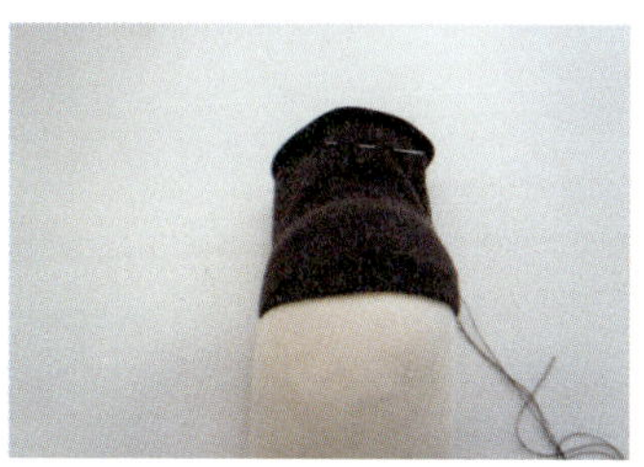

16 양말 상단을 빙 둘러 홈질해줍니다.

17 솜을 넣어줍니다.

TIP 볼륨감이 생기도록 헤어 라인 쪽에 솜을 잘 넣어주어야 귀엽게 나와요.

18 실을 잡아당겨 오므려 마무리해줍니다.

TIP 긴머리는 시접을 안으로 넣지 말고 길게 남겨 놓고 오므려 줍니다.

19 헤어 라인을 얼굴과 공그르기해줍니다.

TIP 이때 바느질이 삐뚤어진 부분이 있으면 교정하면서 바느질해주면 예쁜 헤어 라인이 완성되요.

20 양말을 뒤집어 발목 부분에 바지 도안을 그려줍니다.

21 가랑이 부분을 홈질해줍니다.

22 0.5cm 시접을 남기고 오려줍니다.

23 뒤집어서 몸에 바지를 입혀 준 후 목 라인을 홈질해줍니다.

24 만들어놓은 팔을 옷 위에 공그르기로 고정해줍니다.

25 기화성펜으로 얼굴 표정을 그려줍니다.

26 눈은 단추나 비즈를 달아주고 입은 스티치해줍니다.

27 색연필과 펜으로 볼을 발그레하게 표현해줍니다.

새근새근 꿈나라 요정

새근새근 곤히 잠든 모습의 꿈나라 요정이에요.
잠 못드는 밤 이 요정을 만나면 바로 스르르 잠이 들어 버려요.
행복한 꿈나라로 초대해주는 요정을 만나보세요.
손에 들고 있는 별봉처럼 별빛 가득한 밤에 만날 수 있답니다.

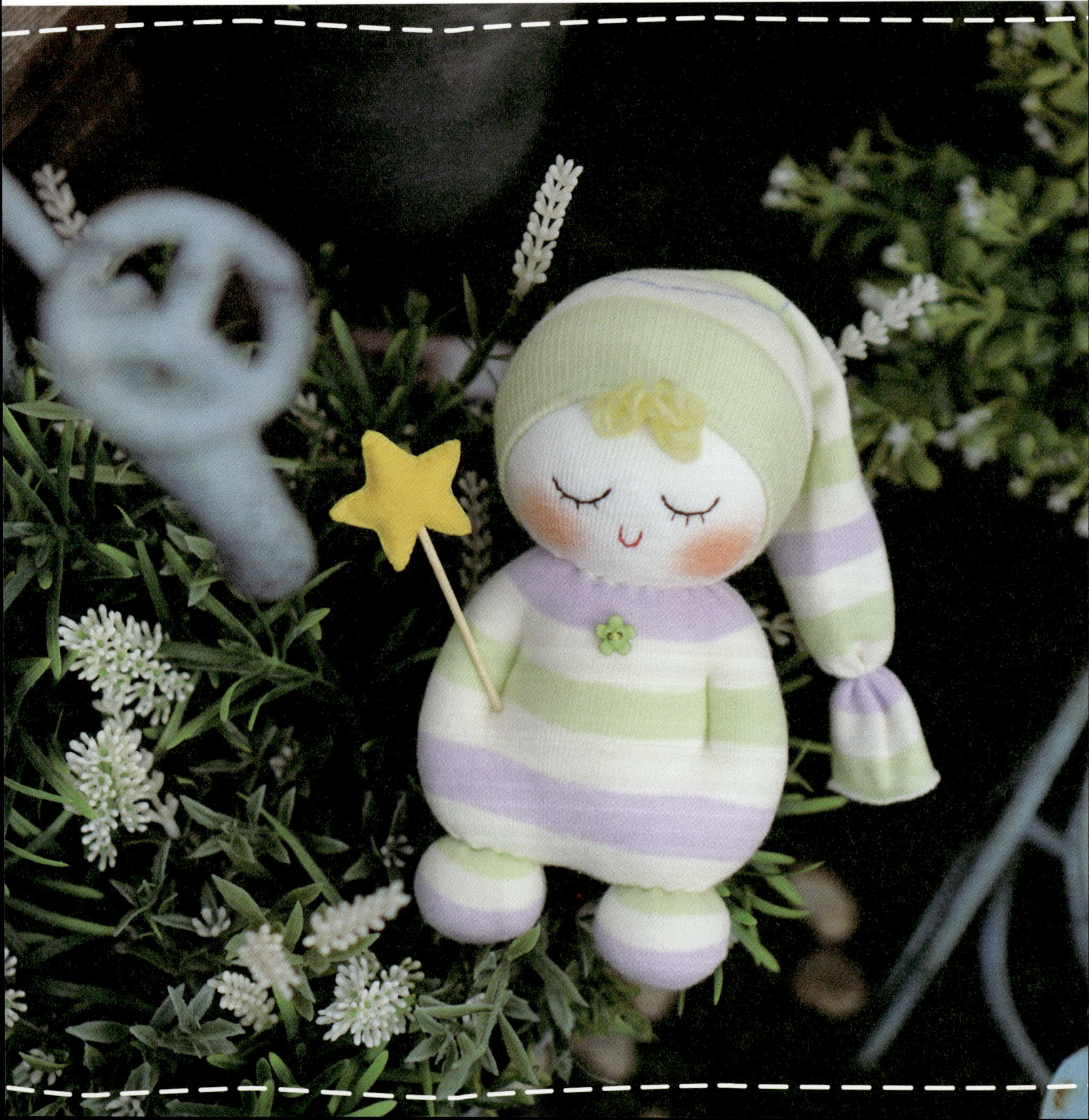

흰색 양말 1짝

무늬 양말 1켤레

 도안 위치는 이렇게 그려 사용하세요. (p.207)

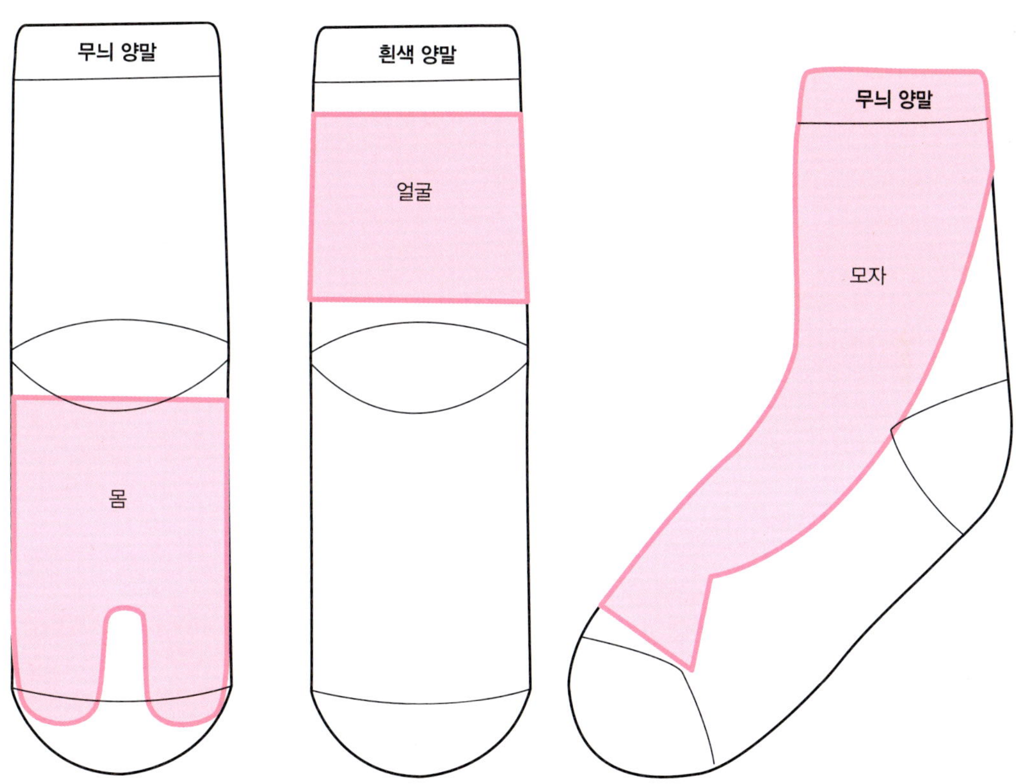

01 양말을 뒤집어 발목 부분에 도안을 그려줍니다.

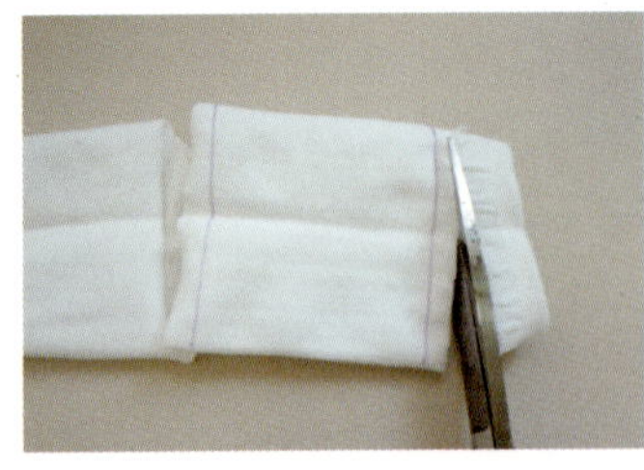

02 시접 1cm를 남기고 오려줍니다.

03 도안선을 따라 빙 둘러 홈질해줍니다.

04 실을 잡아 당겨 오므린 후 실을 몇 번 감아 매듭지어줍니다.

05 뒤집어줍니다.

06 반대쪽도 마찬가지로 빙 둘러 홈질해줍니다.

07 솜을 넣어줍니다.

08 실을 잡아당겨 오므려 매듭지어줍니다.

09 양말을 뒤집어 발바닥 부분에 도안을 그려줍니다.

10 다리 도안선을 홈질합니다.

11 다리쪽은 시접 1cm를 남기고, 상단은 도안선에 맞춰 오려줍니다.

12 뒤집어서 상단을 빙 둘러 홈질해줍니다.

13 몸안에 골고루 솜을 넣어줍니다.

14 실을 잡아당겨 매듭지어 줍니다.

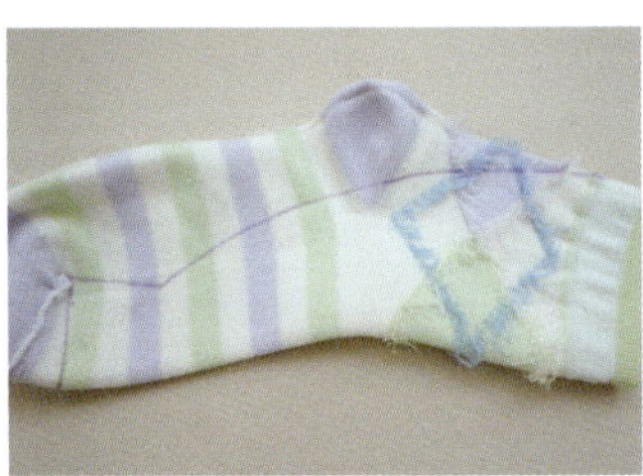

15 다른 쪽 양말을 뒤집어 모자 도 안을 그려줍니다.

16 창구멍을 제외하고 홈질합니다.

17 시접 0.5cm를 남기고 오린 후 뒤 집어줍니다.

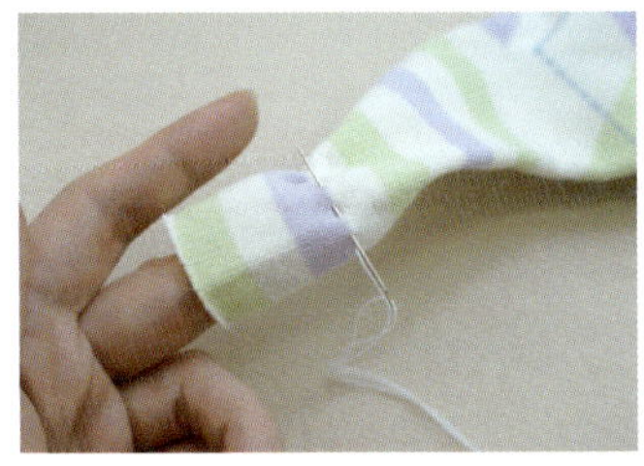

18 모자 꽁지 부분을 빙둘러 홈질합 니다.

19 실을 잡아 당긴 후 몇 번 돌돌 감 아 마무리합니다.

20 모자를 머리에 씌워줍니다.

21 모자 라인을 따라 홈질해서 튼튼 하게 고정해줍니다.

22 모자의 한쪽을 몇 땀 홈질한 후 실을 잡아당겨 주름을 만들어줍 니다.

TIP 주름진 쪽으로 모자가 구부러져서 앞에서도 잘 보이는 예쁜 모양이 됩니다.

23 얼굴과 몸을 공그르기로 연결해 줍니다.

24 빙 둘러 홈질해줍니다.

25 실을 잡아당겨 줍니다.

26 실을 당기면서 돌돌 감아 매듭지어 마무리합니다.

27 가운데 세로 라인을 그린 후 양쪽을 또 나눠 총 4등분해줍니다.

28 양쪽 선을 따라 박음질을 해 팔을 표현해줍니다.

29 기화성펜으로 얼굴을 그려줍니다.

30 눈과 입을 스티치해줍니다.

31 털실을 손가락 두 개에 돌돌 감아줍니다.

32 자리를 잡아 올려놓고 털실의 중앙을 감침질로 이마에 고정해줍니다.

33 색연필로 양볼을 발그레하게 표현해줍니다.

34 펠트지를 별 모양으로 오리고 산적꽂이를 잘라 준비합니다.

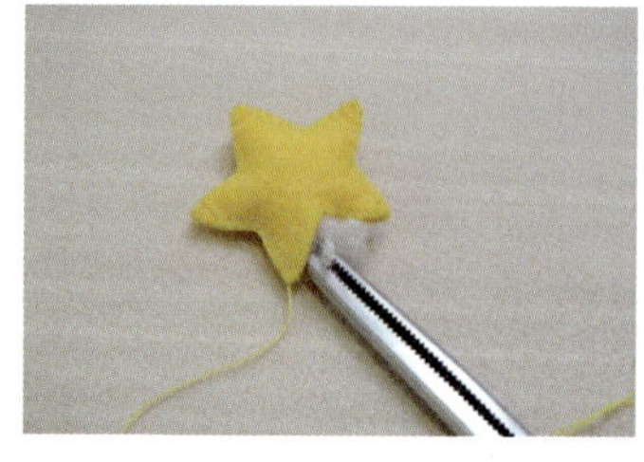

35 펠트지 두 장을 겹쳐 버튼홀 스티치해주며 솜을 넣어줍니다.

36 바느질 틈으로 산적 꽂이를 끼워 별봉을 완성합니다.

은은한 달님

고용한 밤을 함께 보내줄 은은한 달님 모빌이에요.

달빛 아래 별빛까지 대롱대롱. 정말 은은한 빛이 나는 것만 같아요.

너무 조용해서 없는 거 같을 때도 있지만 달님은 항상 우리를 비춰주고 있어요.

밤하늘을 보며 앙증맞은 고깔 모자를 쓴 달님을 찾아보세요.

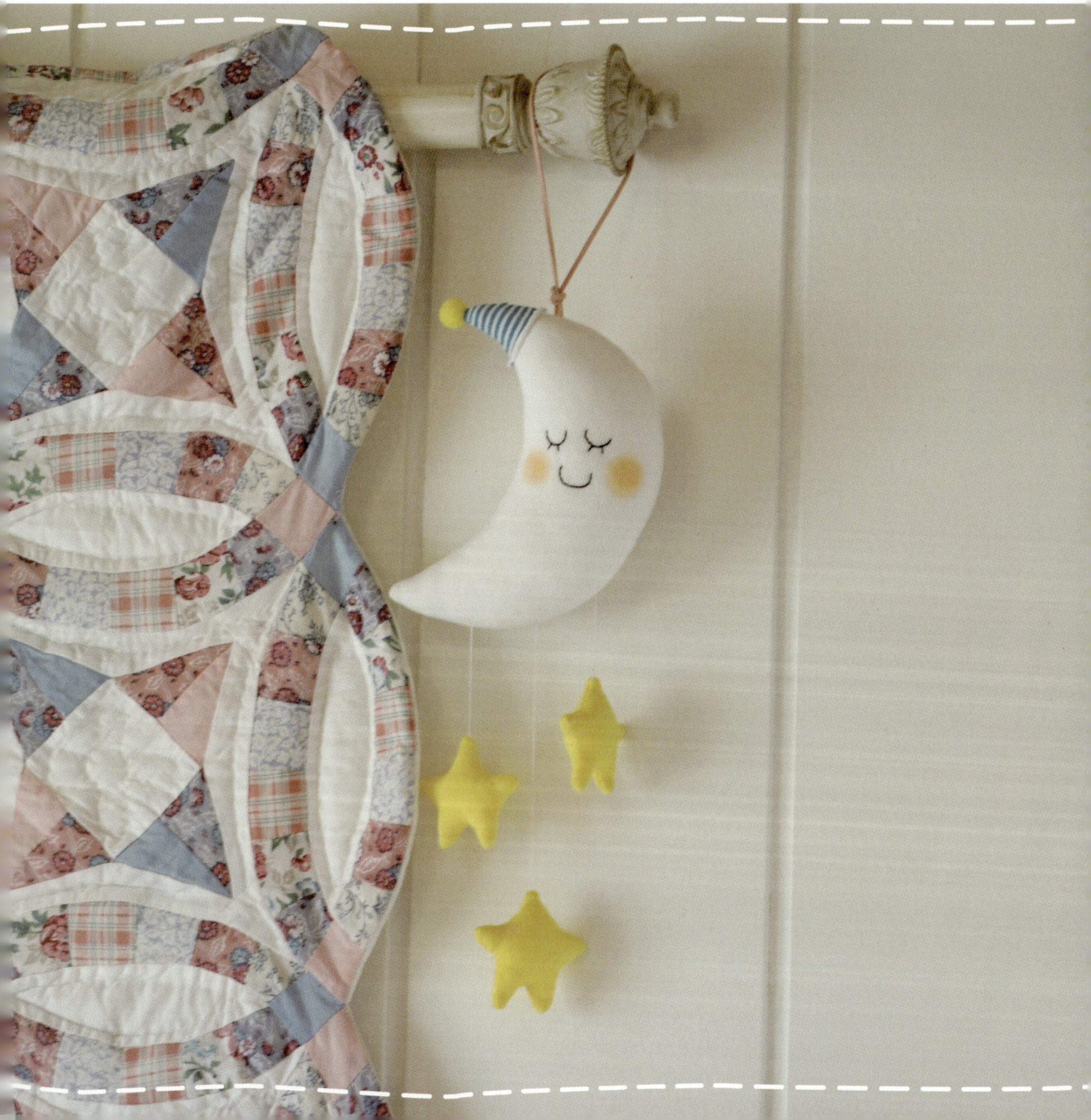

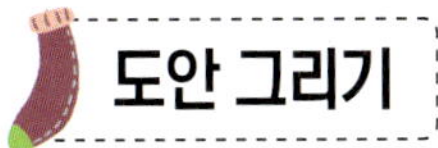

도안 그리기 도안 위치는 이렇게 그려 사용하세요. (p.208)

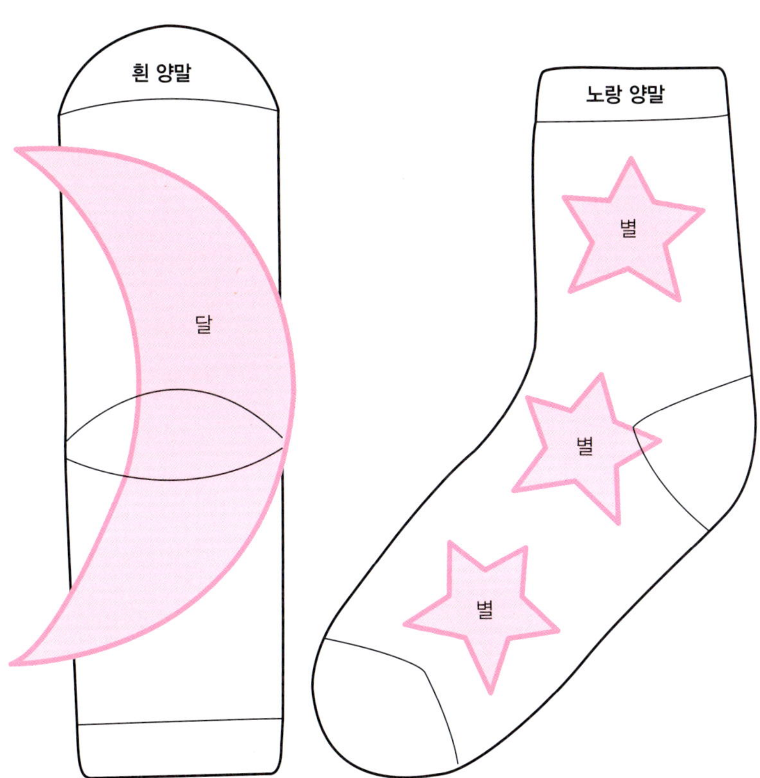

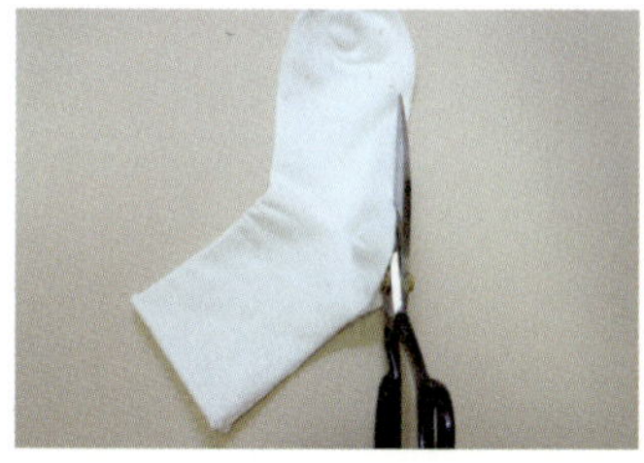

01 양말의 발바닥을 기준으로 오려줍니다.

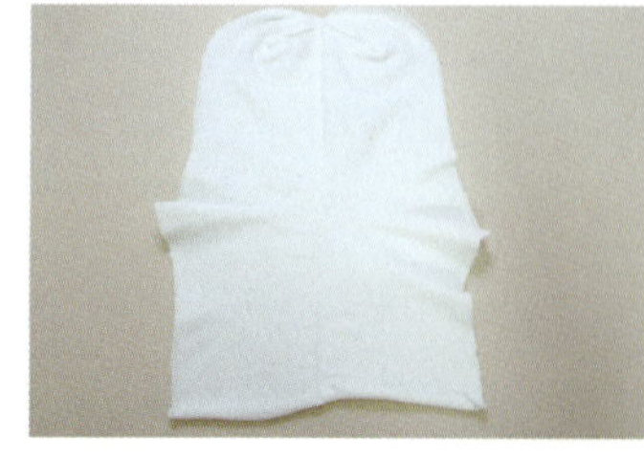

02 오린 양말을 쫙 펼쳐줍니다. 이렇게 두 개를 만들어줍니다.

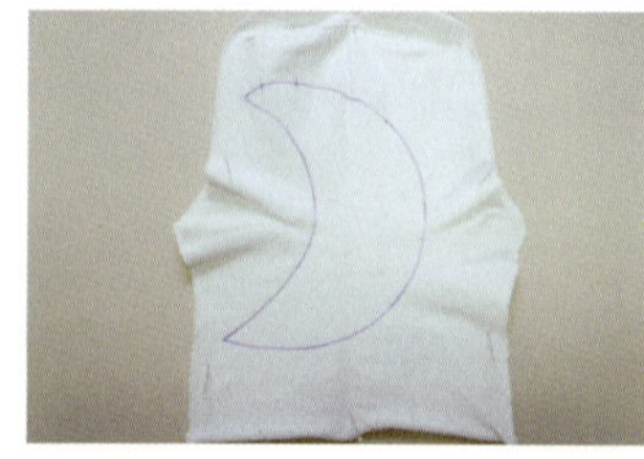

03 양말의 안쪽 면에 도안을 그려줍니다.

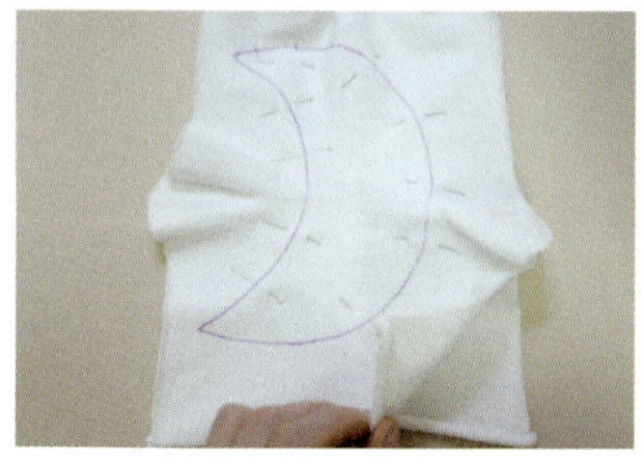

04 양말을 겉면끼리 마주보게 시침핀으로 고정해줍니다.

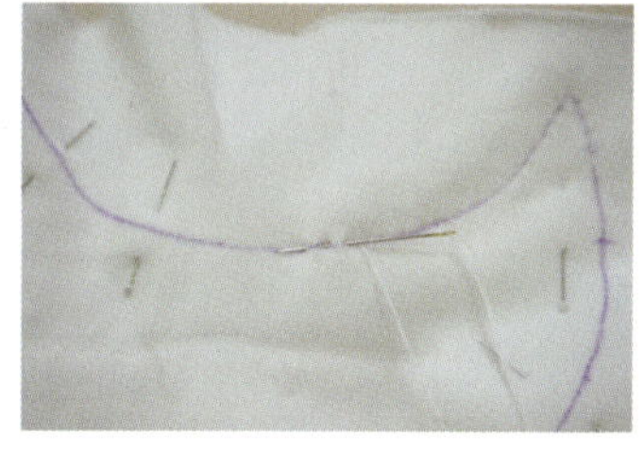

05 창구멍을 제외하고 촘촘하게 홈질해줍니다.

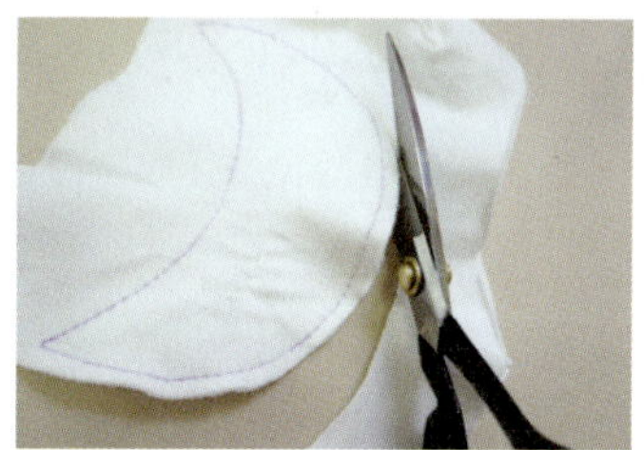

06 시접 1cm 정도 남기고 오려줍니다.

07 뒤집어서 솜을 넣어줍니다.

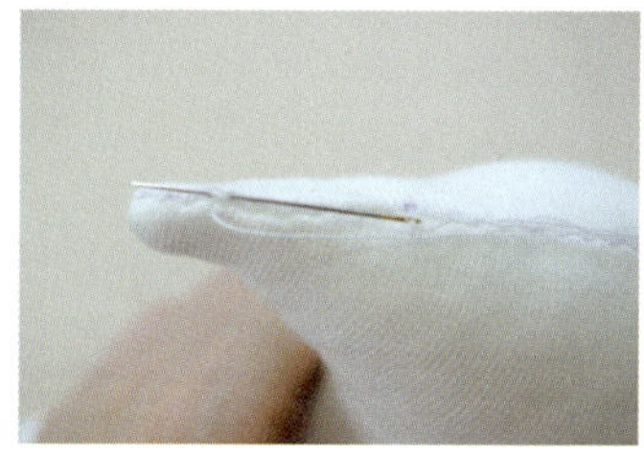

08 창구멍을 공그르기로 막아줍니다.

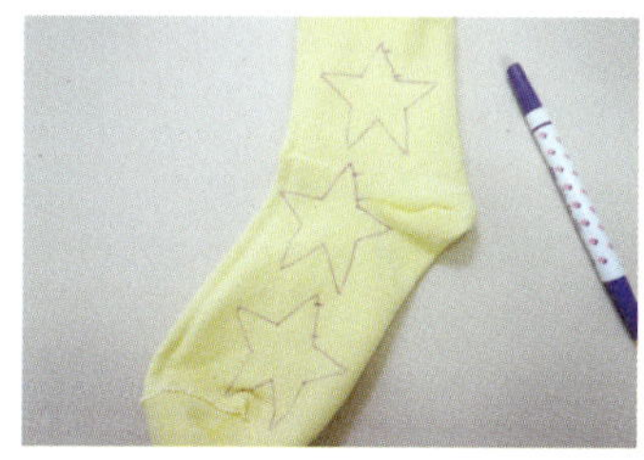

09 노랑 양말을 뒤집어 별 도안을 그려줍니다.

10 창구멍을 제외하고 촘촘하게 홈질해줍니다.

11 시접 0.5cm 정도 남기고 오려줍니다.

12 뒤집어서 솜을 넣어줍니다.

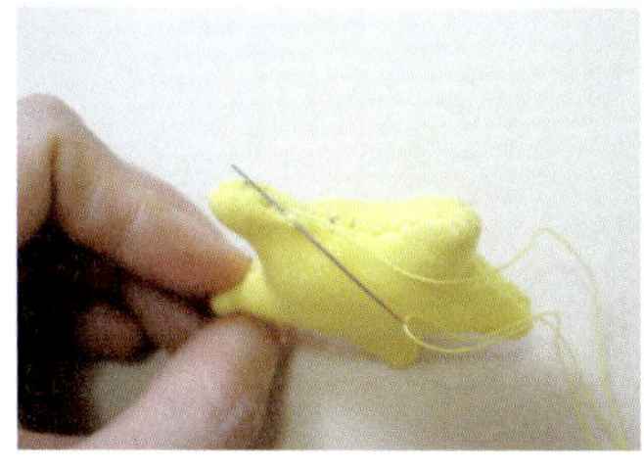

13 창구멍을 공그르기로 막아줍니다.

14 별 세 개를 완성합니다.

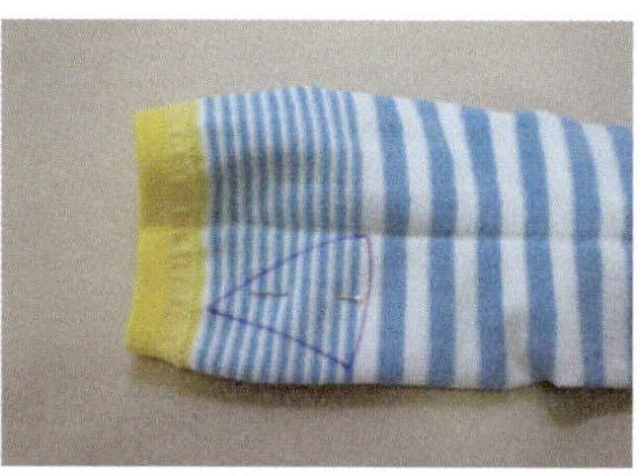

15 양말 안쪽에 모자 도안을 그려줍니다.

16 창구멍을 제외하고 촘촘하게 홈질한 후 시접을 남기고 오려줍니다.

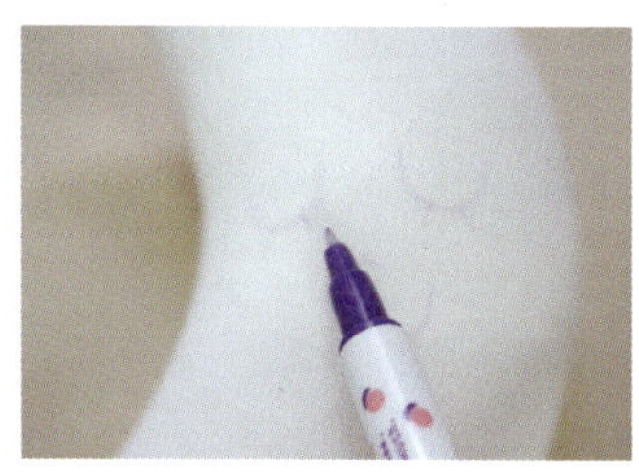

17 기화성펜으로 얼굴 표정을 그려줍니다.

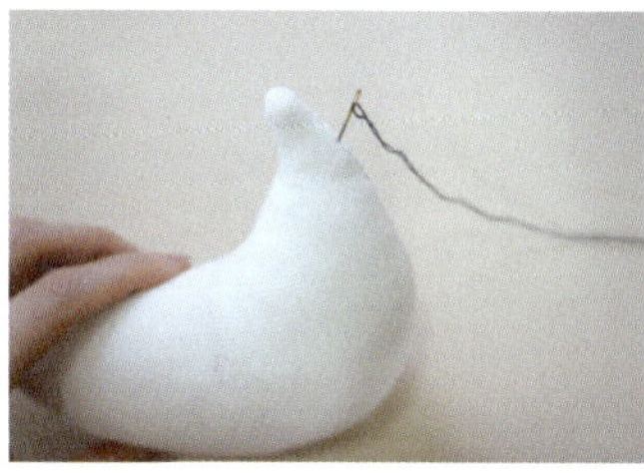

18 스티치의 매듭은 모자로 가려질 부분에 해주세요.

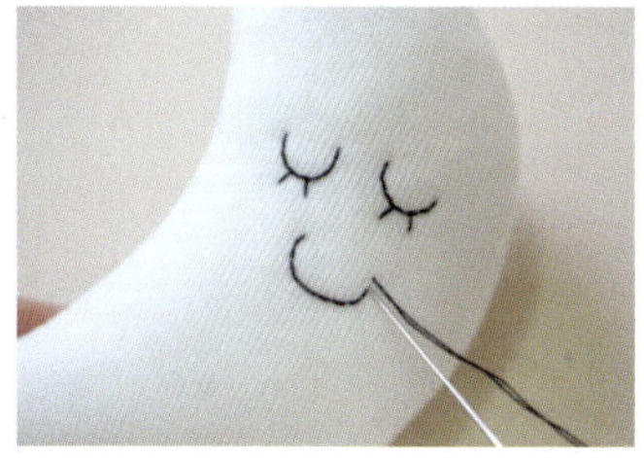

19 백스티치로 얼굴을 표현해줍니다.

20 모자를 씌워 홈질로 고정해줍니다.

21 색연필로 볼터치를 해줍니다.

22 모자에 폼폼이를 글루건으로 붙여 마무리합니다.

23 실로 별의 중앙을 세로로 관통합니다.

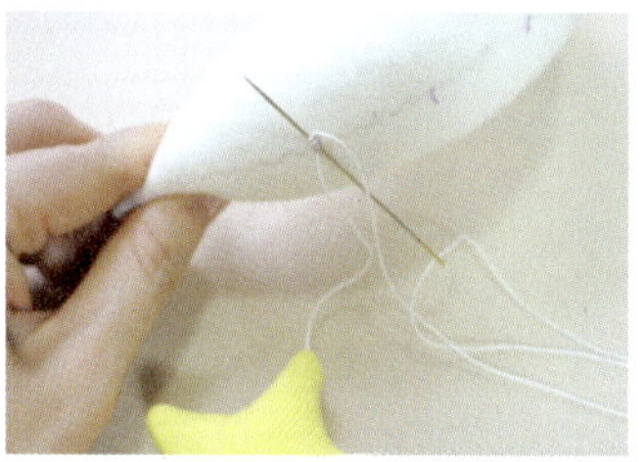

24 달의 아래쪽에 고정해줍니다.

25 길이를 다르게 하여 별 세 개를 모두 달아줍니다.

26 모빌로 사용하기 위해 달의 뒤쪽 에 끈을 달아줍니다.

146

150

154

160

164

PART 05

특별한 날 만나는 양말

달콤 쿠키 친구

달콤한 향기가 솔솔 날 것만 같은 쿠키 친구들이에요.

초코맛이 좋을 거 같지만 너무나 깜찍한 모습이라 차마 먹을 수는 없답니다.

도톰한 니트 양말의 질감이 더욱 쿠키를 맛있어 보이게 하는 거 같아요.

두팔 벌려 환영하는 모습이 크리스마스 파티나 방문걸이로도 잘 어울리네요.

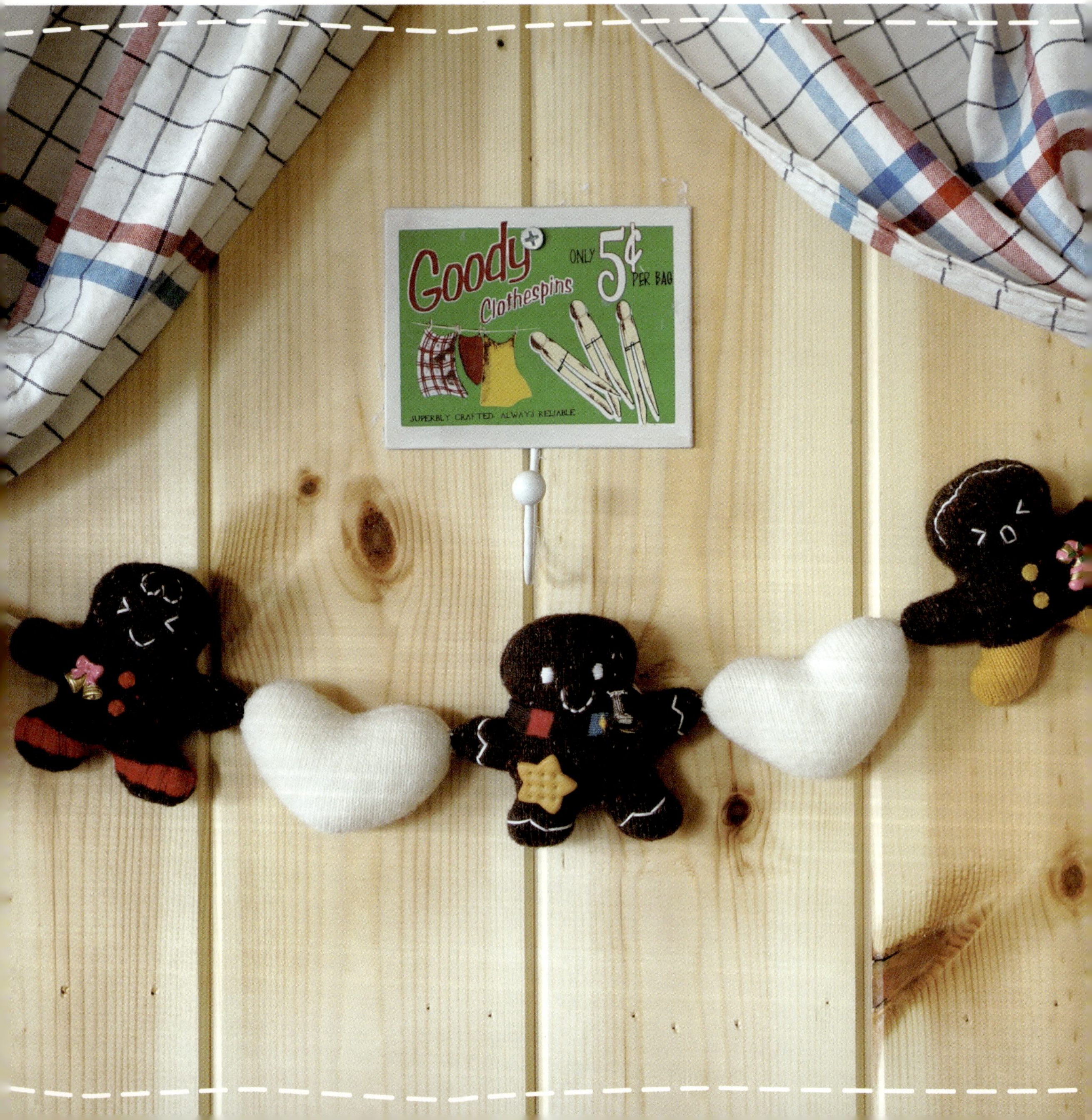

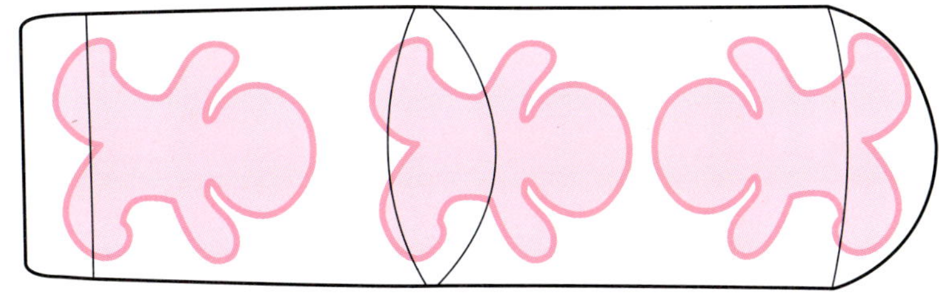

밤색 양말 1켤레

아이보리 니트 양말 1짝

만들기 과정

01 양말을 뒤집어 도안을 그려줍니다.

02 창구멍을 제외하고 홈질합니다.

03 시접 1cm를 남기고 오려줍니다.

04 뒤집어서 몸 안에 골고루 솜을 넣어줍니다.

05 창구멍을 공그르기로 막아줍니다.

06 기화성펜으로 얼굴과 장식을 그려줍니다.

스티치로 표현해줍니다.

다양한 표정과 꾸밈으로 개성 있는 쿠키를 만듭니다.

TIP 펠트지로 단추를 만들거나 자투리 양말을 잘라 목도리를 연출해주면 귀여워요.

양말을 뒤집어 하트 도안을 그린 후 홈질해줍니다.

시접 1cm를 남기고 오려줍니다.

뒤집어서 솜을 적당히 넣어줍니다.

창구멍을 공그르기로 막아줍니다.

쿠키의 손과 하트를 감침질해서 고정해줍니다.

리스로 사용하기 위해 가장자리의 쿠키 손에 끈을 달아줍니다.

반짝반짝 크리스마스 트리

12월을 반짝반짝 빛내줄 크리스마스트리예요. 작지만 반짝이는 전구도 있고
새하얀 눈도 쌓여 있어 크리스마스 분위기를 제대로 내주네요.
펄시침핀으로 전구를 표현해주었는데 바느질하다가 자꾸 빼쓰게 되니 서 있는 핀쿠션으로도 좋겠네요.
삼단이 아닌 사단, 오단으로 키큰 나무로 만들거나 이단의 미니 트리로 만들어도 재미있겠죠?

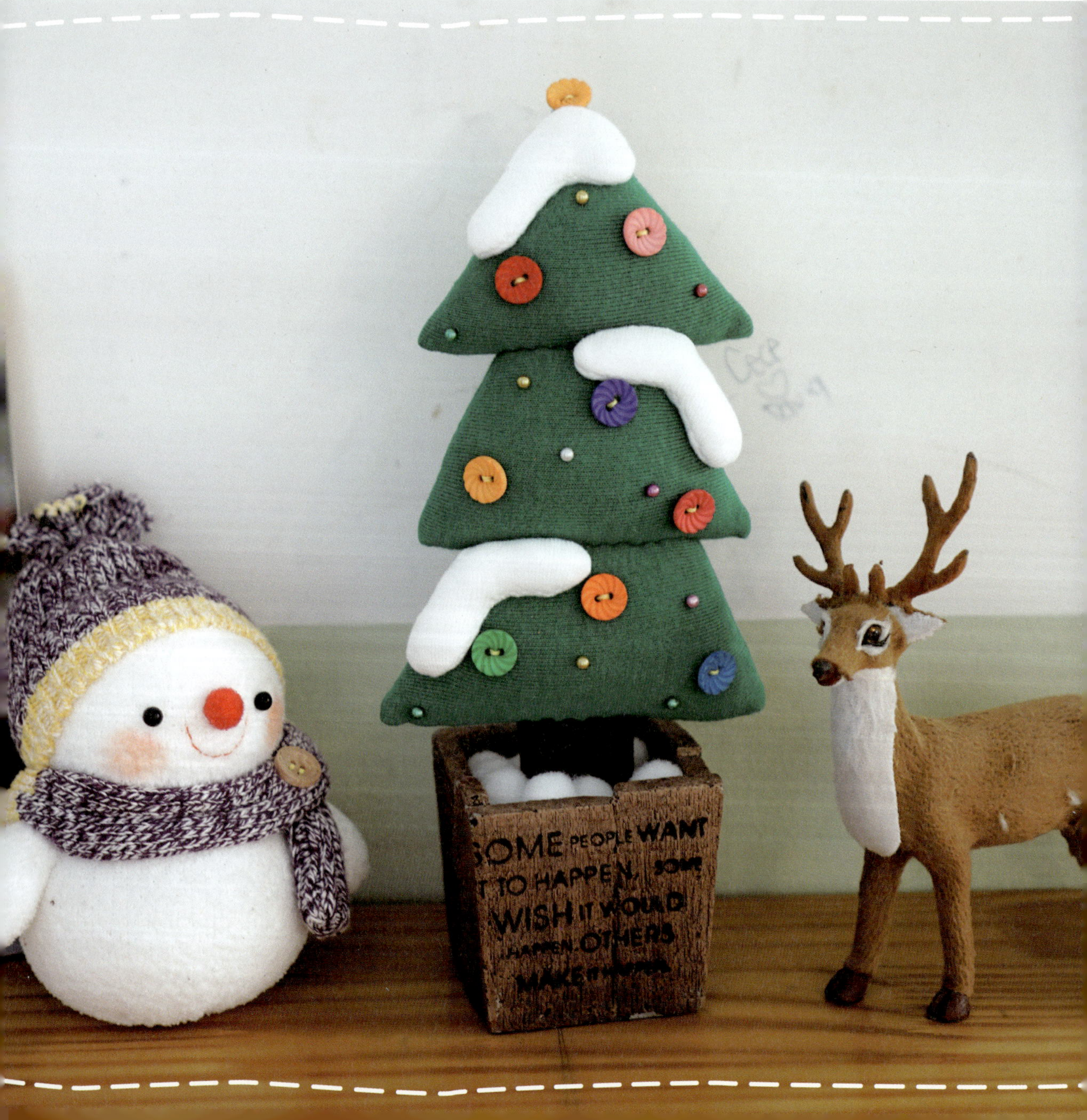

초록색 양말 1켤레

흰색 양말 조금

만들기 과정

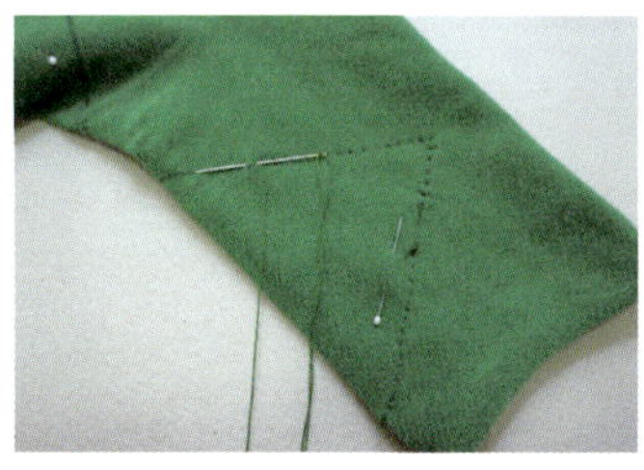

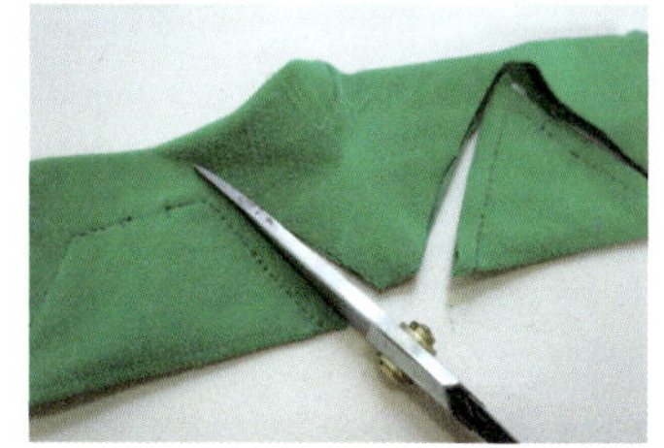

01 양말을 뒤집어 도안을 그려줍니다.

02 창구멍을 제외하고 홈질합니다.

03 시접 1cm를 남기고 오려줍니다.

04 뒤집어줍니다.

TIP 모서리 부분은 시접을 조금만 남겨놓고 다 잘라내면 뒤집었을 때 날렵한 모양이 나와요.

05 골고루 솜을 넣어줍니다.

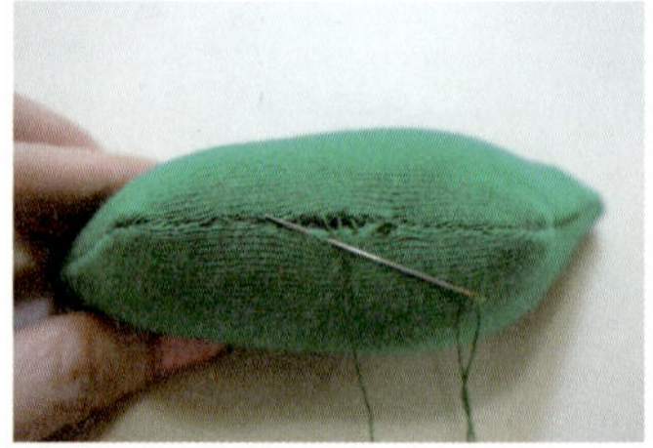

06 창구멍을 공그르기로 막아줍니다.

07 나무와 나무를 시침핀으로 고정해놓고 공그르기합니다.

08 삼단 나무를 완성합니다.

09 단추나 작은 장식들로 나무를 꾸며줍니다.

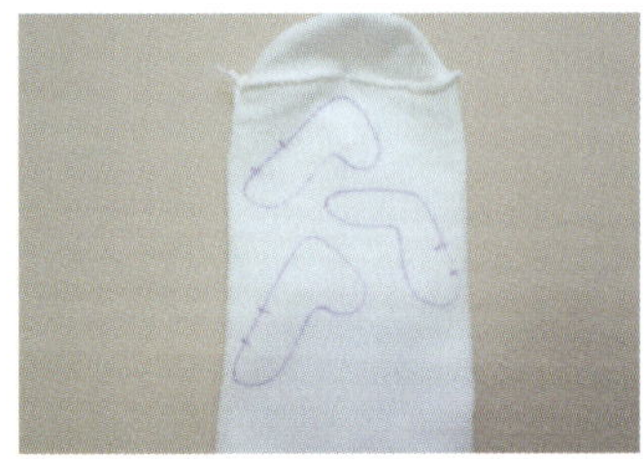

10 양말을 뒤집어 눈 도안을 그려줍니다.

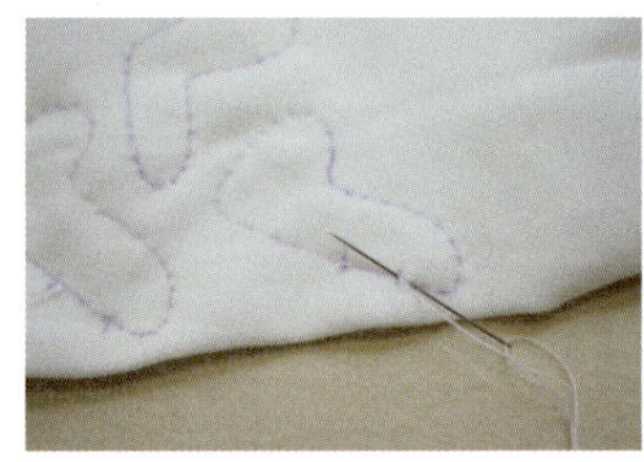

11 창구멍을 제외하고 홈질해줍니다.

12 시접 0.5cm를 남기고 오려줍니다.

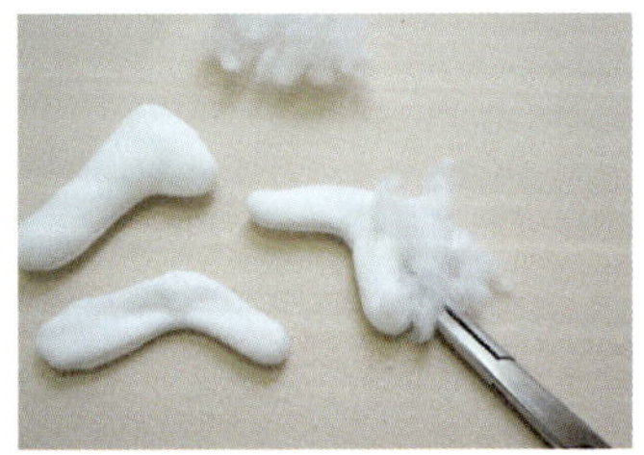

13 뒤집어서 솜을 적당히 넣어줍니다.

14 창구멍을 공그르기로 막아줍니다.

15 나무의 군데군데에 눈을 공그르기로 달아줍니다.

16 펠트지를 돌돌 말아 글루건으로 고정합니다.

17 나무 밑 중앙에 펠트지를 공그르기로 고정해줍니다.

18 미니 화분에 나무를 글루건을 고정한 후 폼폼이를 채워 마무리합니다.

TIP 폼폼이가 아니더라도 자투리 천이나 데코용 돌맹이 등을 이용해도 좋아요.

Step 03

오동통 눈사람

오동통한 몸매가 푸근한 눈사람이에요.
니트 모자와 목도리로 한껏 따뜻하게 멋을 냈네요.
그래도 추운 날씨라 코가 빨개지는 건 어쩔 수가 없대요.
올 겨울에 더 눈이 많이 내리면 눈사람 몸매가 더 통통해질 거 같아요.

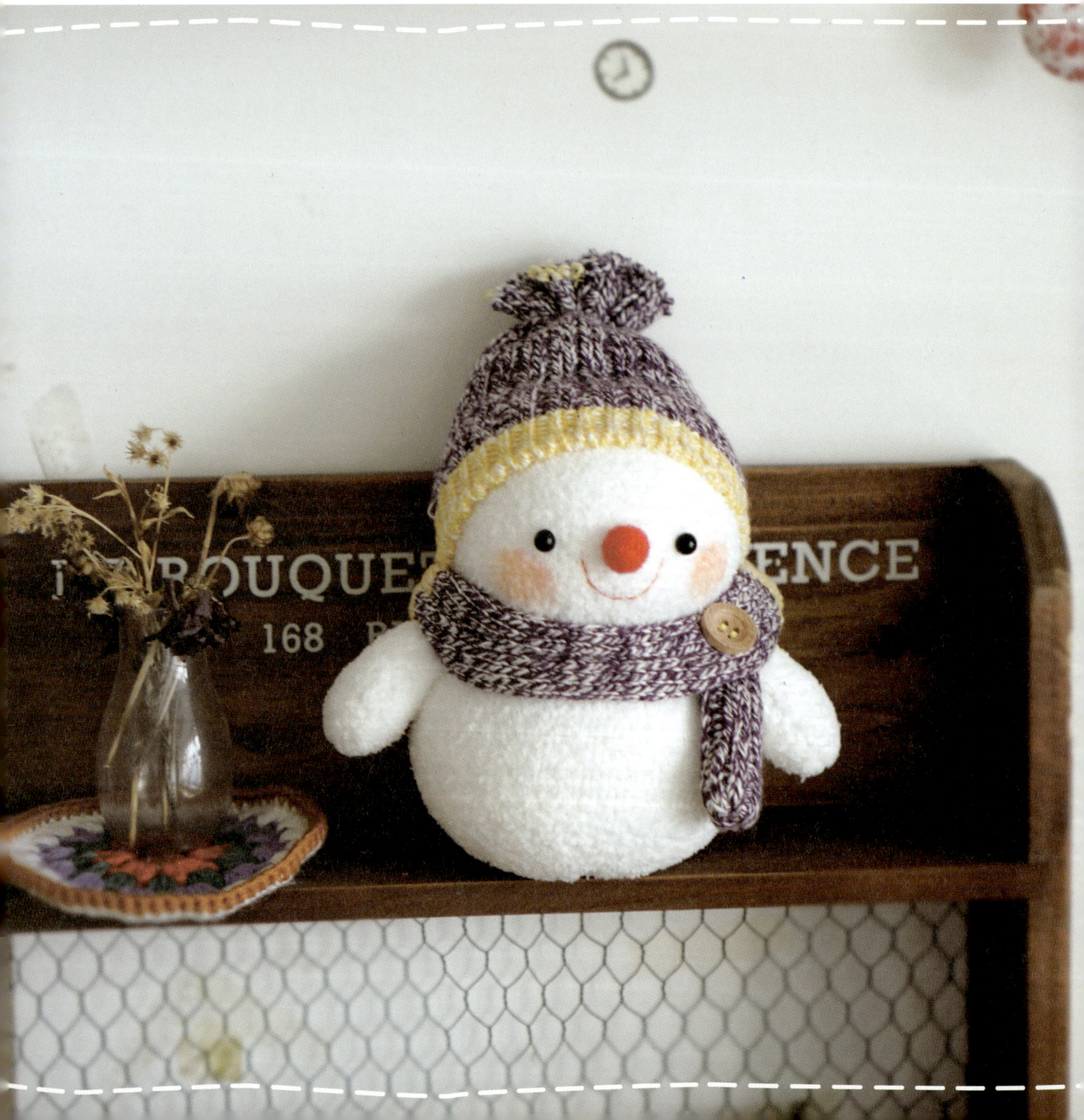

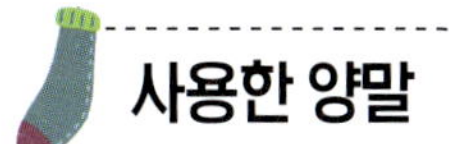 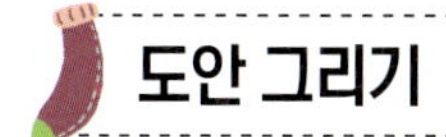

사용한 양말

도안 그리기   도안 위치는 이렇게 그려 사용하세요. (p.209)

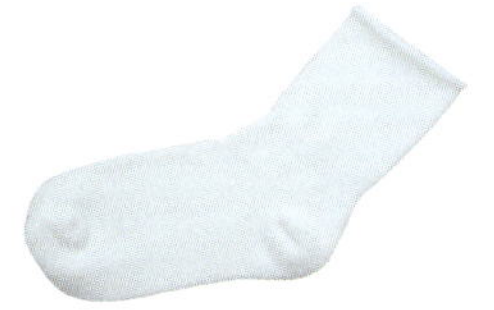

흰색 수면양말 1짝

니트 양말 1짝

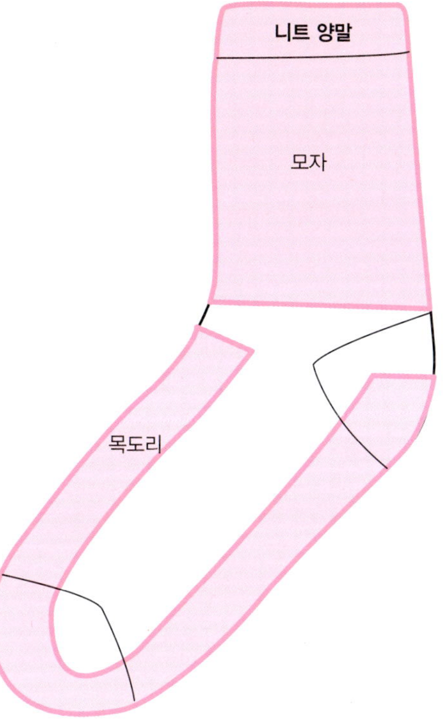

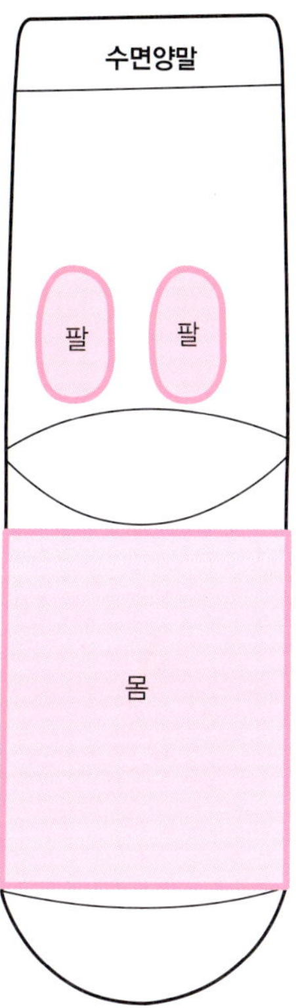

만들기 과정

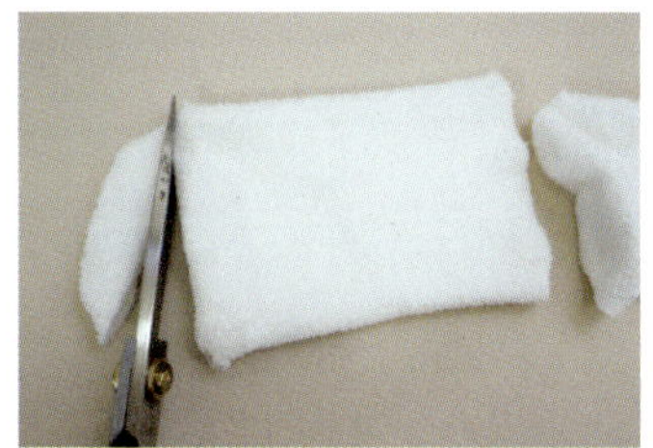

01 양말을 발가락과 뒤꿈치 부분을 잘라 원통형으로 준비합니다.

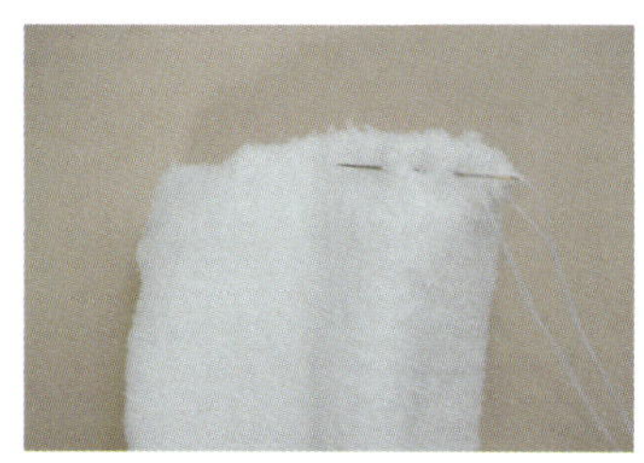

02 1cm 정도 시접을 두고 빙 둘러 홈질해줍니다.

03 실을 잡아당겨 오므린 후 실을 몇 번 감아 매듭지어 줍니다.

04 뒤집어줍니다.

05 반대쪽도 마찬가지로 빙 둘러 홈질해줍니다.

06 pp알갱이를 3분의 1 정도 채워줍니다. 아래쪽에 무게감이 있어야 눈사람이 안정감 있게 서 있을 수 있어요.

07 솜을 넣어줍니다.

08 시접을 안쪽으로 넣어주면서 실을 잡아당겨 오므려 매듭지어 줍니다.

09 중앙에서 약간 위쪽에 선을 그어줍니다.

10 선을 따라 홈질해줍니다.

11 실을 잡아당겨 줍니다.

12 실을 당기면서 돌돌 감아 매듭지어 마무리합니다.

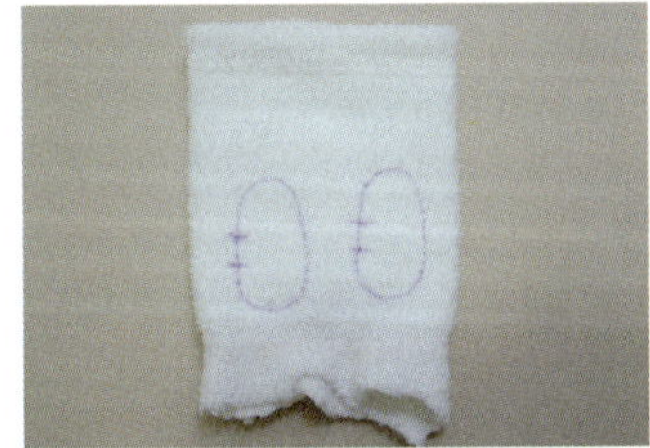

13 양말을 뒤집어 팔 도안을 그려줍니다.

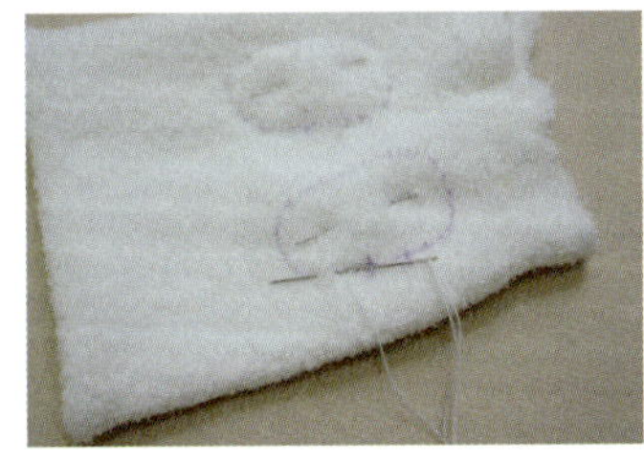

14 창구멍을 제외하고 홈질합니다.

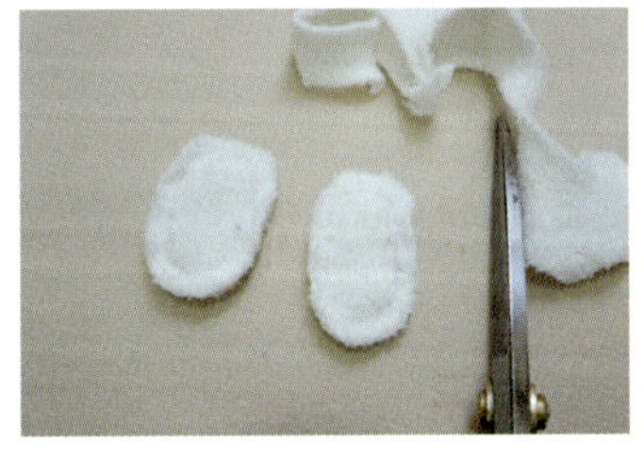

15 시접 1cm를 남기고 오려줍니다.

16 뒤집어서 솜을 조금 넣어줍니다.

17 창구멍을 공그르기로 막아줍니다.

18 팔을 공그르기로 몸에 고정해줍니다.

19 반대쪽 팔도 달아 눈사람 몸을 완성합니다.

20 니트 양말을 오려 발목 부분을 준비합니다.

21 자른 쪽에 2cm 여유를 두고 빙 둘러 홈질해줍니다.

22 실을 당기면서 돌돌 감아 매듭지어 마무리합니다.

23 양말의 발바닥에 2cm 폭의 띠를 그려줍니다.

24 창구멍을 제외하고 도안선을 따라 반박음질합니다.

TIP 두께감 있는 니트양말은 반박음질을 해야 튼튼합니다. 일반 면양말은 홈질해도 괜찮아요.

25 시접 1cm를 남기고 오려줍니다.

26 창구멍을 공그르기로 막아줍니다.

27 머리에 모자를 씌워준 후 둘레를 홈질해서 고정해줍니다.

28 목도리를 목에 둘러주고 단추를 달아 고정해줍니다.

29 코는 폼폼이를 글루건으로 붙여주고 눈은 단추로, 입은 스티치로 표현해줍니다.

30 색연필로 볼을 발그레하게 표현해줍니다.

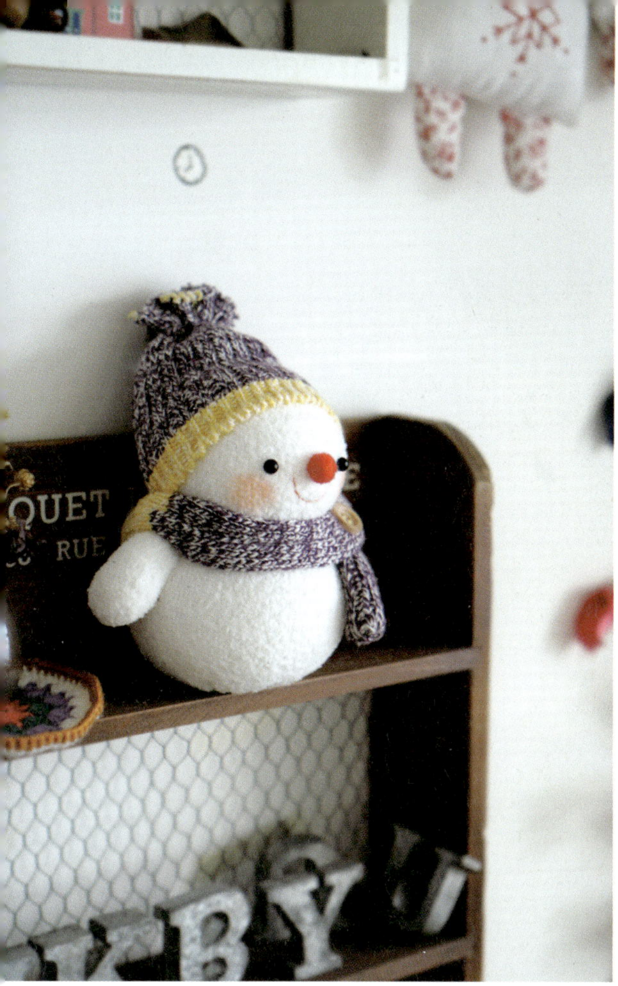
QUET
RUE

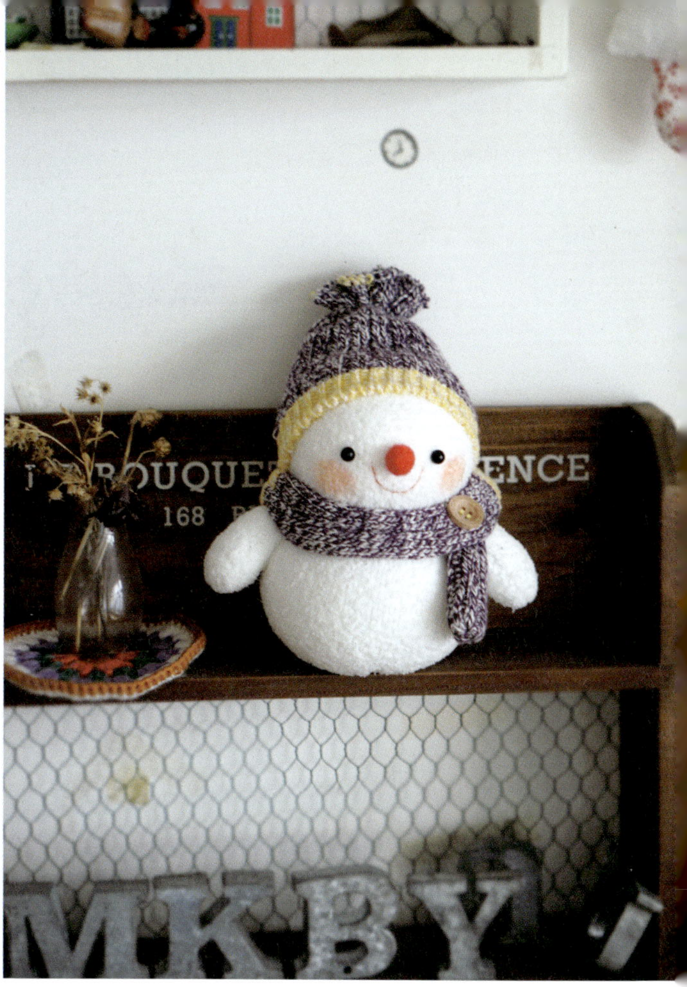
BOUQUE
ENCE
168
MKBY

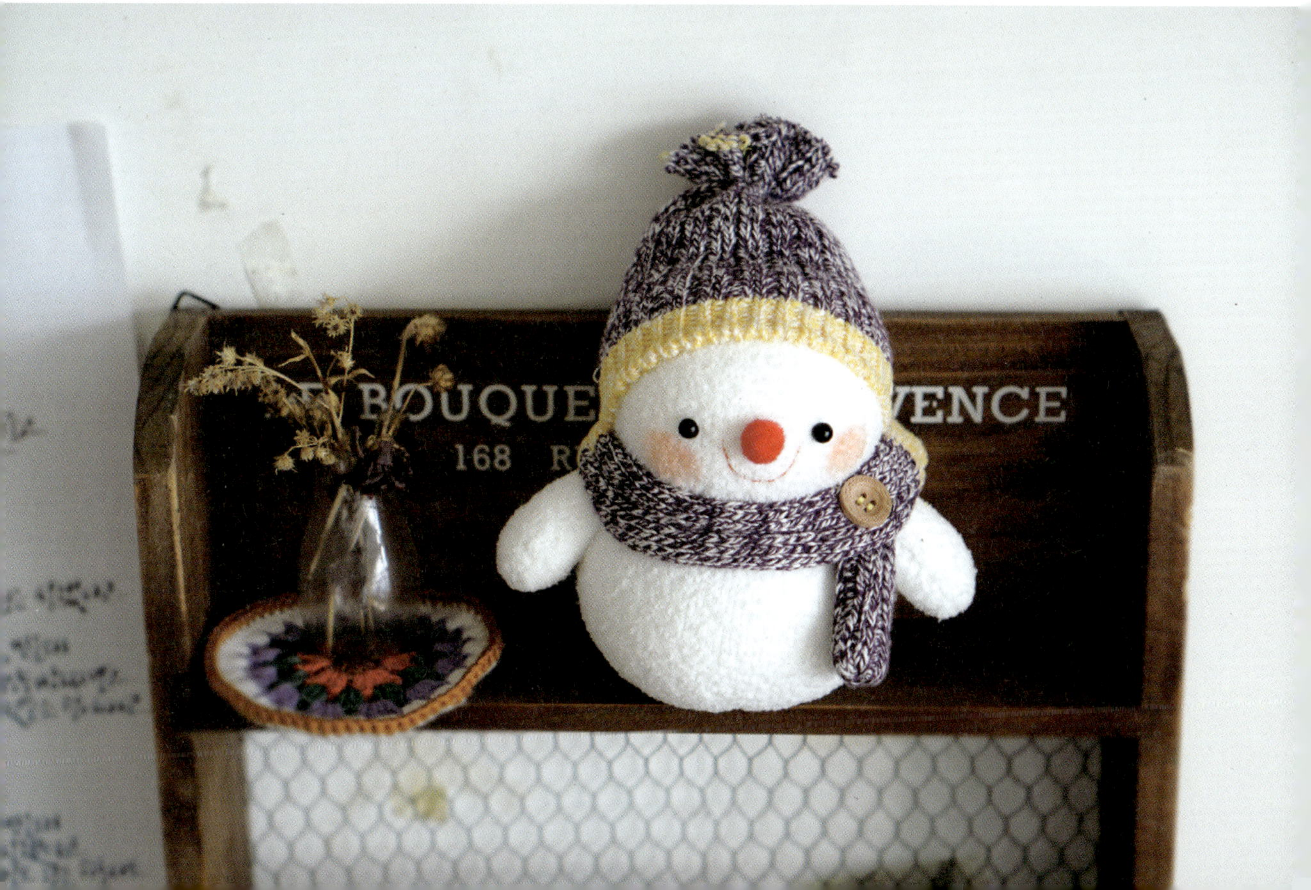
BOUQUE
VENCE
168

대롱대롱 크리스마스 볼

크리스마스 풍경에 꼭 등장하는 볼이에요.
트리에도 걸고 거실에도 걸고 겨울내 크리스마스 분위기 내기 좋아요.
화려한 패턴 양말에 스티로폼 볼을 넣어 간단하게 완성할 수 있어요.

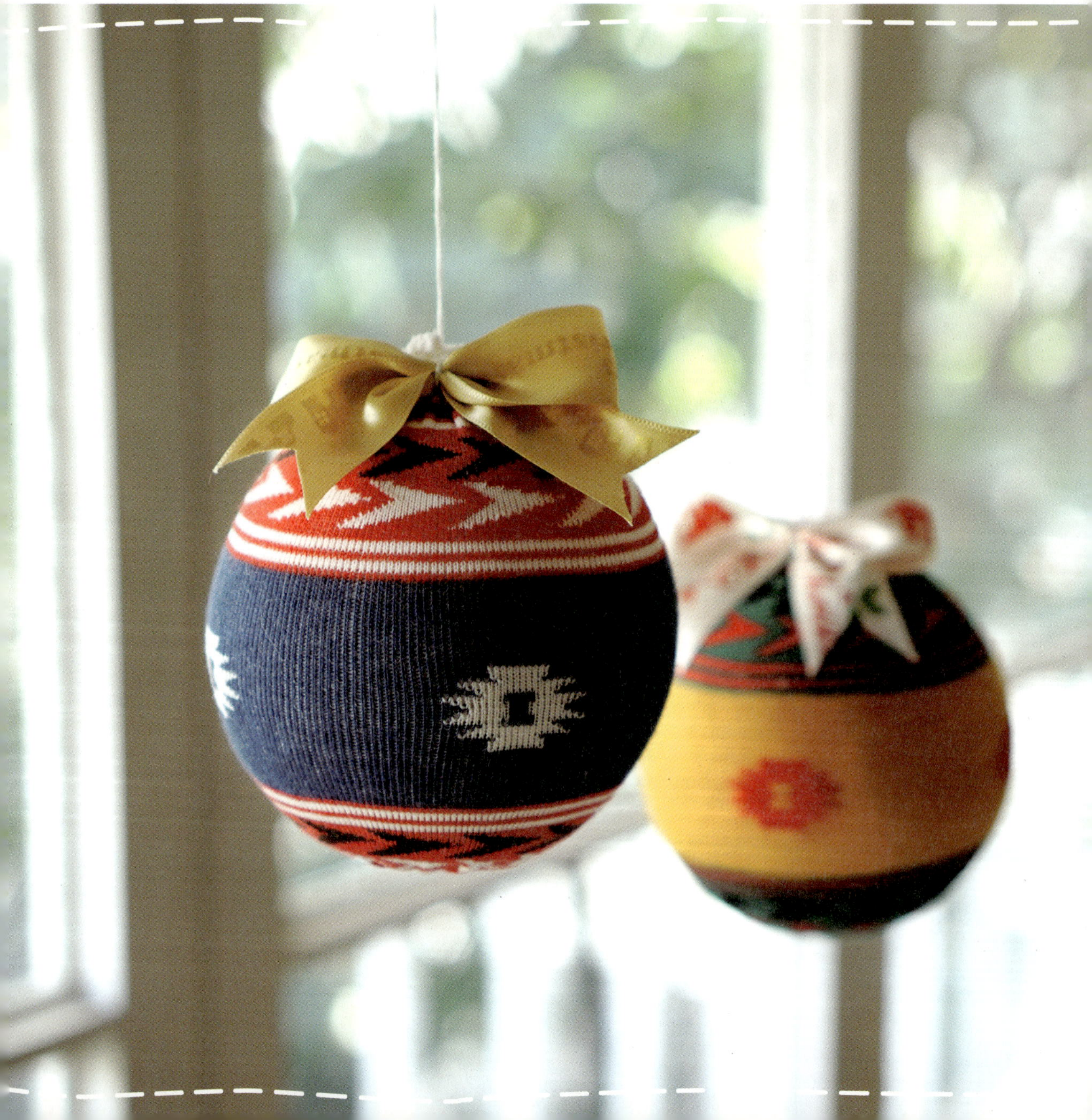

무늬 양말 1짝

도안 위치는 이렇게 그려 사용하세요.

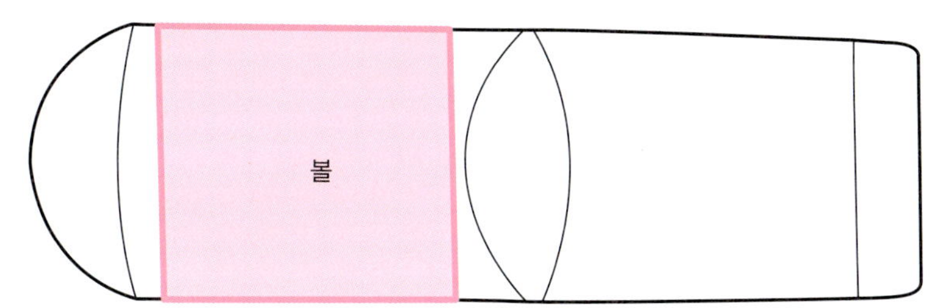

만들기 과정

01 양말을 뒤집어 도안을 그려줍니다.

02 시접 1cm를 남기고 오려줍니다.

03 도안선을 따라 빙 둘러 홈질해줍니다.

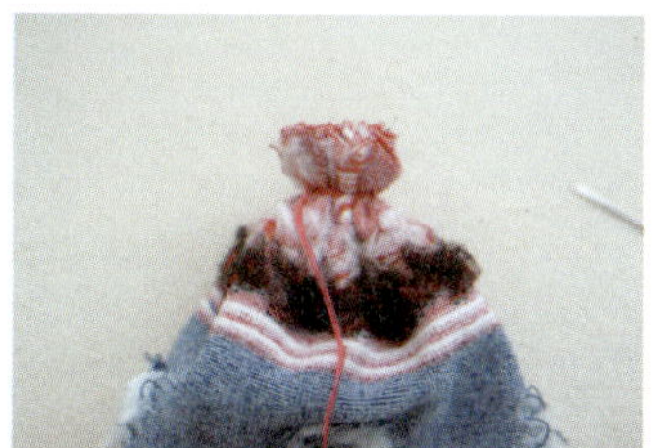

04 실을 잡아당겨 오므린 후 실을 몇 번 감아 매듭지어줍니다.

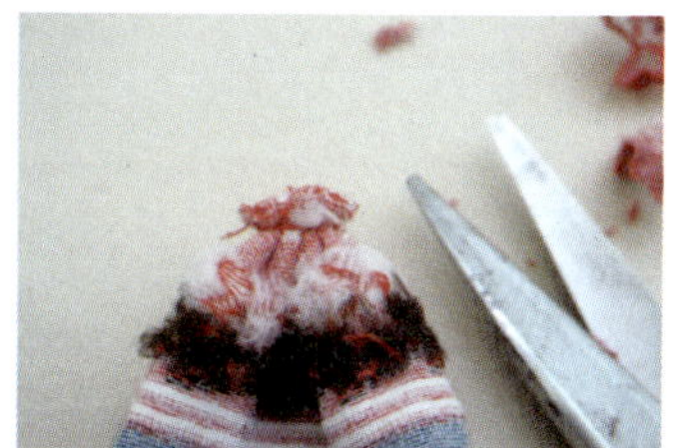

05 묶여진 부분이 길면 가위로 짧게 정리해줍니다.

TIP 묶인 부분 때문에 볼에 튀어나온 부분이 생기지 않도록 하기 위해서예요. 짧게 자를수록 좋지만 묶은 실이 잘리지 않도록 주의해주세요.

06 스티로폼 구를 준비합니다.

TIP 성인용 여성 양말에 지름 9~10cm 구가 딱 맞아요. 작아지는 건 괜찮지만 더 큰 구는 안 들어가요. 스티로폼 구가 없으면 솜으로도 동그란 형태가 나옵니다.

07 가운데를 조금 잘라내어 파인 부분을 만들어줍니다.

08 파인 부분에 양말 묶인 부분이 쏙 들어가도록 위치를 잡아 넣어 줍니다.

09 1cm 시접을 남기고 빙 둘러 홈질 해줍니다.

10 실을 잡아당겨 오므려 매듭지어 줍니다. 이렇게 해야 시접이 자연 스럽게 주름이 잡혀 예뻐요.

11 구에 긴 줄을 달아 마무리합니다.

12 폭 2.5cm 리본을 준비해서 싱글 나비 보우를 만들어줍니다.

13 가운데를 철사나 끈으로 묶어줍 니다.

14 리본을 글루건으로 구에 달아 완 성합니다.

향기 솔솔 사탕

달콤한 향기가 솔솔~ 사랑스런 향기가 솔솔~ 귀여움의 향기까지~
작지만 깜찍함의 결정체 돌돌 양말 사탕이에요.
밸런타인데이나 화이트데이 때 여러 개 만들어 좋아하는 친구들과 나눠도 좋겠어요.

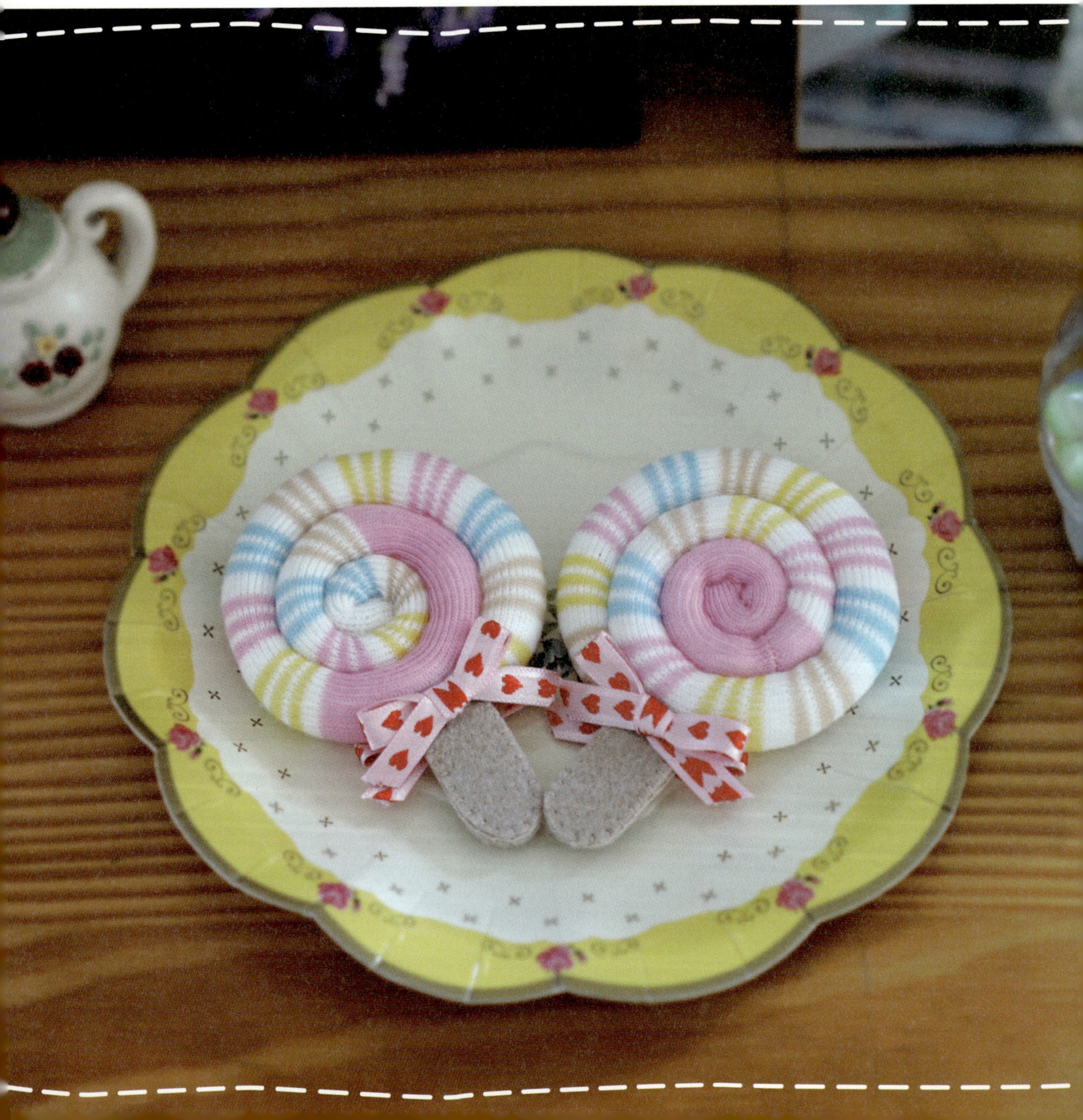

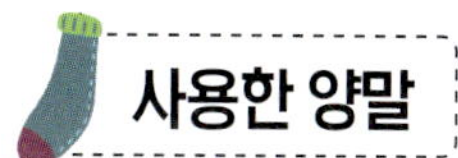

사용한 양말

일반양말 1짝

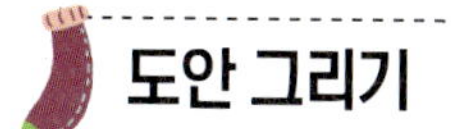

도안 그리기

도안 위치는 이렇게 그려 사용하세요. (p.209)

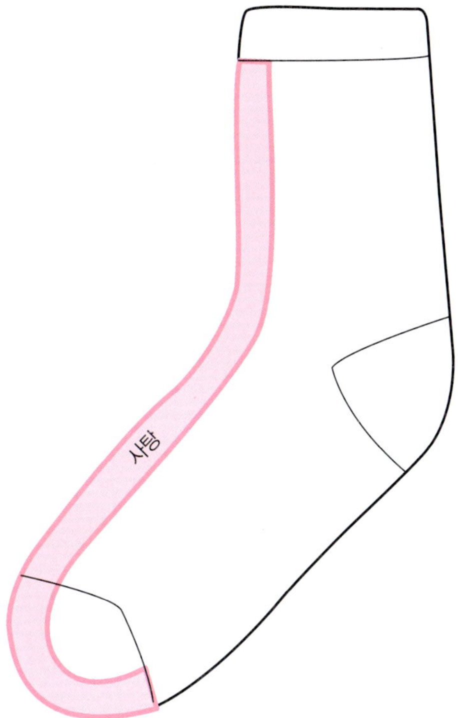

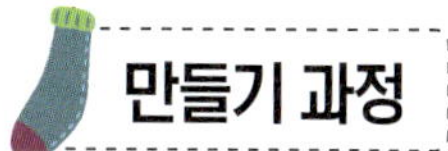

만들기 과정

01 양말을 뒤집어 1cm 폭의 띠를 그려줍니다.

02 창구멍을 제외하고 촘촘하게 홈질합니다.

03 시접 1cm를 남기고 오려줍니다.

04 솜을 골고루 넣어줍니다.

TIP 창구멍과 먼 곳부터 솜을 채워나가야 골고루 넣을 수 있어요.

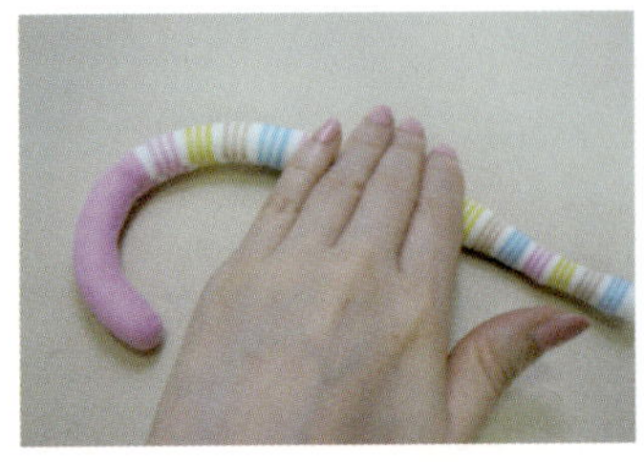

05 바닥에 놓고 손가락으로 굴려주면서 솜이 뭉친 곳을 풀어줍니다.

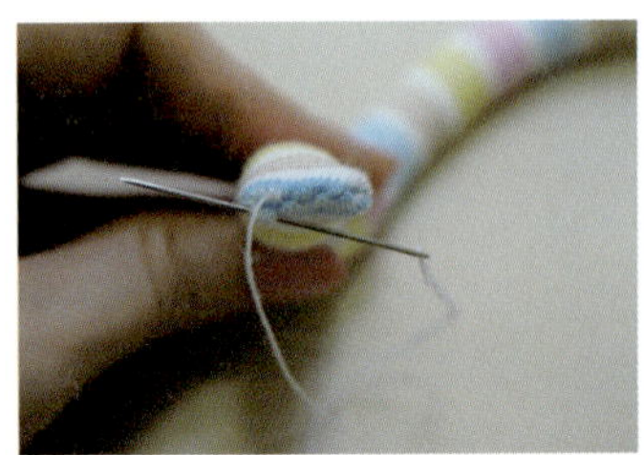

06 창구멍을 공그르기로 막아줍니다.

07 돌돌 말아준 후 시침핀으로 모양을 잡아놓습니다.

08 끝을 공그르기로 고정해줍니다.

09 말린 옆면을 공그르기해서 깔끔하게 정리해줍니다.

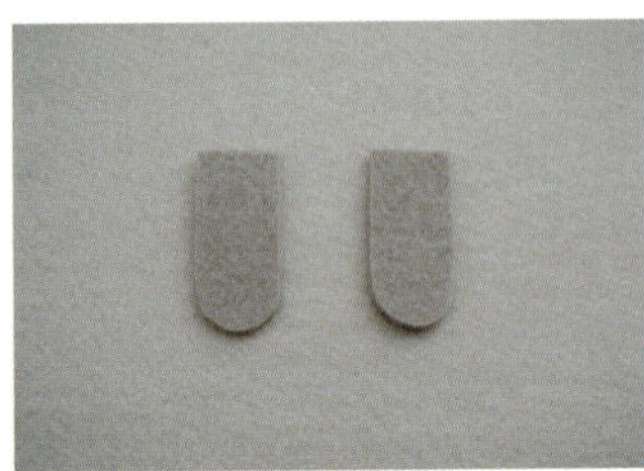

10 아이스바 형태로 펠트지를 잘라 준비합니다.

11 두 장을 버튼홀 스티치해줍니다.

TIP 직선 부분은 사탕에 붙이는 부분이므로 바느질을 생략해줍니다.

12 5mm 폭 리본을 준비해 묶어줍니다.

13 앞뒤로 붙일 수 있게 리본을 두 개 만들어줍니다.

14 펠트지 아이스바의 위쪽에 글루를 발라 사탕에 고정해줍니다.

15 리본을 붙여 마무리합니다.

170

174

178

182

186

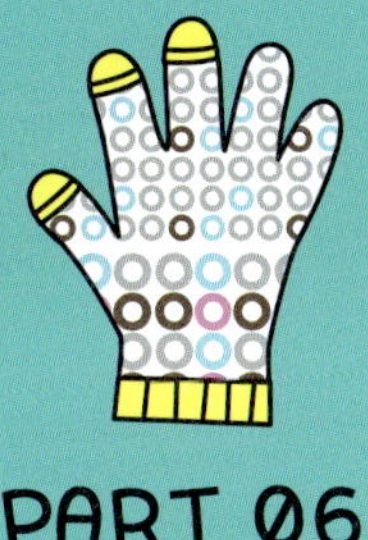

PART 06

장갑 친구들

훌쩍 훌쩍 개구리

청개구리가 비오는 날 우는 이유가 냇가에 있는 엄마 무덤이 떠내려 갈까봐 그런다는 동화가 있죠. 이 청개구리는 그래서 우는 건 아니에요. 다만 비오는 날 엄마가 더 보고 싶은 건 어쩔수가 없답니다. 오늘도 촉촉하게 비가 내려 괜히 기분이 울적해지는 개구리예요.

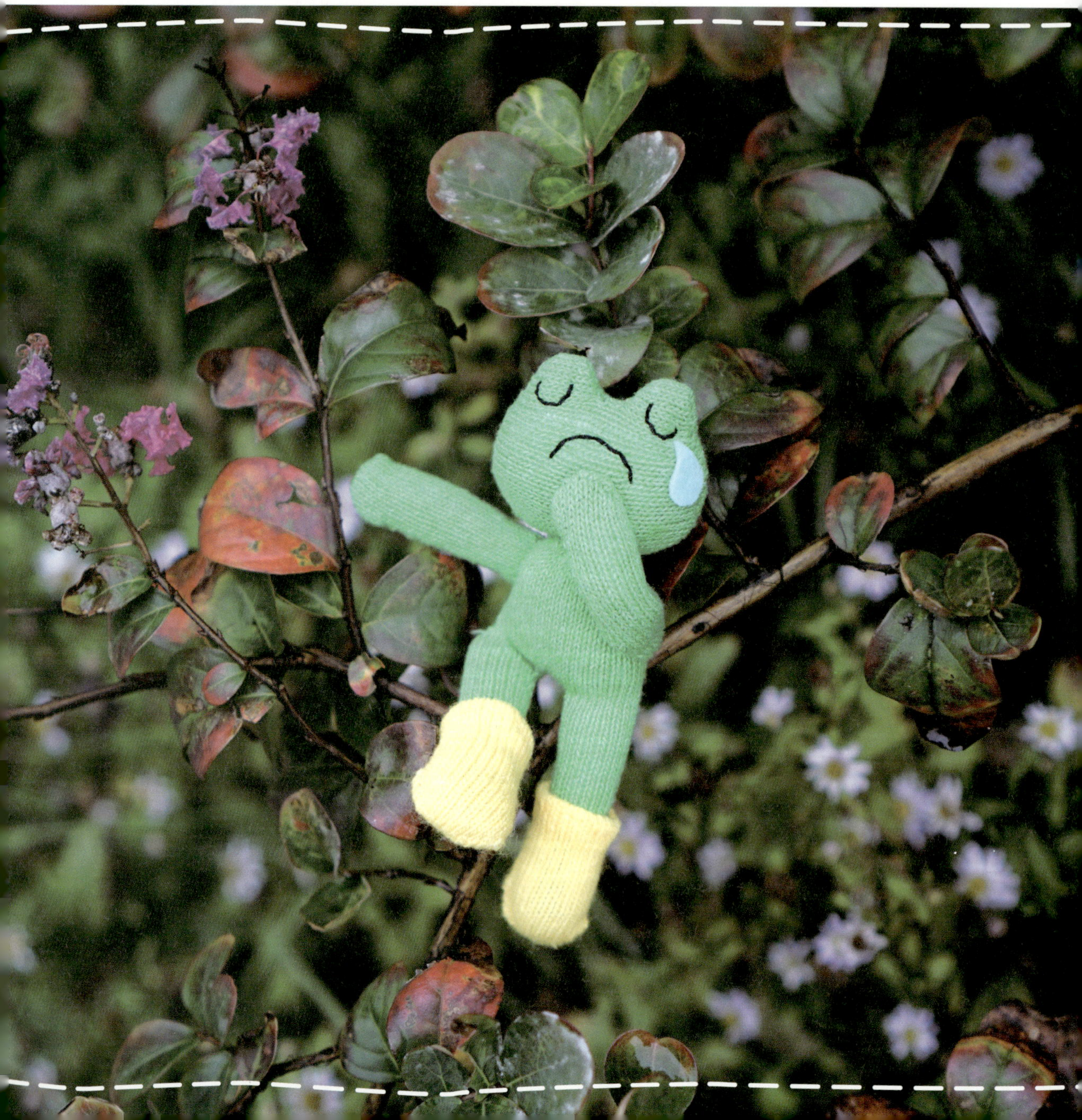

면장갑 1켤레

만들기 과정

01 장갑을 뒤집어 재단선을 그려줍니다.

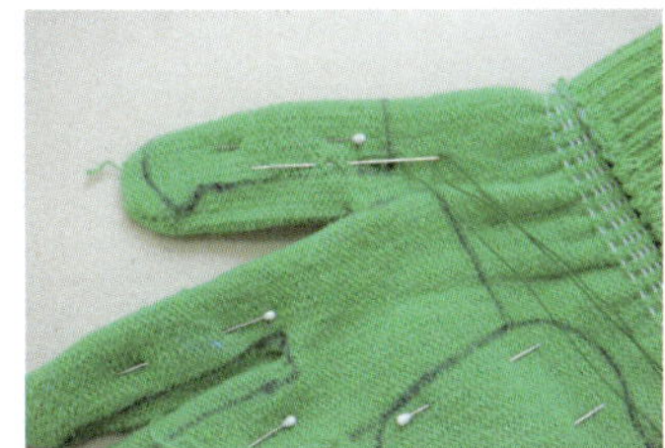

02 창구멍을 제외하고 재단선 0.5cm 안쪽에 반박음질합니다.

03 재단선을 따라 오려줍니다.

04 뒤집어서 솜을 넣어줍니다.

05 얼굴과 팔의 창구멍을 공그르기로 막아줍니다.

06 몸의 창구멍을 안쪽으로 접어놓고 빙 둘러 바느질합니다.

07 실을 잡아 당겨 오무려줍니다.

08 얼굴, 몸, 양팔이 만들어졌습니다.

09 얼굴과 몸을 공그르기로 연결해줍니다.

10 몸에 양쪽 팔을 달아줍니다.

TIP 팔이 앞쪽을 향하게 달아줘야 얼굴을 감싸는 모습을 쉽게 연출할 수 있어요.

11 검은색 실로 눈과 입을 스티치 해줍니다.

12 장화를 표현하기 위해 노란 장갑을 준비합니다.

TIP 장화는 생략해도 괜찮아요.

13 손가락 두 개를 잘라서 자른 선을 안쪽으로 접어 홈질해준 후 개구리 발에 신겨 완성합니다.

꽃보다 사자

여기 꽃처럼 예쁜 사자가 있습니다. 얼굴에 난 털이 마치 활짝 핀 꽃잎처럼 예쁘기만 합니다. 거기에 살포시 미소까지 머금고 있네요. 이 정도면 미스터 사자 선발대회에 나가도 좋겠어요. 웨이브가 느껴지는 얼굴털이 매력인 꽃사자 인사 드려요.

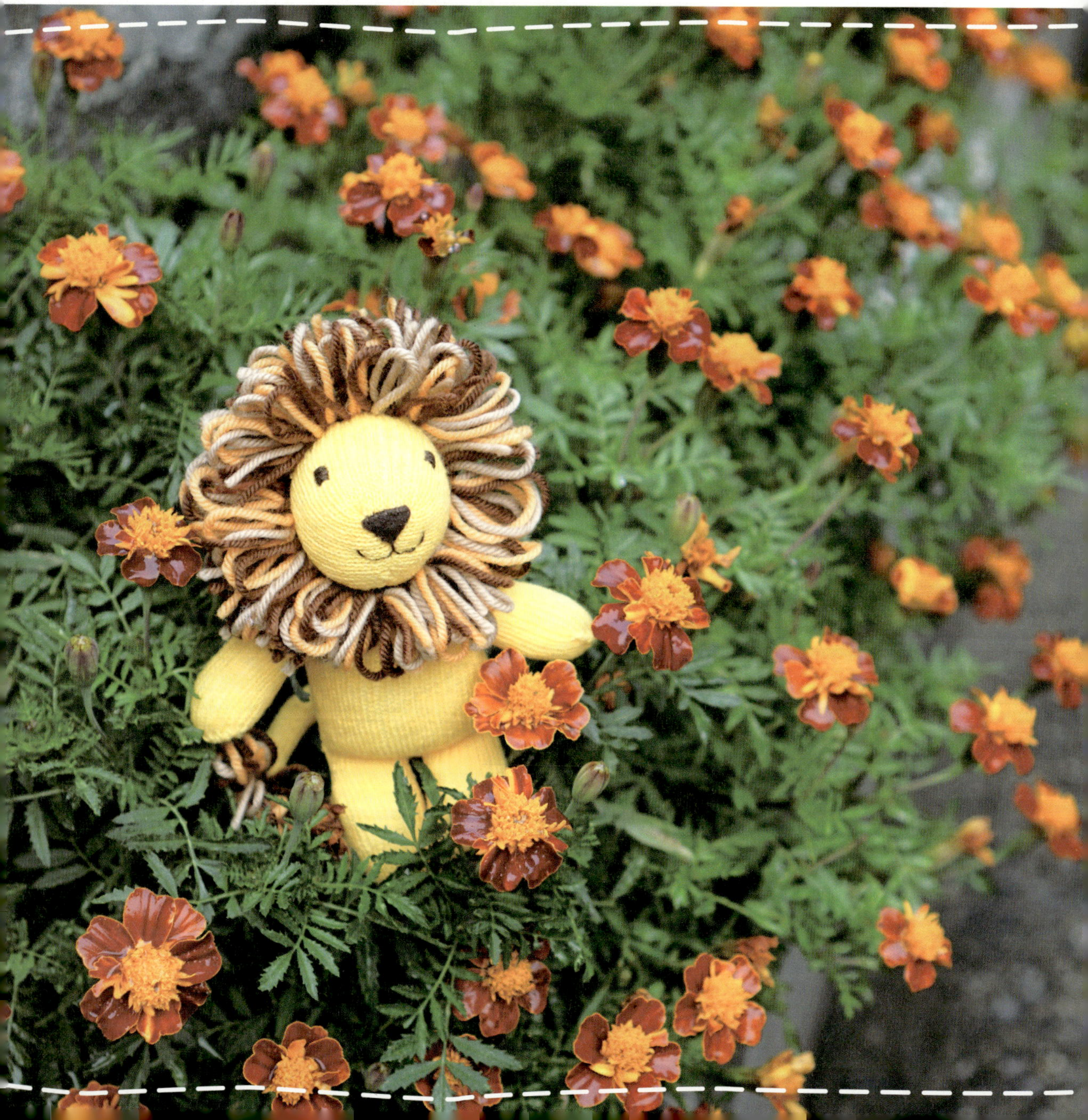

면장갑 1짝

만들기 과정

01 장갑을 뒤집어 재단선을 그려줍니다.

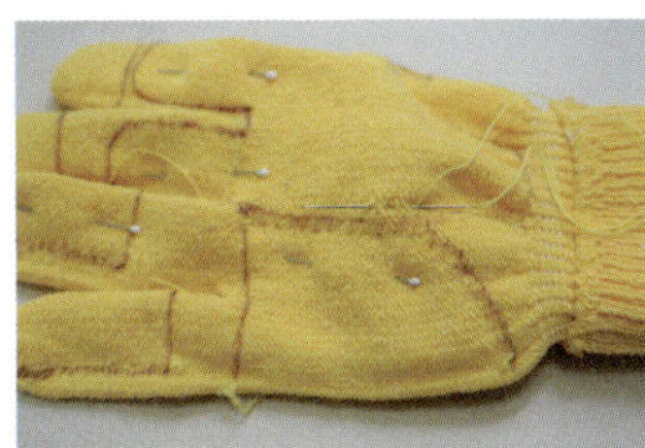

02 창구멍을 제외하고 재단선 0.5cm 안쪽에 반박음질합니다.

03 재단선을 따라 오려줍니다.

04 뒤집어서 솜을 넣어줍니다.

05 머리 창구멍의 하단 부분을 공그르기 합니다.

06 상단의 시접을 안쪽으로 접어 시침핀을 꽂아줍니다.

07 공그르기로 고정해 뒤통수를 마무리합니다.

08 양팔의 창구멍을 공그르기로 막아줍니다.

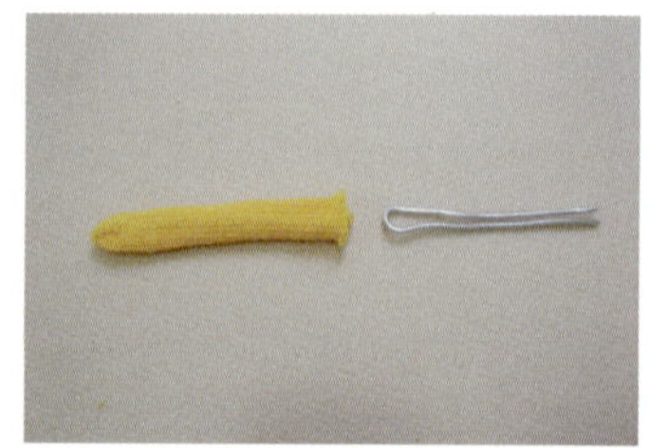

09 꼬리는 안쪽에 와이어를 넣어줍니다.

TIP 와이어를 넣으면 다양한 모양으로 자유롭게 만들 수 있어요. 와이어가 없으면 솜을 넣지 않은 상태로 마무리해줍니다.

10 귀는 아래쪽을 반 접어 바느질로 고정해놓습니다.

11 양쪽 머리에 공그르기로 귀를 달아줍니다.

12 몸의 창구멍을 안쪽으로 접어놓고 빙 둘러 바느질한 후 오므려줍니다.

13 얼굴과 몸을 공그르기로 연결해줍니다.

14 몸에 양쪽 팔과 꼬리를 달아줍니다.

15 주둥이의 뾰족한 부분을 얼굴 쪽에 붙여 감침질해줍니다.

TIP 이 과정을 해야 둥그런 콧등 모양이 나와요.

16 털실을 일정한 길이로 여러 차례 겹쳐줍니다.

TIP 비슷한 계열의 여러 가지 털실을 섞어 사용하면 좀 더 풍부한 느낌을 낼 수 있어요. 혹은 여러 색이 그라데이션 되어 있는 털실을 이용해도 좋아요.

17 가운데를 묶어줍니다. 묶은 털실도 길이에 맞춰 잘라줍니다.
이 묶음을 여러 개 만듭니다. 많이 준비할수록 풍성한 털이 만들어져요.

18 기화성펜으로 얼굴에 털실을 꿰맬 자리를 표시해줍니다.

19 한 묶음씩 가운데를 감침질로 꿰매 머리에 고정해줍니다.

20 얼굴 주변을 빙둘러 모두 털실을 달아준 모습이에요.

TIP 총 12개의 털실 묶음을 사용했습니다.

21 꼬리에도 같은 방법으로 털실을 달아줍니다.

22 기화성펜으로 얼굴을 그려줍니다.

23 펠트지로 코를 만들고 밤색 실로 눈과 입을 스티치해줍니다.

엉금엉금 거북이

햇살 좋은 날 산책 나온 거북이에요. 엉금엉금 느리게 걸으니 더 많은 햇살과 바람과 꽃향기를 느낄 수 있어서 행복하대요. 바람에 모자가 날아가면 모자를 주우러 또 한참을 엉금엉금 가야 하지만 그 덕분에 하루종일 걸을 수 있어서 좋기만 합니다. 엉금엉금 거북이는 걷는 걸 좋아해요.

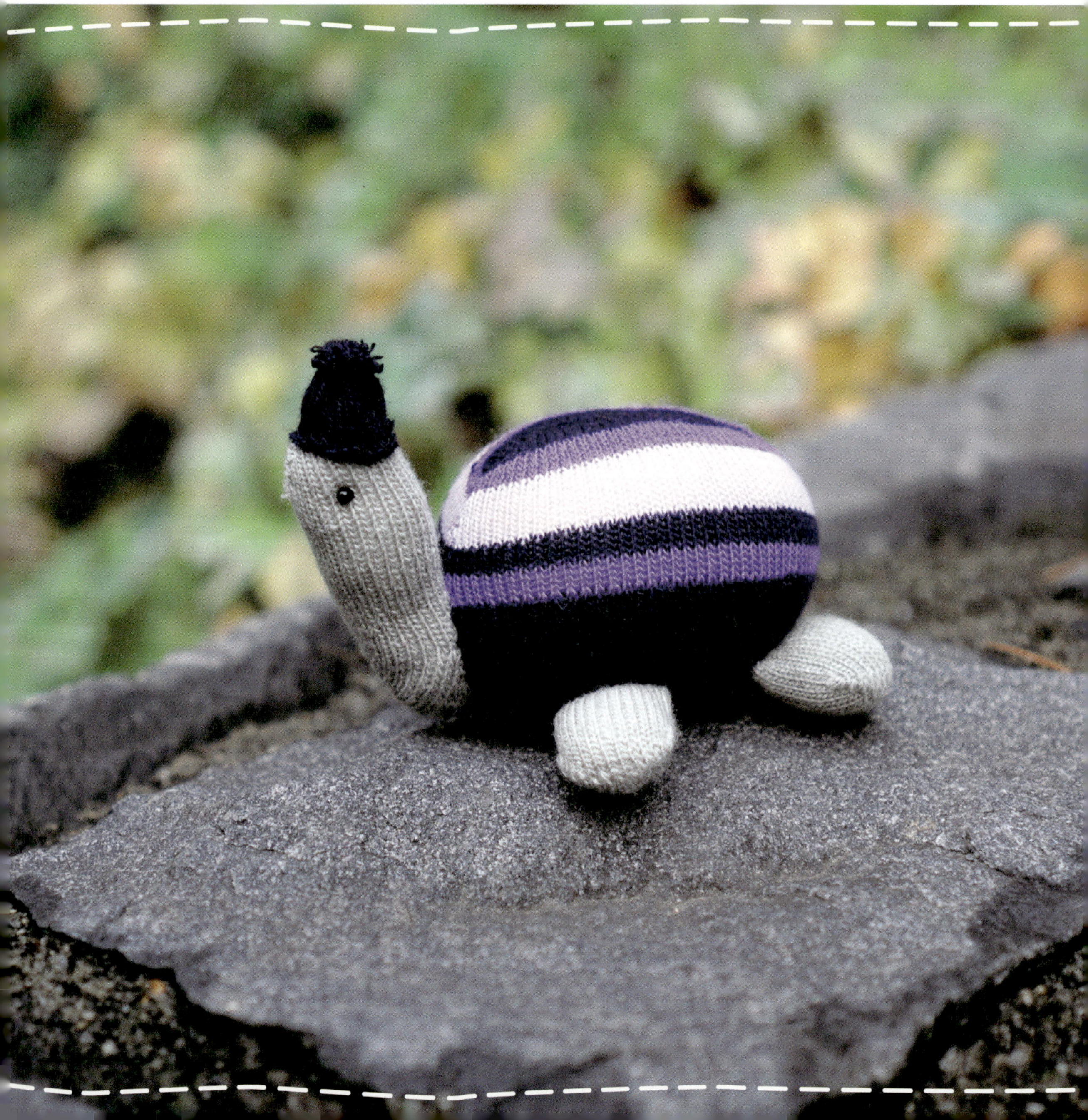

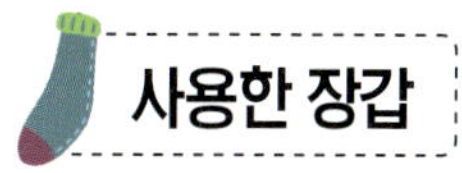 **사용한 장갑** (p.213)

이중장갑 1짝

만들기 과정

01 짧은 장갑을 뒤집어 재단선을 그려줍니다.

02 재단선 0.5cm 안쪽에 반박음질합니다. 손목 부분이 창구멍입니다.

03 재단선을 따라 오려줍니다.

04 뒤집어줍니다.

05 손목의 창구멍을 공그르기로 4분의 3가량 막아줍니다.

06 솜을 넣어줍니다.

07 남은 창구멍도 공그르기로 막아줍니다.

08 솜을 정리해 바닥쪽은 납작하게, 위쪽은 봉긋하게 모양을 잡아줍니다.

09 안쪽 장갑을 뒤집어 재단선을 그려줍니다.

10 창구멍을 제외하고 엄지의 재단선 0.5cm 안쪽에 반박음질합니다. 이 부분이 머리가 됩니다.

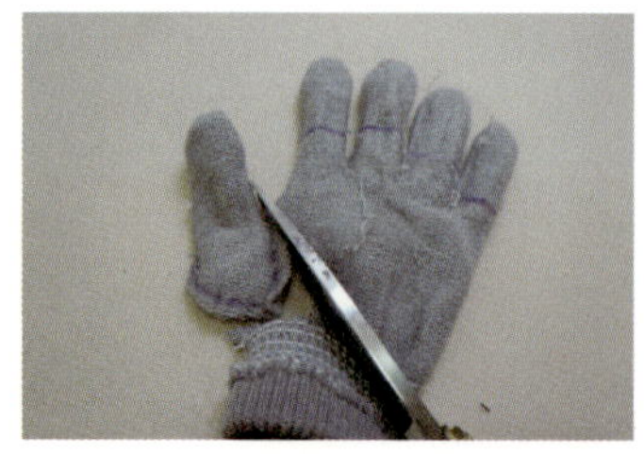

11 재단선을 따라 오려줍니다.

12 머리와 다리를 뒤집어서 솜을 넣어줍니다.

13 창구멍을 공그르기로 막아줍니다.

14 머리를 공그르기로 등에 고정해줍니다.

15 거북이 바닥에 발을 위치 잡아 시침핀으로 고정한 후 공그르기 해줍니다.

16 네 개의 발을 모두 연결해줍니다.

17 짧은 장갑의 손가락 부분을 잘라 상단을 빙 둘러 홈질합니다.

18 실을 잡아 당겨 오므려주면 모자가 완성됩니다.

19 모자를 머리에 올려 홈질해 고정해줍니다.

20 검은색 비즈를 달아 눈을 표현해줍니다.

룰루랄라 토끼

호기심 많은 토끼예요. 궁금한 게 많고 관심 있는 게 많아서 늘 혼자 분주하답니다.
항상 기분이 좋아 룰루랄라 콧노래를 부르며 이것저것 참견하고 다니는 게 일이에요.
오늘은 또 어떤 참견을 할지 룰루랄라~ 노래를 부르며 공원에 나왔어요.

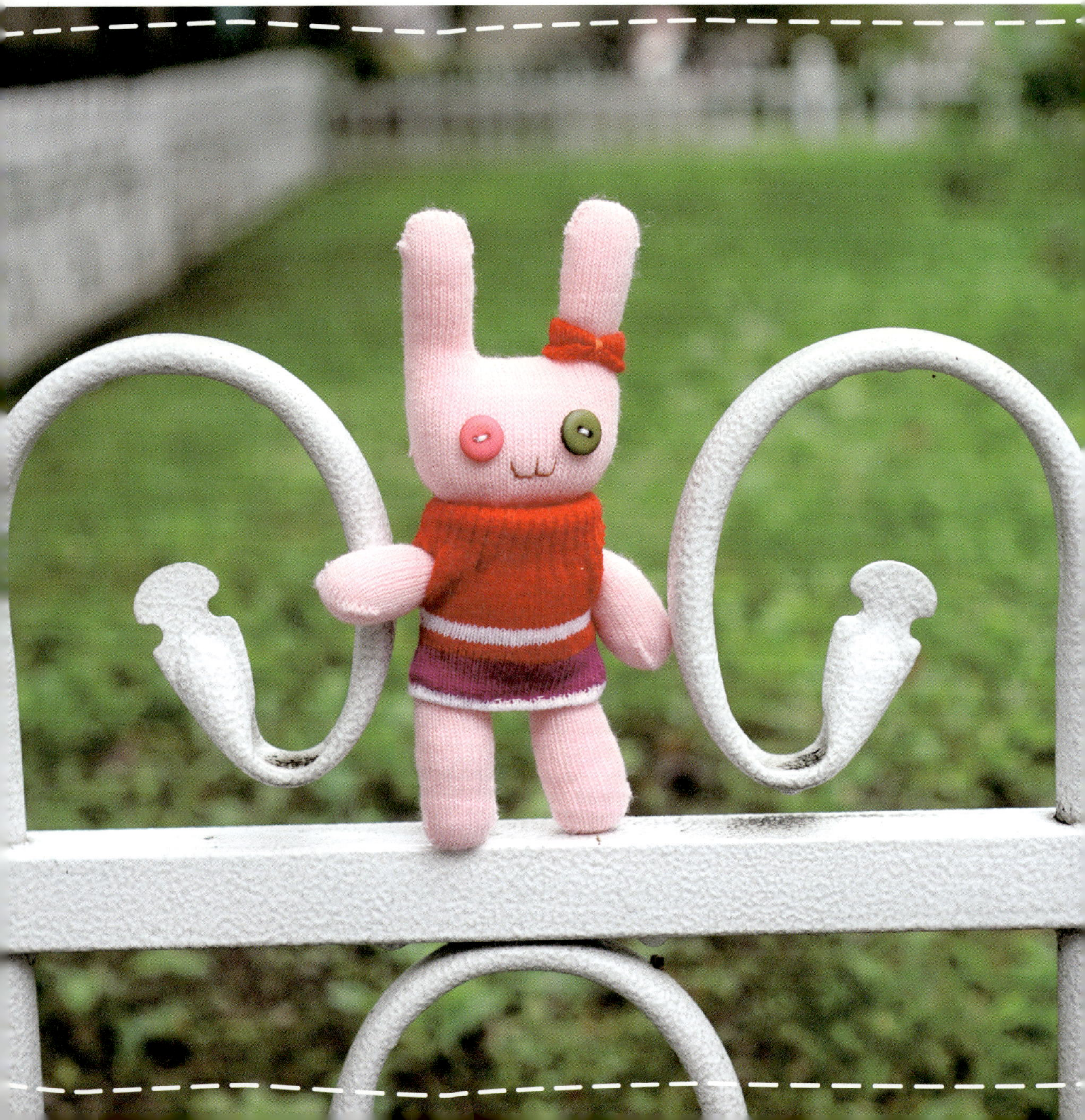

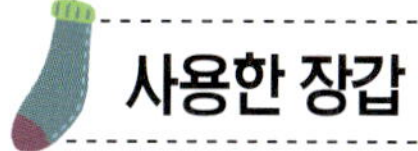

사용한 장갑 (p.214)

이중장갑 1켤레

만들기 과정

01 안쪽 장갑을 뒤집어 재단선을 그려줍니다.

02 창구멍을 제외하고 재단선 0.5cm 안쪽에 반박음질합니다.

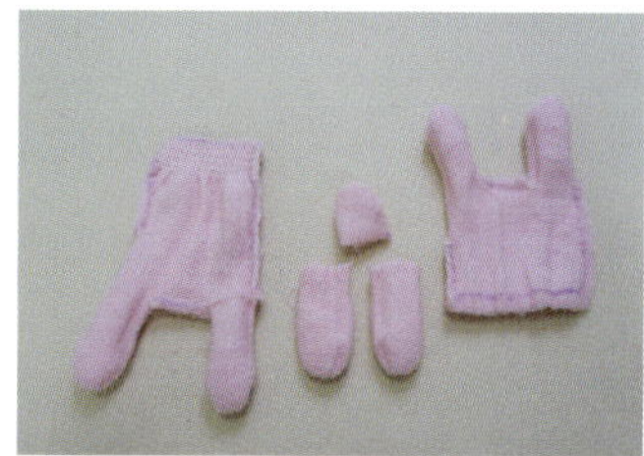

03 재단선을 따라 오려줍니다.

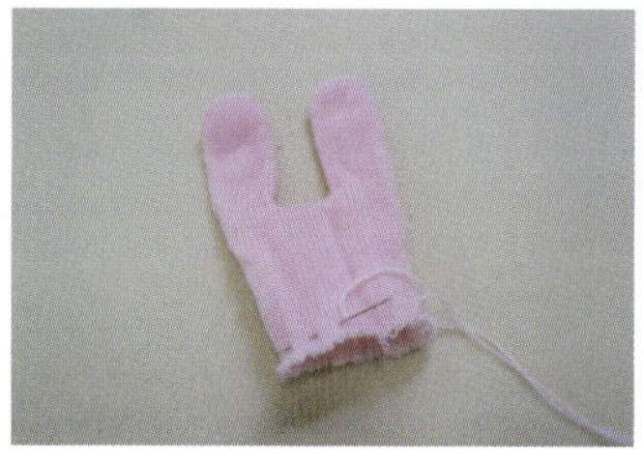

04 머리를 뒤집어서 창구멍을 빙 둘러 홈질합니다.

05 솜을 넣어줍니다.

06 실을 잡아당겨 오므려 마무리합니다.

07 몸도 마찬가지로 창구멍을 빙 둘러 홈질합니다.

08 솜을 넣어줍니다.

09 실을 잡아당겨 오므려 마무리 합니다.

10 팔에도 솜을 넣어줍니다.

11 창구멍을 공그르기해줍니다.

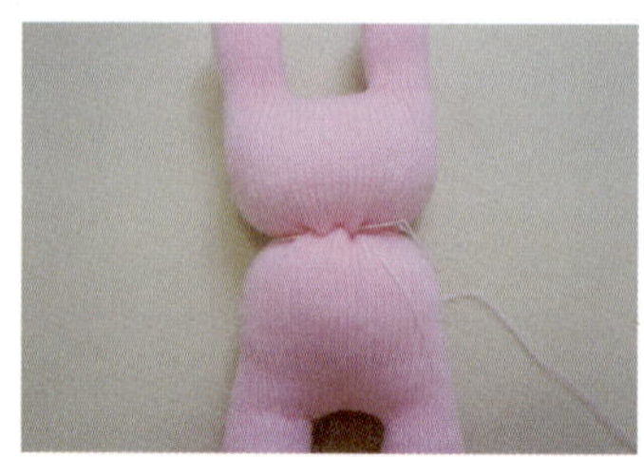

12 머리와 몸을 공그르기로 고정해 줍니다.

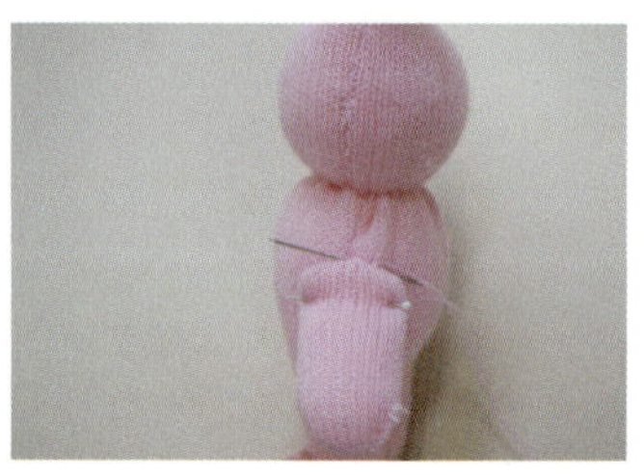

13 양팔을 공그르기로 몸에 달아줍니다.

14 꼬리도 입구를 홈질해 솜을 넣어 잡아 당겨 오므려줍니다.

15 짧은 장갑을 뒤집어 재단선을 그려줍니다.

16 재단선 0.5cm 안쪽에 반박음질합니다. 손목 부분이 창구멍입니다.

17 재단선을 따라 오려줍니다.

18 뒤집어서 아랫단을 접어넣어 홈질해줍니다.

19 토끼 몸에 입혀줍니다. 이때 원피스 양옆으로 조금 구멍을 내어 팔을 끼워줍니다.

20 짧은 장갑의 손가락 부분을 잘라 준비합니다.

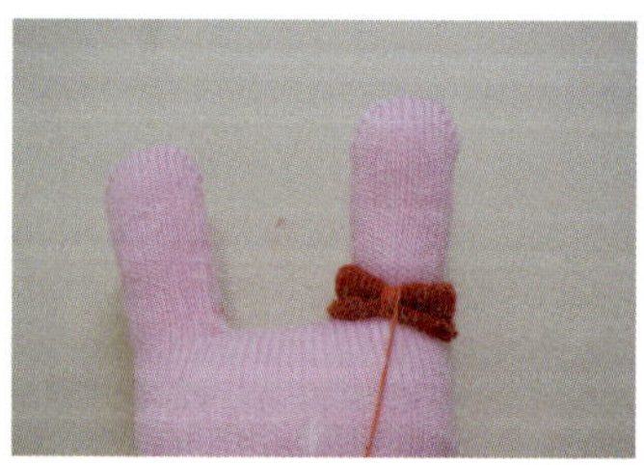

21 고리를 토끼 귀에 넣은 후 가운데를 실로 몇 번 감아 리본 형태를 표현해줍니다.

22 기화성펜으로 얼굴을 그려줍니다.

23 검은색 단추와 스티치를 이용해 눈과 코를 만들어줍니다.

24 만들어놓은 꼬리를 엉덩이 부분에 공그르기해줍니다.

포근포근 코끼리

보기만 해도 따스함이 전해지는 코끼리예요. 도톰한 니트장갑으로 만들어 포근포근한 느낌이 좋습니다.
손시려울 때 손으로 이 코끼리 인형을 안기만 해도 따뜻해질 거 같은 기분이에요.
예쁜 모자까지 쓰고 있는 아기 코끼리를 만나보세요.

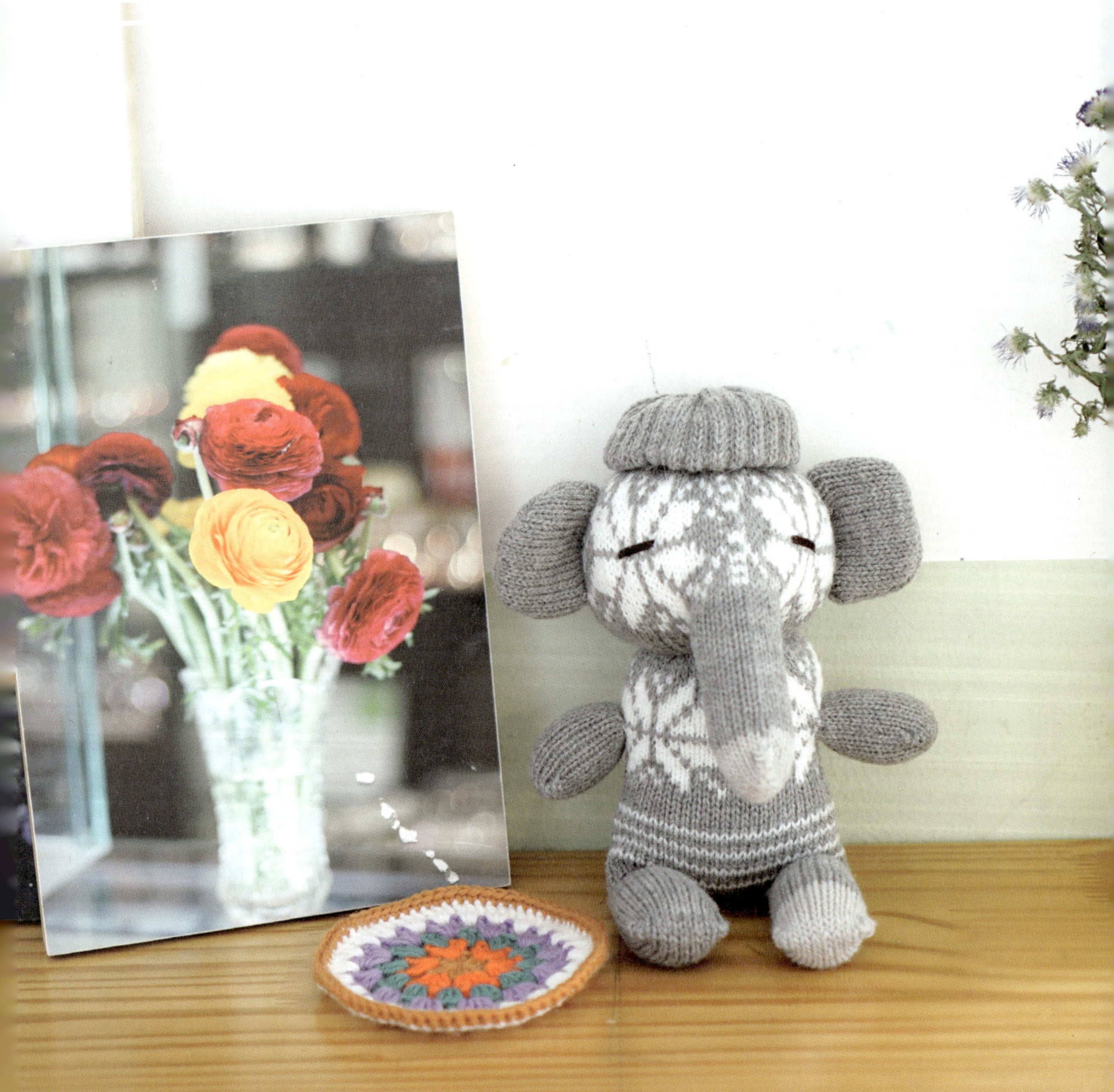

니트장갑 1켤레

만들기 과정

01 장갑을 뒤집어 재단선을 그려줍니다.

02 창구멍을 제외하고 재단선 0.5cm 안쪽에 반박음질합니다.

03 재단선을 따라 오려줍니다.

04 장갑의 머리 부분을 빙 둘러 홈질합니다.

05 시접을 안쪽으로 밀어 넣으며 실을 잡아당겨 오므려줍니다.

06 목쪽도 빙 둘러 홈질합니다.

07 솜을 넣어줍니다.

08 시접을 안쪽으로 밀어 넣으며 실을 잡아당겨 오므려줍니다.

09 몸의 창구멍을 빙 둘러 바느질합니다.

10 솜을 넣고 실을 잡아당겨 오므려
줍니다.

11 팔의 창구멍을 공그르기로 막아
줍니다.

12 손가락 네 개를 준비한 후 반을
잘라 펼쳐줍니다.

13 겉면끼리 마주보게 겹쳐놓은 후
귀 도안을 그려줍니다.

14 창구멍을 제외하고 반박음질해줍
니다.

15 0.5cm 시접을 남기고 오려줍니다.

16 귀의 창구멍을 공그르기로 막아
줍니다.

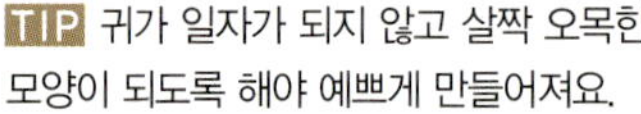

17 양쪽 귀를 얼굴에 공그르기로 연
결해줍니다.

TIP 귀가 일자가 되지 않고 살짝 오목한
모양이 되도록 해야 예쁘게 만들어져요.

18 몸에 양쪽 팔을 공그르기로 달아
줍니다.

19 머리와 몸을 공그르기로 연결해 줍니다.

20 밤색 실로 눈을 스티치해줍니다.

21 장갑의 팔목 부분을 재단선으로 부터 1cm 위치를 빙 둘러 홈질 합니다.

TIP 두꺼운 장갑이면 시접을 더 많이 주세요.

22 시접을 안쪽으로 넣으면서 오므 려 매듭지은 후 머리에 고정해줍 니다.

숲속에서 만난
양말

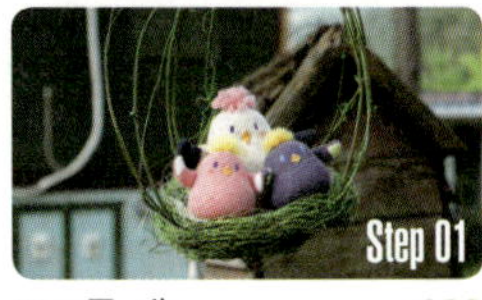

뽀로롱 새　022

양말인형 : 실선은 도안선입니다.
점선으로 된 뒤꿈치 기준선은 도안을 그릴 때 뒤꿈치에 맞춰서 그리라는 참고선입니다.
양옆의 긴 점선은 양말 접힌 부분에 대고 그리라는 표시입니다.

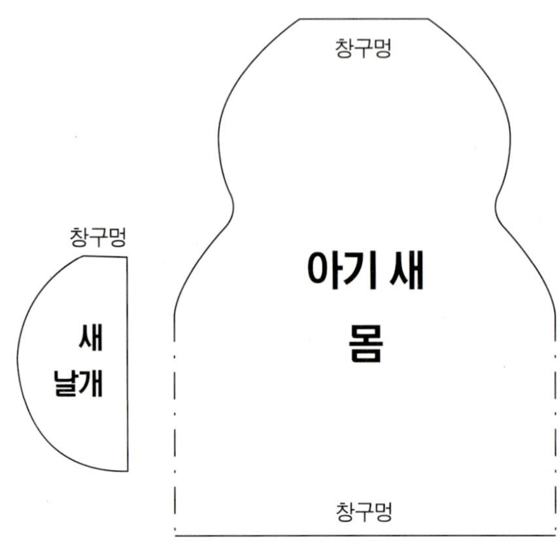

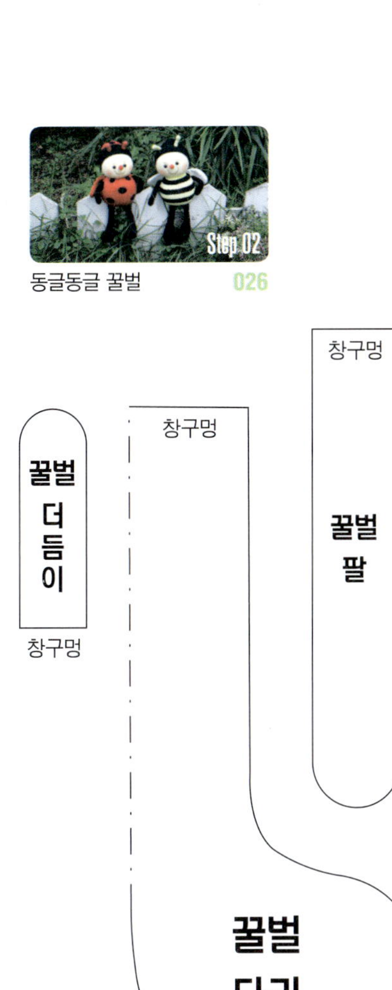

모자 : 발목부터 8.5cm가 도안선

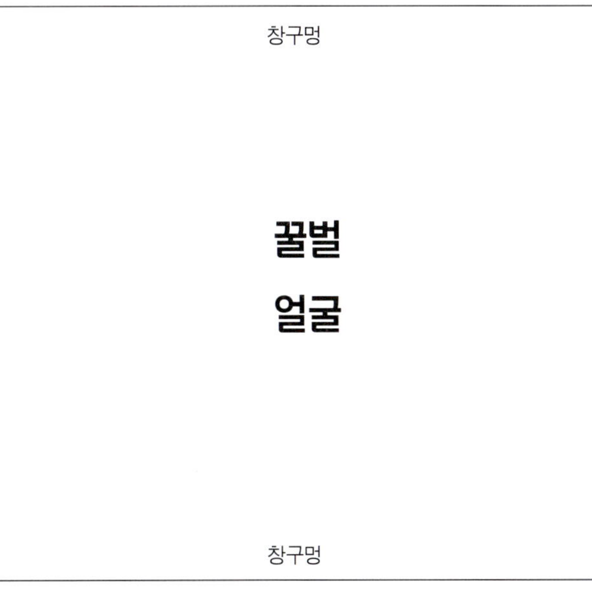

Step 03
살금살금 무당벌레   032

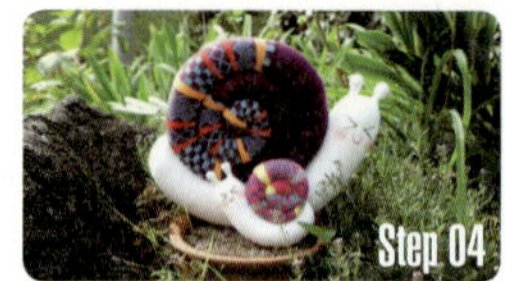

Step 04
돌돌 달팽이   036

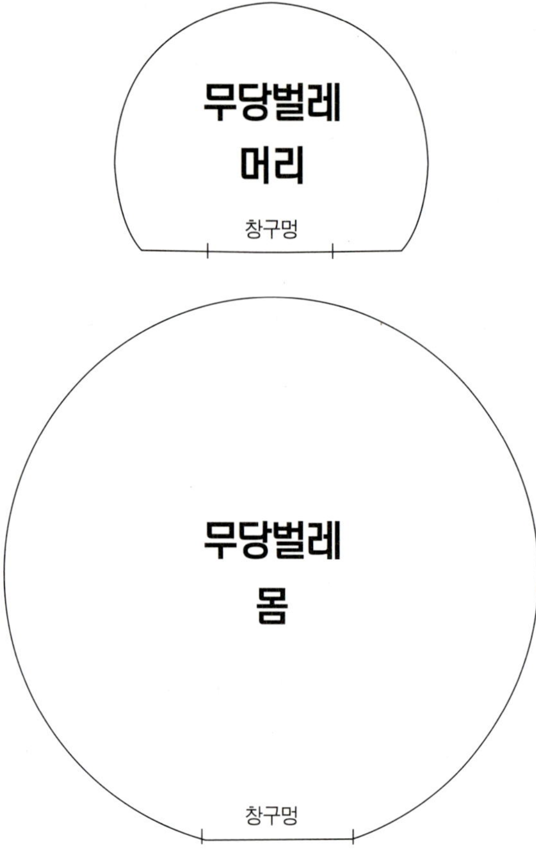

무당벌레
머리
창구멍

무당벌레
몸
창구멍

달팽이
몸
창구멍

다정다정 부엉이　　042

바다에서 만난 양말

땅글땅글 문어 Step 01 048

문어

입

(시접포함)

창구멍

뒤꿈치 기준선

문어

몸

창구멍

Step 02
뽀얀뽀얀 오징어
052

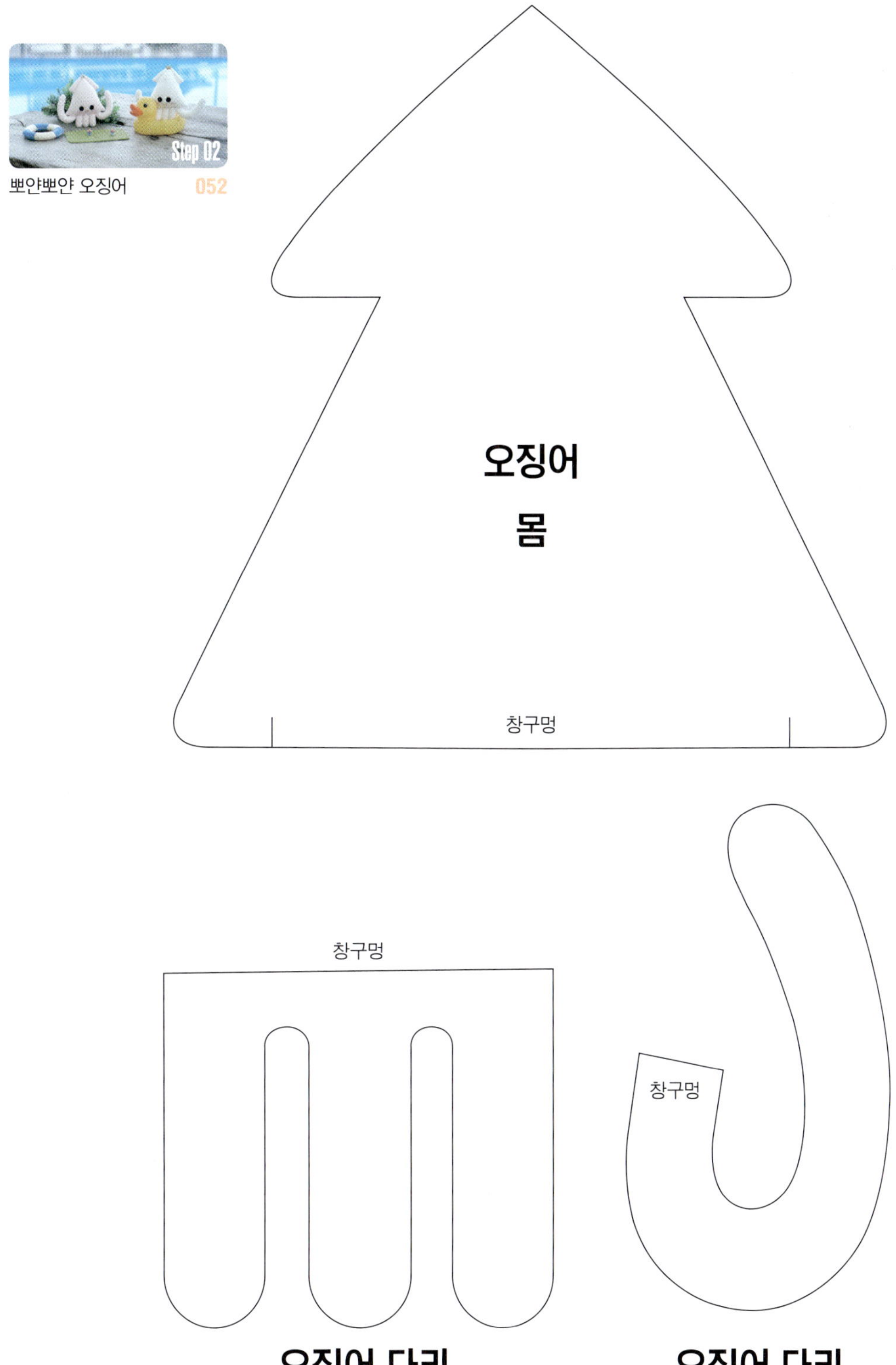
오징어
몸
창구멍
창구멍
창구멍
오징어 다리
오징어 다리

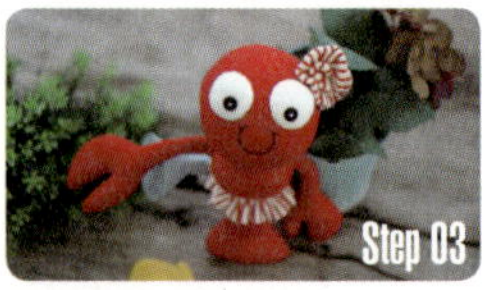
Step 03

볼록볼록 바닷가재 056

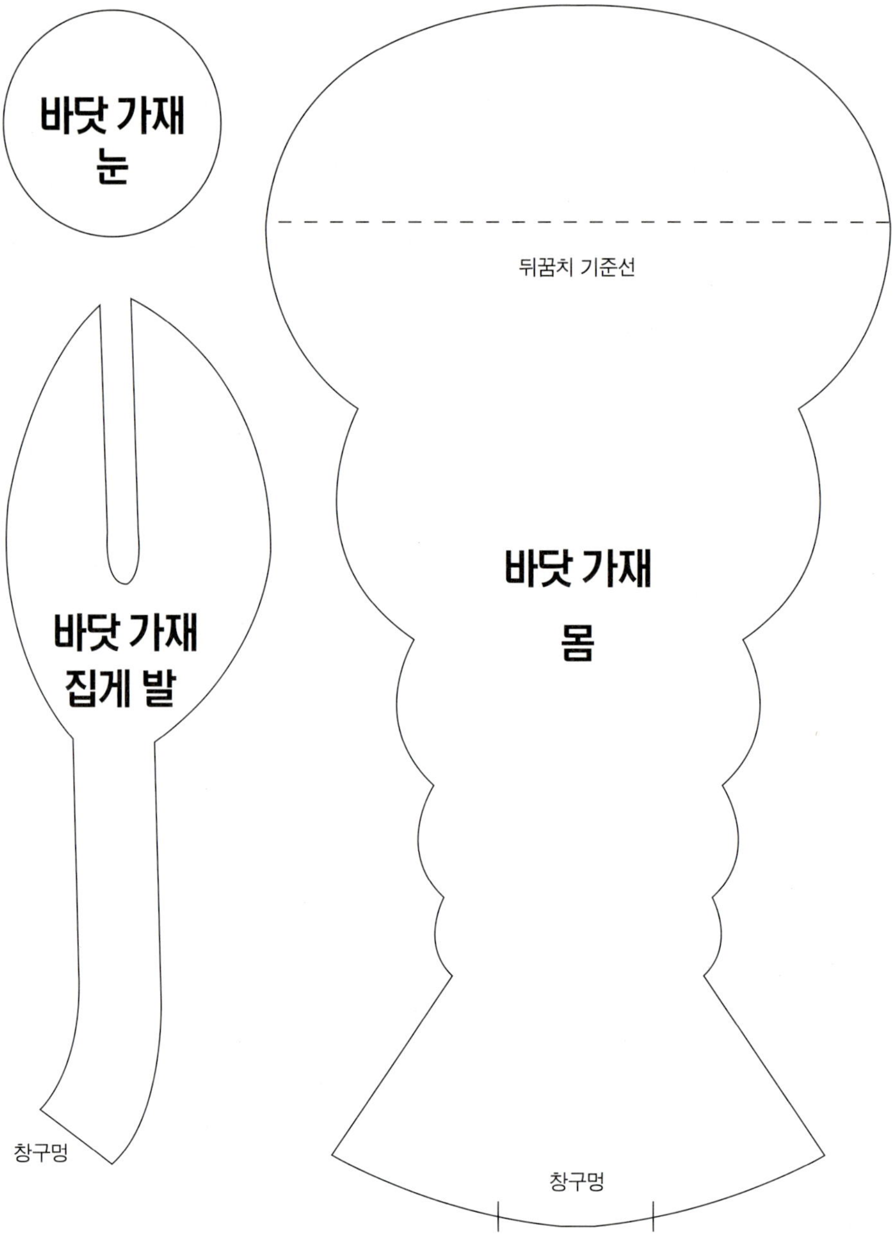
바닷 가재
눈
뒤꿈치 기준선
바닷 가재
몸
바닷 가재
집게 발
창구멍
창구멍

Step 04
뿌우~ 무지개 고래   062

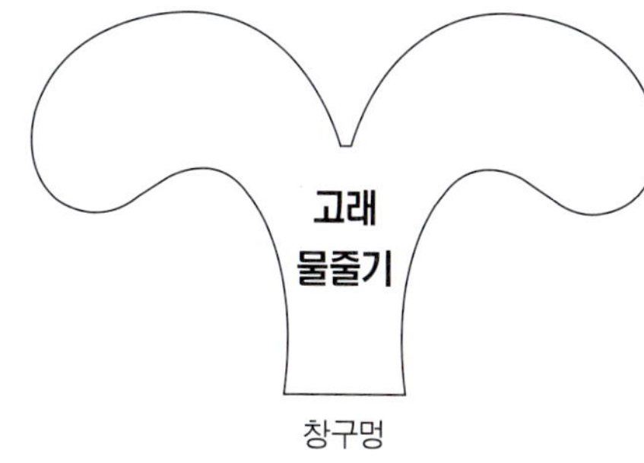

고래
물줄기
창구멍

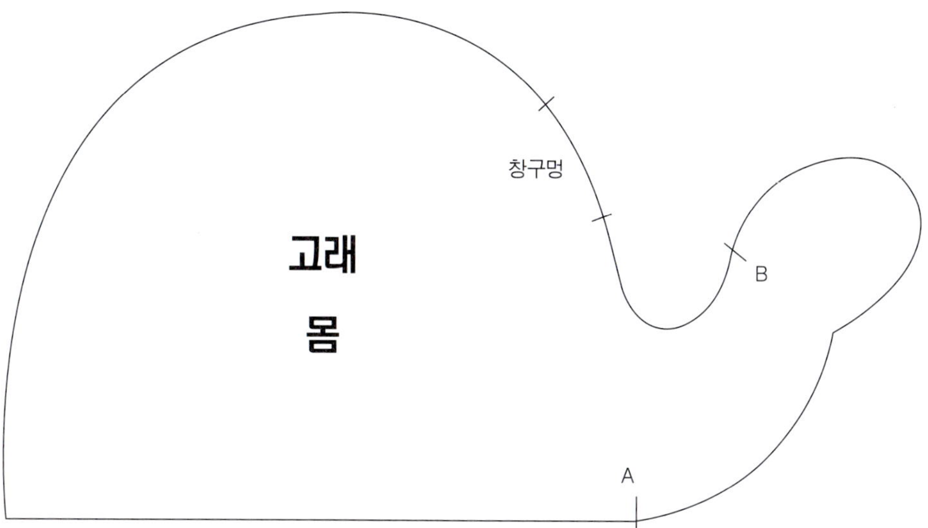

창구멍
고래
몸
B
A

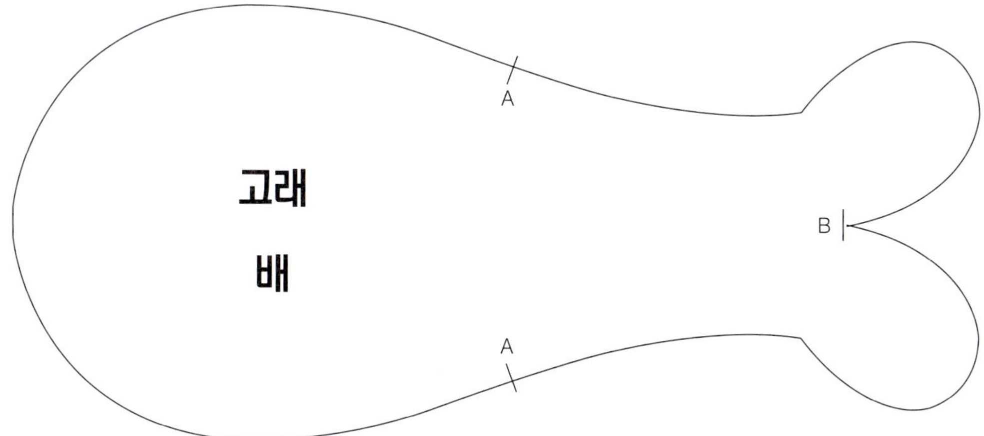

A
고래
배
B
A

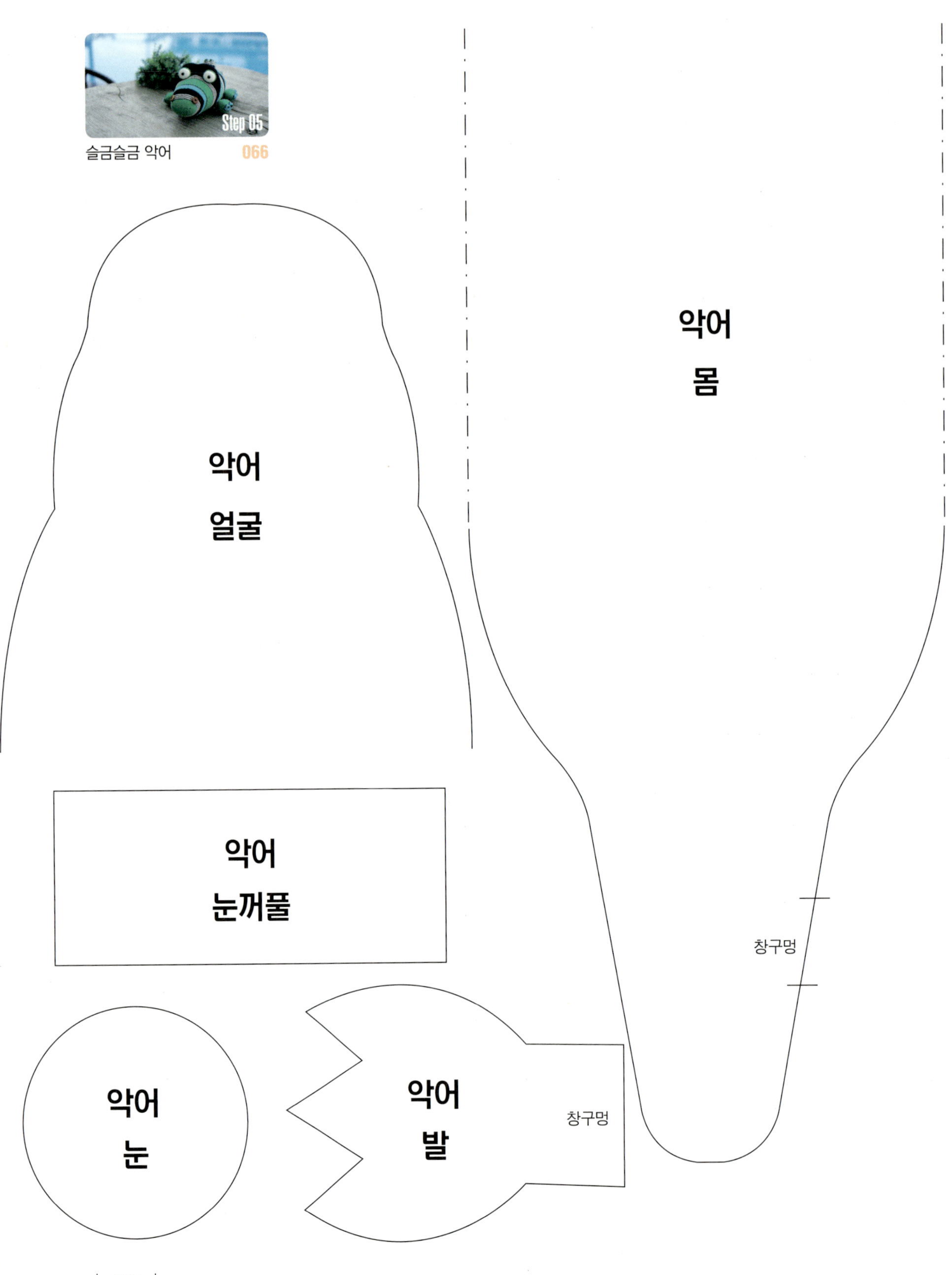
Step 05
슬금슬금 악어
066
악어
몸
악어
얼굴
악어
눈꺼풀
악어
눈
악어
발
창구멍
창구멍

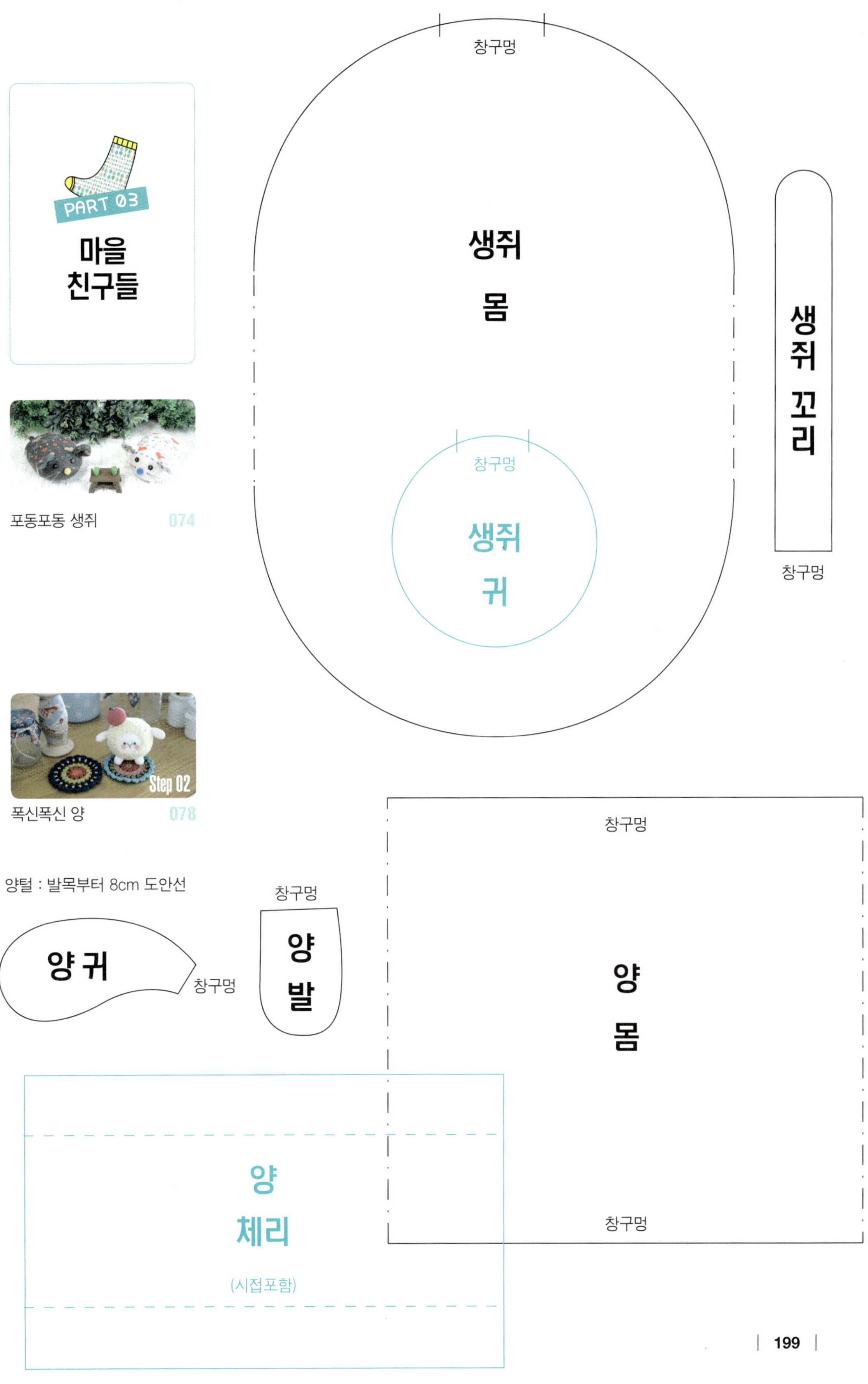
PART 03
마을
친구들
포동포동 생쥐　074
Step 02
폭신폭신 양　078
창구멍
생쥐
몸
창구멍
생쥐
귀
생쥐 꼬리
창구멍
양털 : 발목부터 8cm 도안선
창구멍
양 귀
창구멍
창구멍
양
발
창구멍
양
몸
양
체리
(시접포함)
창구멍

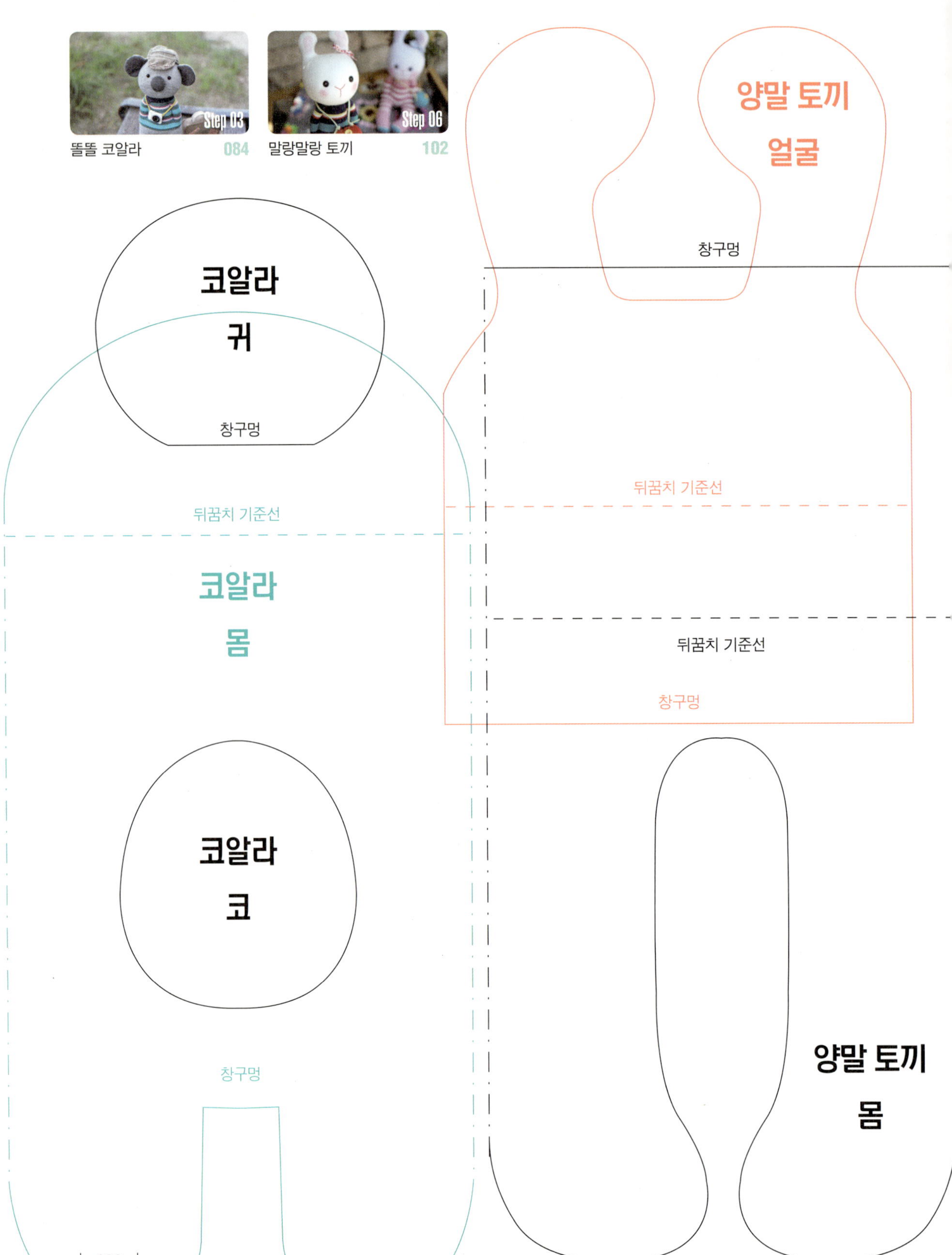Step 03
똘똘 코알라   084
Step 06
말랑말랑 토끼   102

양말 토끼
얼굴

창구멍

코알라
귀

창구멍

뒤꿈치 기준선

코알라
몸

뒤꿈치 기준선

뒤꿈치 기준선

코알라
코

창구멍

창구멍

양말 토끼
몸

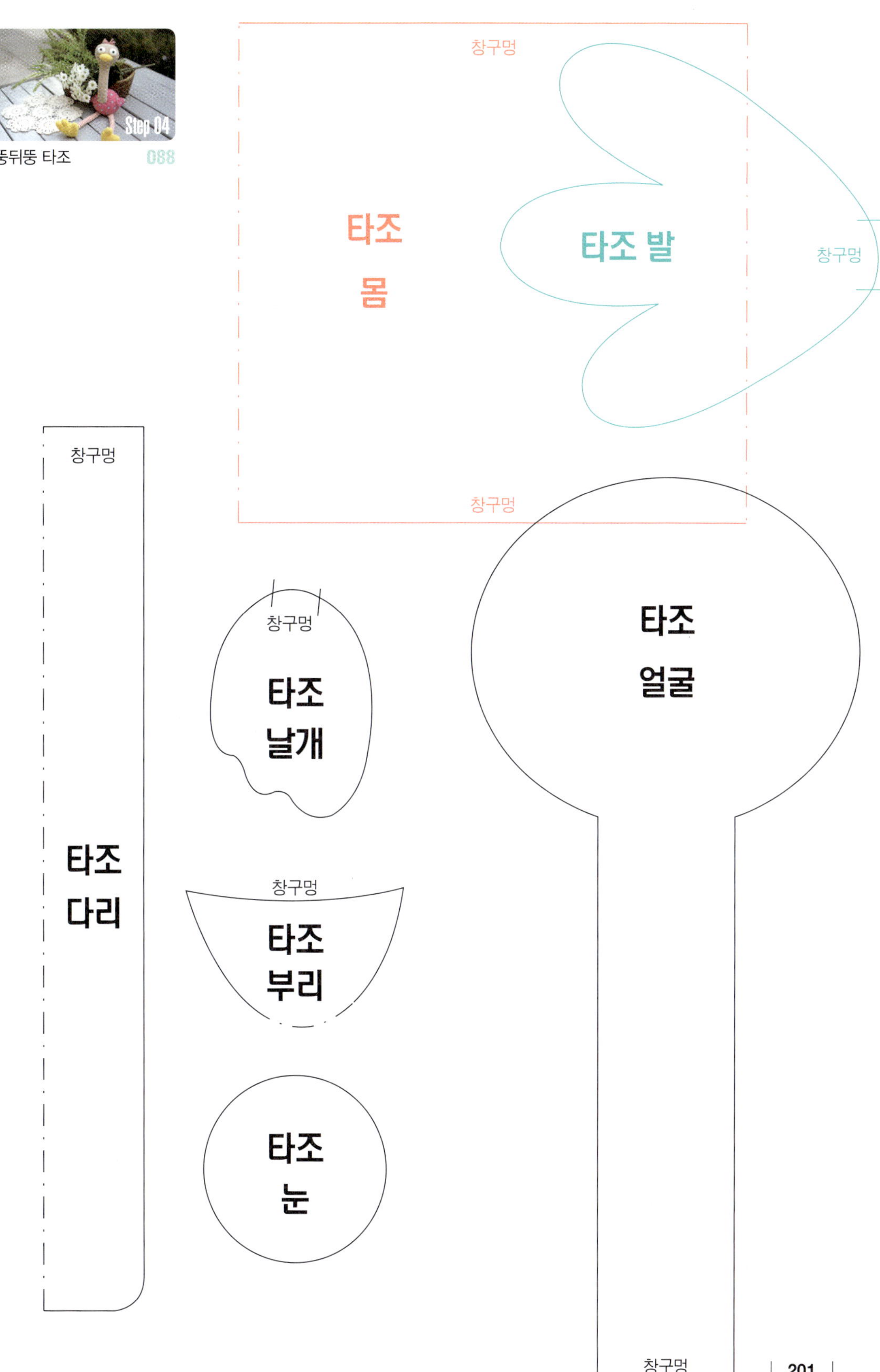
뒤뚱뒤뚱 타조
Step 04
088
창구멍
타조 몸
타조 발
창구멍
창구멍
창구멍
타조 다리
창구멍
타조 날개
타조 얼굴
창구멍
타조 부리
타조 눈
창구멍

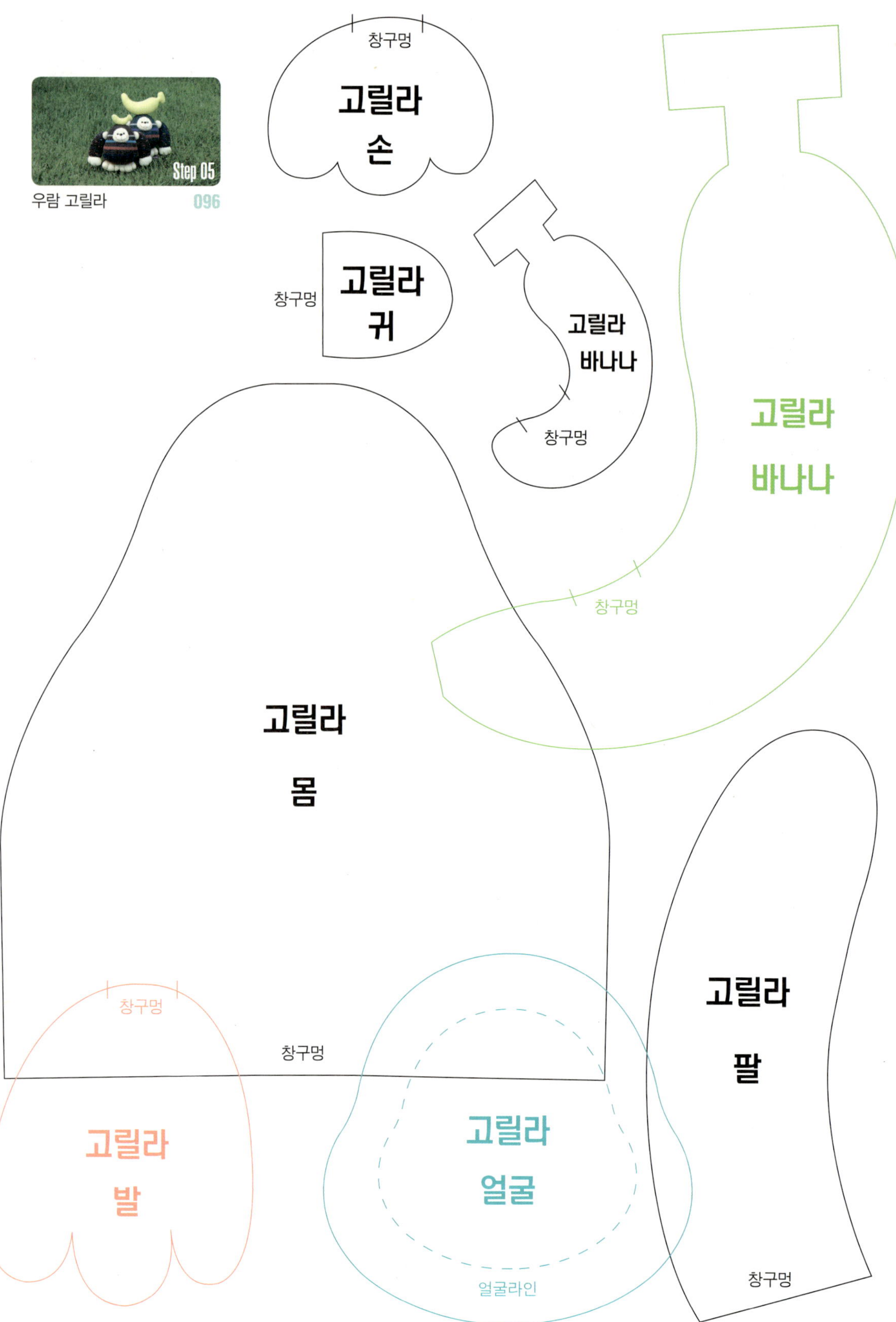

창구멍
고릴라 손
고릴라 귀
창구멍
고릴라 바나나
창구멍
고릴라 바나나
창구멍
고릴라 몸
고릴라 팔
창구멍
창구멍
고릴라 발
고릴라 얼굴
얼굴라인
창구멍
Step 05
우람 고릴라
096

개구쟁이 소년　108

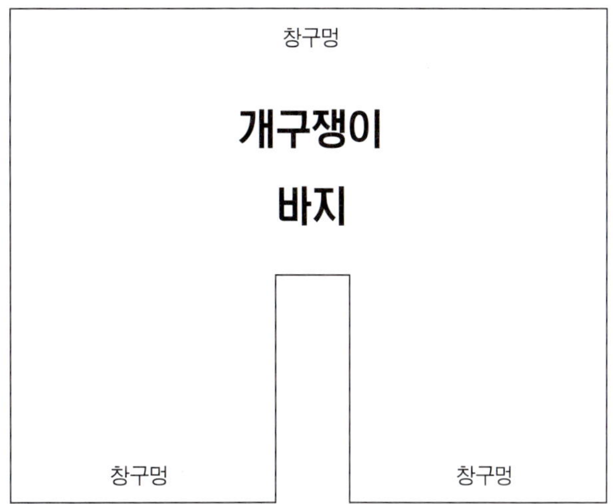

모자 : 발목부터 9cm가 도안선

상의 : 발목부터 8cm가 도안선

늘씬 소녀
가방 앞

늘씬 소녀
가방 뒤

뒤꿈치 기준선

늘씬 소녀

얼굴

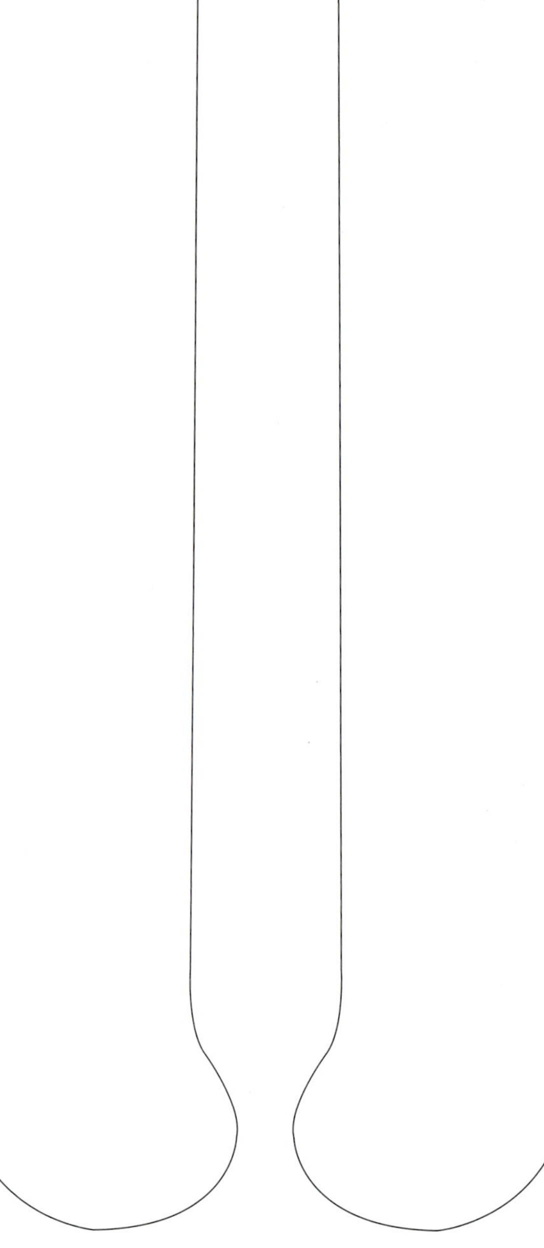

창구멍

마트료시카

몸

창구멍

창구멍

마크료시카

얼굴

창구멍

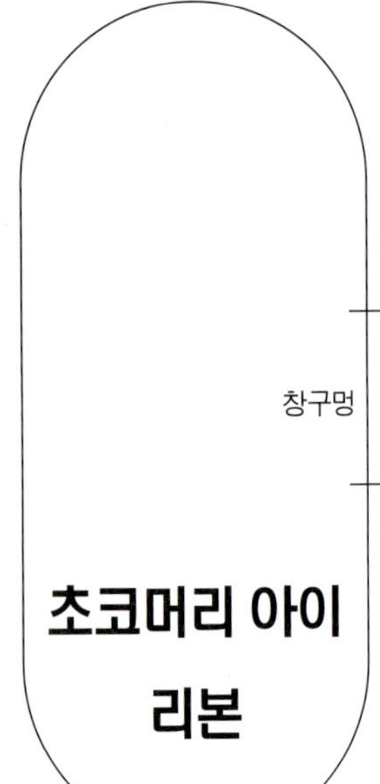

초코머리 아이

리본

초코머리 아이

몸

뒤꿈치 기준선

창구멍

창구멍

창구멍

초코
머리
아이

팔

초코머리 아이

옷

창구멍

창구멍

창구멍

창구멍

꿈나라 요정

얼굴

창구멍

창구멍

창구멍

꿈나라 요정

몸

창구멍

창구멍

창구멍

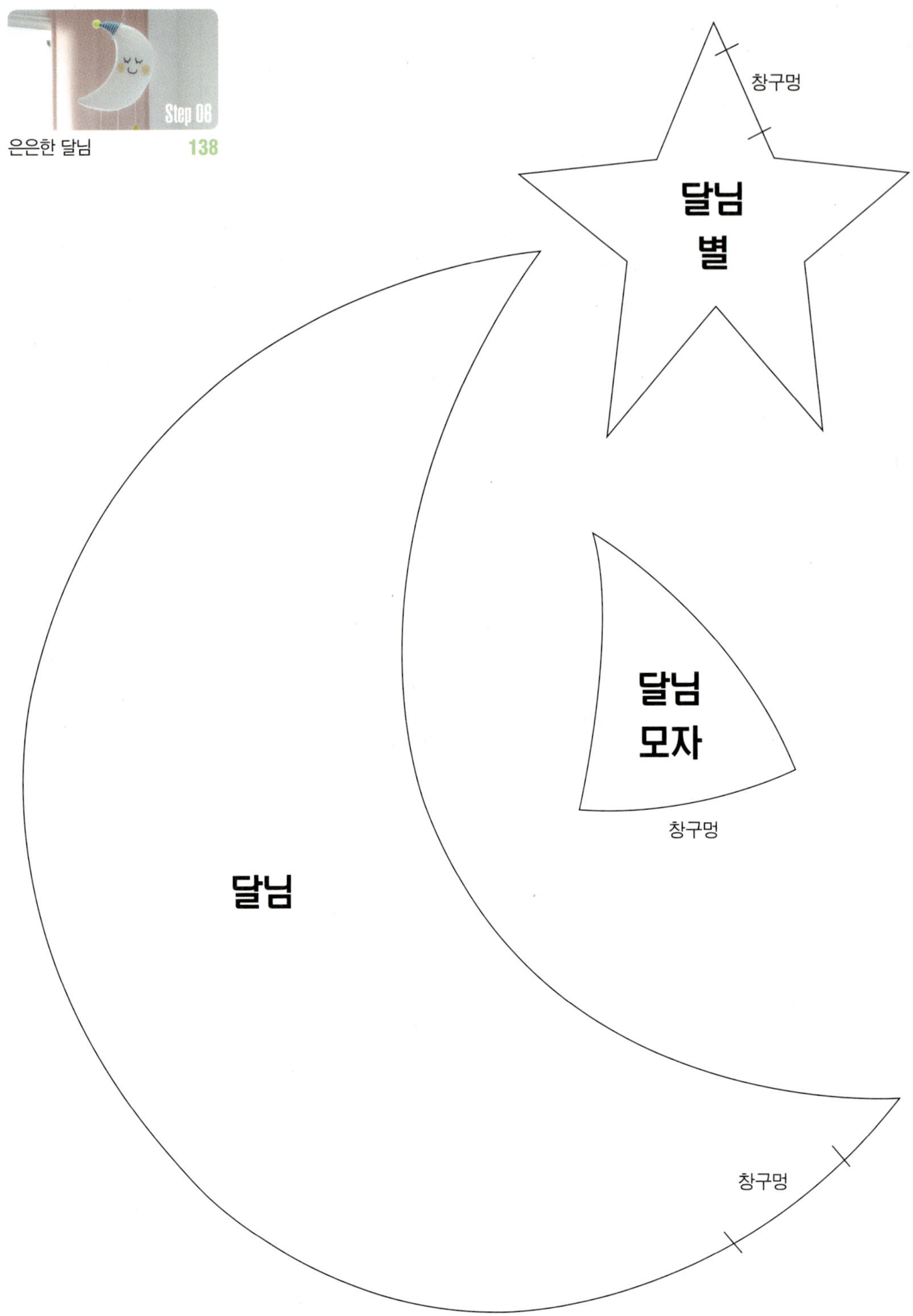
창구멍
달님
별
달님
모자
창구멍
달님
창구멍

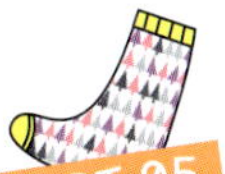

특별한 날 만나는 양말

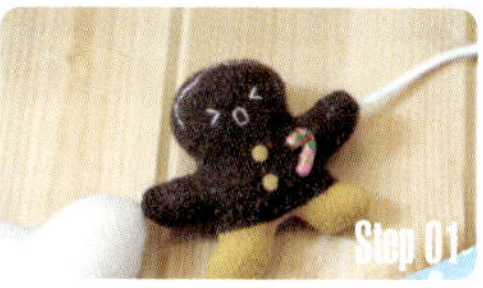

달콤 쿠키 친구　146

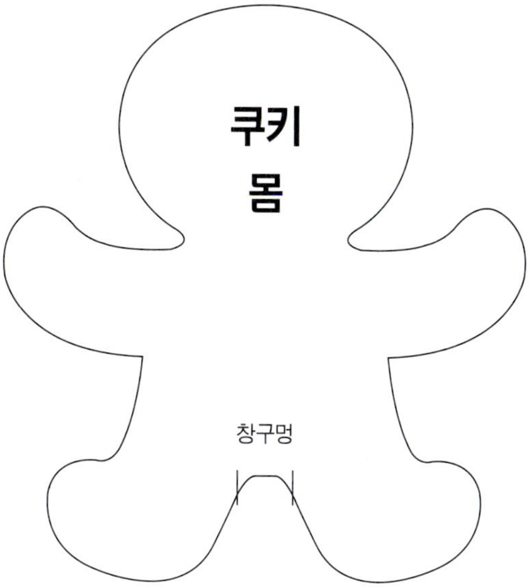

쿠키 몸

창구멍

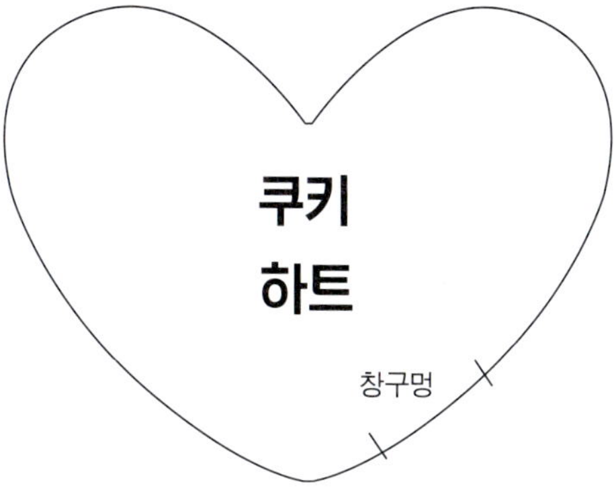

쿠키 하트

창구멍

오동통 눈사람　154

향기 솔솔 사탕　164

눈사람 팔

창구멍

창구멍

사탕 바

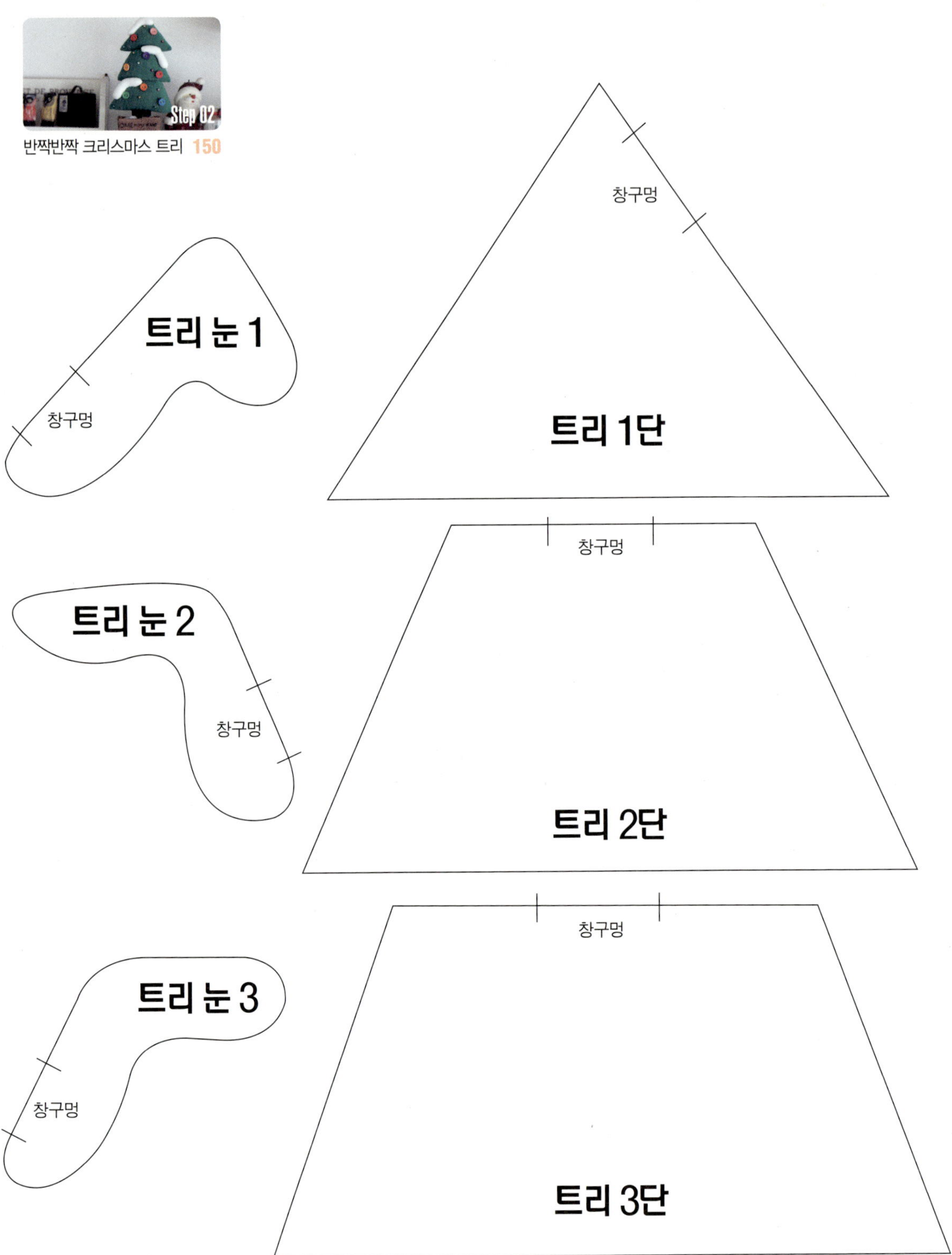
트리 눈 1
창구멍
트리 1단
창구멍
트리 눈 2
창구멍
창구멍
트리 2단
트리 눈 3
창구멍
창구멍
트리 3단

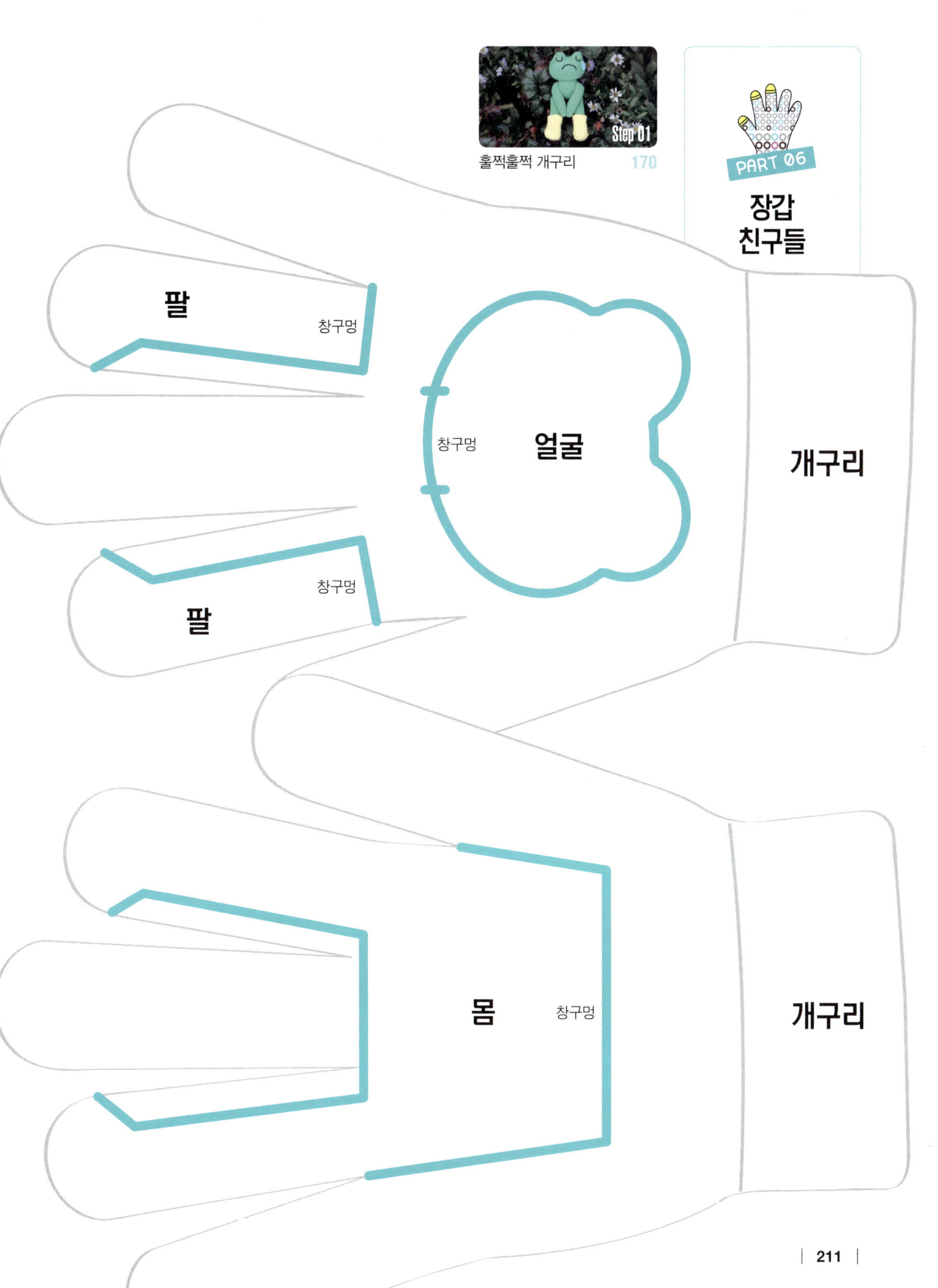
Step 01
훌쩍훌쩍 개구리
170
PART 06
장갑
친구들
팔
창구멍
창구멍
얼굴
개구리
팔
창구멍
몸
창구멍
개구리

꽃보다 사자　　174

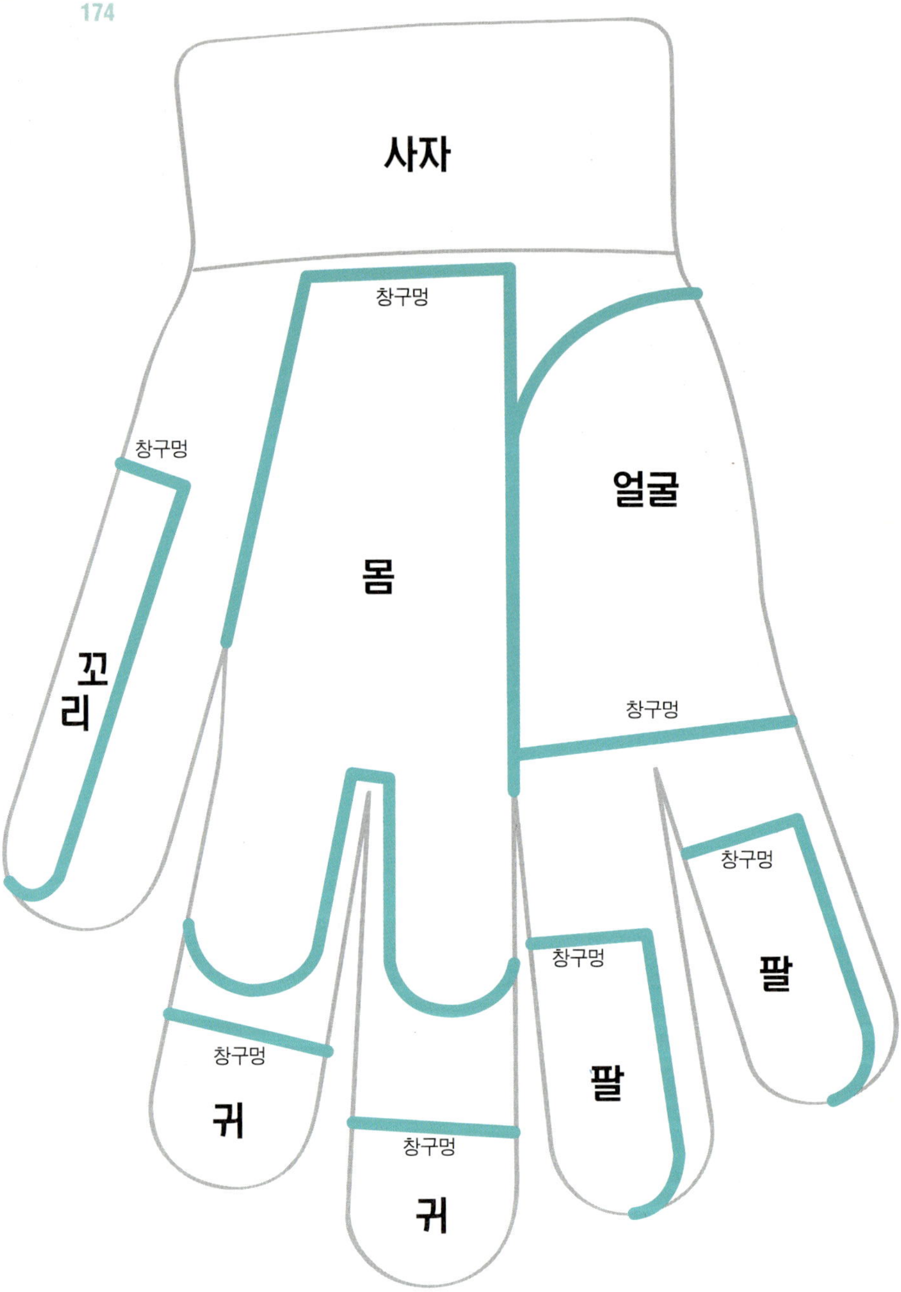

엉금엉금 거북이 **178**

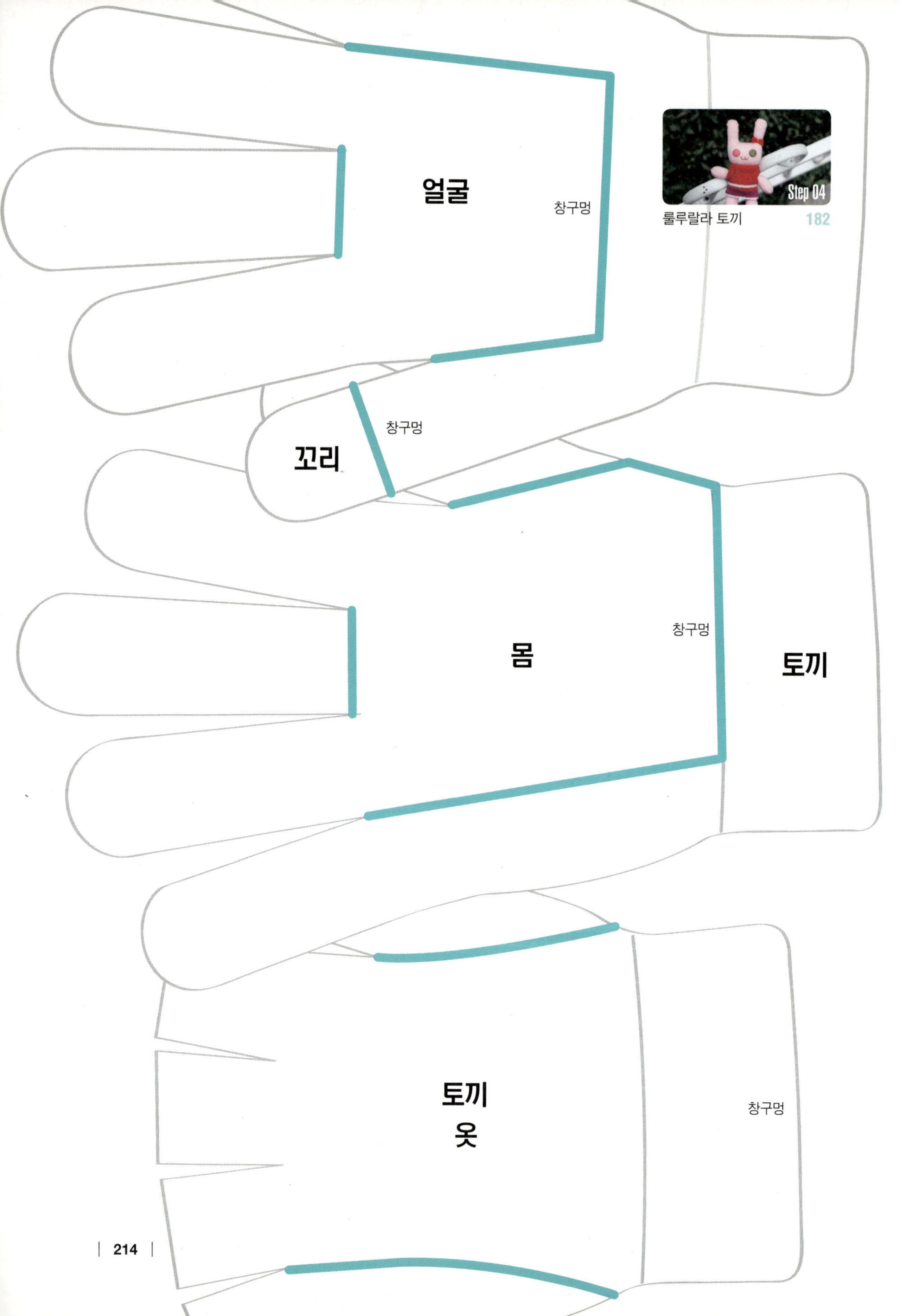

얼굴
창구멍
Step 04
룰루랄라 토끼
182
꼬리
창구멍
몸
창구멍
토끼
토끼
옷
창구멍

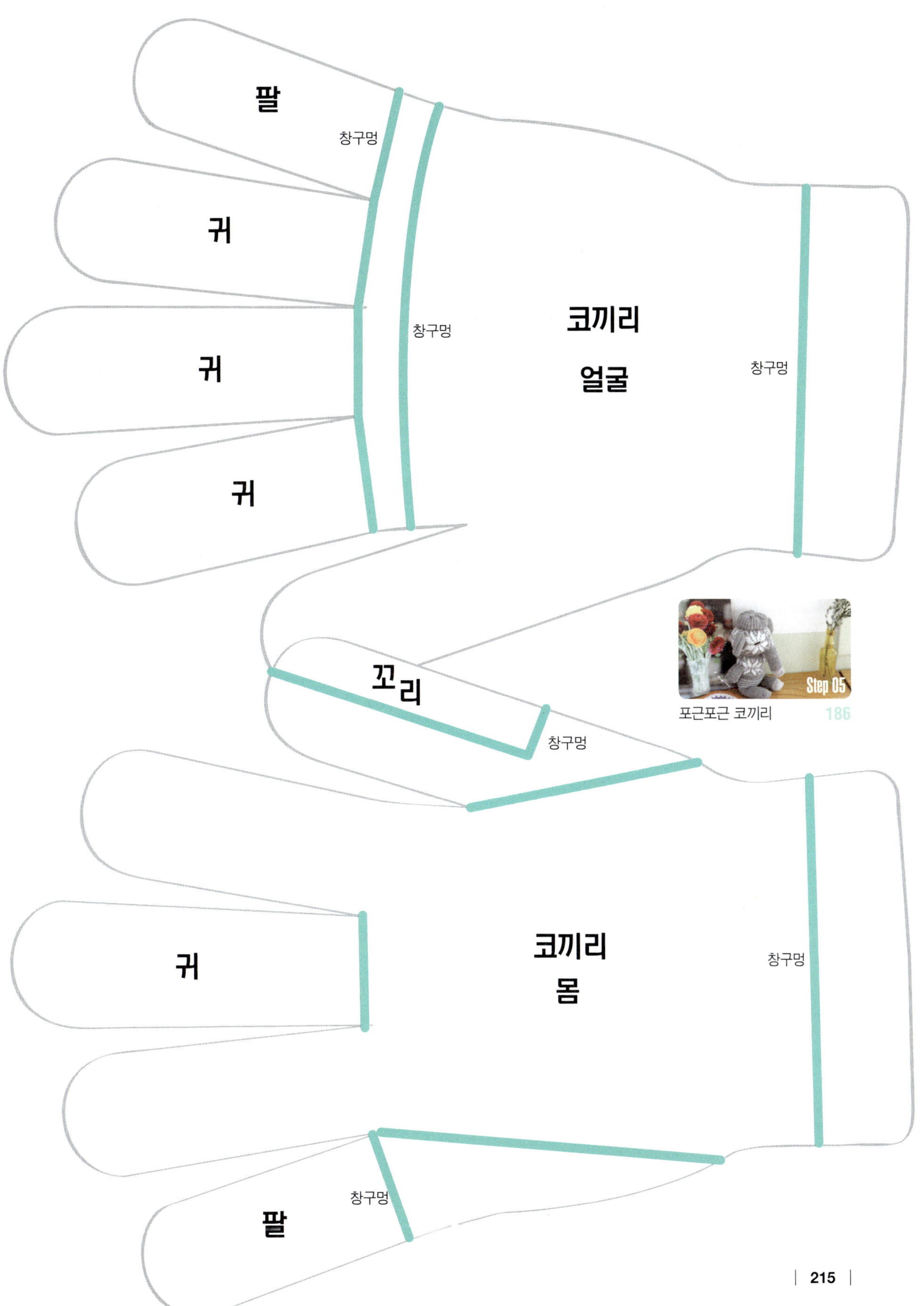
팔
귀
귀
귀
창구멍
창구멍
코끼리
얼굴
창구멍
꼬리
창구멍
Step 05
포근포근 코끼리
186
귀
코끼리
몸
창구멍
창구멍
팔

아델의
색깔있는 양말인형

초판 1쇄 발행 2015년 1월 30일
초판 3쇄 발행 2017년 3월 3일

지은이 정현아
펴낸이 이지은
펴낸곳 팜파스
기획 · 진행 이진아
편집 정은아
디자인 박진희
마케팅 정우룡
인쇄 (주)미광원색사

출판등록 2002년 12월 30일 제10-2536호
주소 서울시 마포구 어울마당로5길 18 팜파스빌딩 2층
대표전화 02-335-3681   **팩스** 02-335-3743
홈페이지 www.pampasbook.com ㅣ blog.naver.com/pampasbook
이메일 pampas@pampasbook.com ㅣ pampasbook@naver.com

값 15,800원
ISBN 978-89-98537-77-7 13590

이 도서의 국립중앙도서관 출판예정도서목록(CIP)은 서지정보유통지원시스템 홈페이지
(http://seoji.nl.go.kr)와 국가자료공동목록시스템(http://www.nl.go.kr/kolisnet)에서
이용하실 수 있습니다.(CIP제어번호: CIP2015000273)